생명과학을
쉽게 쓰려고
노력했습니다

생명과학
쉽게 쓰려고 노력 했습니다

박종현 글 | 마그 그림

북적임 Book

프롤로그 1

들어가기 전에

초등학교 2학년 때 있었던 일입니다. 하굣길 학교 정문 앞에서 치킨집 홍보를 하는 아저씨가 있었습니다. 아저씨 옆에는 물고기들이 담긴 작은 어항이 여럿 있었죠. 아저씨는 홍보지를 나눠주며 이번 한 달간 우리가 판매하는 치킨을 구입할 경우 물고기가 담긴 어항을 준다며 어린 초등학생들을 유혹했습니다.

저는 홍보지를 받아들고 집에 도착하자마자 어머니한테 치킨을 사 달라고 졸랐습니다. 어머니는 치킨을 주문해 주셨고 치킨과 함께 물고기가 담긴 작은 어항이 했죠. 어머니는 작은 어항을 보고서야 왜 제가 치킨을 사 달라고 졸랐는지 눈치채셨답니다. 평소 제가 애완동물을 기르고 싶다고 졸랐는데도 절대 사 주지 않으셨던 어머니지만, 이번 사건 이후로 물고기만큼은 기를 수 있게 허락해 주셨습니다. 다만 물갈이나 먹이 주기 등 어항 관리는 제가 혼자 스스로 하게 하셨죠.

하지만 아홉 살 어린 초등학생이 물고기를 잘 키우려고 해 봤자 얼마나 잘 키울 수 있을까요? 물고기는 한 달도 채 안 돼서 다 죽고 말았답니다. 저는 물고기의 시체를 바라보며 펑펑 울고 말았죠. 당시 이 사건이 제가 대학교에 들어가 생명과학을 전공하고, 과학커뮤니케이터가 되는 첫 계기가 될 거라고는 결코 생각하지 못했습니다.

이후에 저는 꾸준히 물고기를 키웠습니다. 학년이 올라갈수록 어항 크기가 점점 커졌고 키우는 물고기의 종류도 다양해졌음은 물론, 새우류나 달팽이류, 수초도 같이 키우기 시작했죠. 산과 계곡으로 찾아가 물속 생물들을 관찰하거나 채집해오기도 했습니다. 바다생물보다는 강이나 호수에 서식하는 생물을 좋아했는데, 육지의 극히 일부만을 차지하는 담수에 무수히 다양한 종류의 생물들이 살고 있다는 것이 당시의 제게는 신기하게 느껴졌습니다.

이렇게 저는 물속에 서식하는 생물들에 대한 지식을 쌓으면서 생명체와 생명체를 둘러싼 환경과 생태에 호기심을 갖게 되었습니다. 학창시절에 가장 좋아하고 잘 하는 과목도 과학이었지요. 대학입시를 치를 때에도 아무 고민 없이 생명과학과를 선택했습니다. 생명체를 이루는 작은 분자에서부터 시작해서 생명체를 둘러싼 지구의 생태계까지 생명과학에 대한 지평을 넓혀가는 과정이 어렵지 않았다면 거짓말이지만, 생명과학은 저의 호기심과 흥미를 자극하기에는 충분히 매력적인 학문이었습니다. 실험 수업 때 식물의 줄기를 칼로 자르다 실수로 손을 심하게 베이기도 하고, 해부를 위해 쥐를 안락사하려다 물릴 뻔했던 적도 있는 등 다사다난했지만요.

대학생 시절에는 제 전공인 생명과학을 주제로 여러분들과 소통하며 대중과 과학 사이의 벽을 허물어보고 싶다는 생각도 했습니다. 그래서 인터넷상에서는 과학 칼럼을 연재하고, 인터넷 바깥쪽 세상에서는 교육 기부 동아리 활동을 통해 과학교육 및 진로 멘토링 등을 해나갔죠. 치킨과 함께 딸려온 작은 어항을 시작으로 물속 생물을 좋아하게 된 아이가 과학을 다양한 방법으로 대중에게 알려주고 전파하는 과학커뮤니케이터가 된 겁니다.

과학커뮤니케이터로 활동하면서 과학에 관심이 있거나 과학을 잘 몰랐던 사람들에게 과학의 재미를 알려주는 과정은 정말 즐거웠습니다. 특히 과학실험을 많이 접해보지 못한 청소년들을 대상으로 과학을 이용한 놀이, 만들기, 미술 등의 체험 활동을 진행했을 때마다 활동에 푹 빠져 재미있어하는 모습을 보며 얼마나 기뻤는지 모릅니다.

저는 앞으로도 물이 생명체에게 가장 소중한 물질이라고 생각했던 당시의 호기심 가득한 과학 꿈나무의 마음가짐을 잊지 않고 꾸준히 공부하면서 과학의 재미를 사람들에게 전달하며 살아갈 것입니다. 비록 생명과학은 어렵게 느껴지기 쉽고 접하기도 힘든 학문이지만, 이 책을 통해서 여러분들과 생명과학 간의 거리가 조금이나마 가까워질 수 있다면 행복할 것 같습니다.

이제 감사의 말씀을 드려야겠네요. 함께 책을 작업하며 60여 장의 일러스트를 그려준 마그, 저와 대학생 시절을 함께한 한양대학교 생명과학과 친구들에게 이 자리를 빌어 고맙다는 말을 전합니다. 그리고 저와 과학교육 및 진로 멘토링 활동을 오랜 기간 함께 해왔고, 책을 출판한다고 했을 때 응원해주고 격려해준 교육 기부 동아리 식구들에게도 고맙다는 말을 전하고 싶습니다. 아마 제가 교육 기부 활동을 하지 못했다면 과학 뮤니케이터의 꿈을 꾸준히 키우지 못했을 것 같아요.

   제가 생명과학을 공부하는 대학생이 되고, 지금 이렇게 과학 커뮤니케이터가 될 수 있었던 계기가 초등학교 2학년 때 치킨과 함께 딸려온 작은 어항이었는데요. 이제는 이 책이 여러분이 생명과학에 관심을 가지고, 과학에 관심을 가지고, 때로는 과학자의 진로를 꿈꾸는 첫 번째 계기가 될 수 있기를 바랍니다.

2018년 11월의 어느 날
과학커뮤니케이터 박종현

프롤로그 2

개정판을 내며

어느덧 〈생명과학을 쉽게 쓰려고 노력했습니다〉가 세상에 모습을 드러낸 지 4년이 다 되어가네요. 아직 배워야 할 게 많았던 대학교 4학년의 책이었음에도 참 많은 사랑을 받았던 것 같습니다. 그리고 그동안 생명과학과 생명공학도 많은 발전을 이루었지요. 저도 더 나은 과학커뮤니케이터로 발돋움했고요.

본 개정판은 기존의 책 내용 일부를 보충 및 보완하고, 추가하면 좋을 만한 내용을 새롭게 추가한 것입니다. 독자 여러분들의 이해를 돕고 재미를 북돋는 데에 도움이 될 것입니다. 본 개정판을 계기로 이 책이 더욱 많은 청소년의 생명과학 길잡이가 되길 바랍니다.

2022년 9월의 어느 날
과학커뮤니케이터 박종현

목 차

1장 사는 게 그렇게 쉬운 줄 알아?
생명체가 유지 및 존속되는 원리

01	최초 생명체의 탄생	 14
02	성과 사랑의 감정	 23
03	생명체의 발생과 발달	 33
04	생명체의 노화와 죽음	 44
05	세포의 구조	 55

2장 살더라도 잘 살아야지!
생명체의 살아가는 방식과 환경

06	생물 다양성과 진화론	 68
07	사회를 이루며 살아가는 동물들	 79
08	공룡이 멸종한 이유	 89
09	동물들의 자식사랑	 100
10	생물의 멸종과 보호	 111

3장 이 모든 것이 유전자의 설계?
생명체의 설계도 유전자

11	유전법칙의 발견	 122
12	DNA의 발견	 133
13	DNA 이중나선 구조와 센트럴 도그마	 144
14	이기적 유전자	 156
15	유전자의 발현 조절과 후성유전	 166

4장 사람은 머리를 쓸 줄 알아야지!
높은 지능과 사회성을 가진 생명체 사람

16	인류의 진화 과정	 176
17	진화심리학으로 바라본 사람의 심리	 186
18	사람의 자기 가축화	 196
19	사람의 지능과 천재성	 205
20	사람의 동성애	 214

5장 아프면 어떻게? 병원으로!
질병의 원인을 찾고 치료하는 의학

21	인류를 구한 백신 기술	 226
22	현대인의 무서운 질병 암	 237
23	풍족함이 낳은 질병 비만	 248
24	전염성이 높은 인플루엔자	 259
25	인류를 뒤흔들던 질병 결핵	 270

6장 미래를 이끌 첨단 과학기술!
생명체를 활용하는 기술 생명공학

26	유전자 재조합 기술	 284
27	유전자가위 기술	 295
28	생명체 복제기술	 304
29	줄기세포 치료	 314
30	신약개발과 바이오시밀러	 324
31	바이오에너지	 334
32	생체모방 로봇 기술	 343

····· 1장 ·····

사는 게 그렇게 쉬운 줄 알아?

생명체가 유지 및 존속되는 원리

이 멋진 생명에 축복을!

최초 생명체의 탄생

**겉보기에 파괴되지 않는 것처럼
보이는 것이 생명이다.
- 고바야시 겐세이 (요코하마 국립대학 교수) -**

여러분은 생명체가 무엇인지 정의 내릴 수 있나요? 과학자들은 물질을 살아있는 것과 살아있지 않는 것으로 구분하여 살아있는 것을 생명체라고 부르고 있습니다. 그렇다면 생명체는 일반적인 물질, 즉 무생물과 어떠한 차이가 있는 것일까요?

일본 요코하마 국립대학의 고바야시 겐세이 교수는 '시간이 지나면 파괴되는 것이 물질이고, 시간이 지나면 파괴되긴 하지만 그에 앞서 늘어나기 때문에 겉보기에 파괴되지 않는 것처럼 보이는 것이 생명'이라는 말을 남겼습니다. 지구상에 존재하는 일반적인 물질들은 외부 환경 요소에 의해서 부서지기도 하고 변형되기도 하죠? 하지만 생명체는 살아있는 순간 동안에는 외부로부터 계속 물질을 섭취하면서 자기 자신의 형태를 유지합니다. 여기서 말하는 물질이 바로 영양소 또는 에너지라고 부르는 것들이지요.

이뿐만이 아니죠. 번식을 통해 자신과 같은 모습을 한 자손을 만들어서 자신과 같은 모습을 한 개체들이 지구상에 번성할 수 있도록 하는 것도 생명체의 특징입니다. 지구상에 생명체가 매우 오랜 시간에 걸쳐 존재할 수 있었던 이유가 바로 번식 덕분이지요.

이처럼 생명체는 일반적인 물질과 비교했을 때 너무나도 신비롭고 경이로운 존재입니다. 우리 주변에 생명체가 가득하고, 생명체의 존재가 너무나도 당연하기에 별것 아닌 것처럼 느껴질 뿐이지요. 그런데 지구상에 원래부터 생명체들이 존재했던 것은 아니라는 거 아시나요?

어떻게 지구상에 지금처럼 생명체가 번성하게 된 것인지 궁금하지 않으신가요? 지구의 탄생과 최초 생명체의 탄생 그리고 지금에 이르기까지 생명체의 일대기를 살펴보도록 합시다.

질풍노도의 지구! 생명체의 등장

일단 태양계와 지구의 탄생부터 알려드려야 할 것 같습니다. 태양계는 우주 먼지와 수소, 헬륨 등의 기체들이 모여 회전하는 거대한 구름으로부터 만들어졌습니다. 이 구름은 46억 년 전 회전축에 수직으로 납작한 모양의 원시 행성계 원반을 이루고 있었는데요. 어느 정도 시간이 지나자 중심부에서 소수와 헬륨이 핵융합을 시작했습니다. 그렇게 만들어진 것이 바로 태양이죠. 그리고 태양 주변에 남은 우주 먼지들은 서로 뭉치면서 행성을 형성했습니다. 지구는 이 과정에서 약 45억 년 전에 생겨났을 것으로 추정되고 있습니다.

하지만 탄생 직후의 지구에서는 소행성 및 운석 충돌이 계속되고 있는

원시 행성계 원반의 모식도

데다, 표면이 마그마로 가득해서 생명체가 절대로 살 수 없었습니다. 특히 41억 년 전부터 38억 년 전까지는 엄청난 수의 운석이 지구에 떨어졌을 것이라 추정되고 있지요.

그렇게 또 몇억 년이 지나고 지구는 운석 충돌이 줄어들면서 식기 시작했습니다. 그 과정에서 구름이 생성됐죠. 그리고 여기서 내린 비로 인해 지구는 거대한 바다를 이루게 되었습니다. 또한, 지구의 대기를 이루던 수소와 헬륨은 지구 밖으로 날아갔고, 지구 내부의 물질들이 서로 부딪혀 기화되면서 수증기, 이산화탄소, 질소, 암모니아 등이 대기를 이루게 되었습니다.

초기 생명체의 역사를 말할 때, 바다와 대기의 형성은 절대 빠져서는 안 될 중요한 과정입니다. 바다와 대기의 형성으로 생명체가 탄생할 수 있는 환경이 조성되었기 때문이죠. 특히 수증기, 이산화탄소, 질소 등으로 구성되는 대기의 물질들은 핵산과 아미노산 등 생명체를 구성하는 기초적인 유기물을 만들어내며 생명체 등장에 결정적인 역할을 했습니다.

그렇다면 유기물은 어떻게 만들어진 걸까요? 원시 대기로부터 유기물을 형성하는 것이 가능하다는 것을 입증한 과학자는 스탠리 밀러(Stanley Miller)입니다. 그는 수증기, 암모니아, 수소, 메탄 등으로 이루어진 플라스크 안 혼합 기체에 전기 스파크를 일으켜 원시 지구를 재현했지요. 이 기체들은 원시 지구 대기의 실제 조성을 재현한 것이고, 전기 스파크는 태양으로부터 오는 자외선이나 번개 같은 현상을 재현한 것이랍니다.

밀러는 원시 지구의 재현 실험을 시작하고 어느 정도 시간이 지난 후 플라스크 안의 물질을 관찰했는데요. 놀랍게도 생명체를 이루는 기초적인 성분인 아미노산과 유기산이 생성되어 있었다고 합니다. 비록 플라스크 안의 유기물은 생명체를 이루기에는 너무 단순한 구조의 유기물이었지만, 밀러의 실험은 생명체가 없는 상태에서 생명체를 이루는 기본 성분들이 생성될 수 있다는 사실을 확립시켰습니다.

그렇다면 이제 다음 단계로 넘어가 봅시다. 유기물들로부터 생명체가

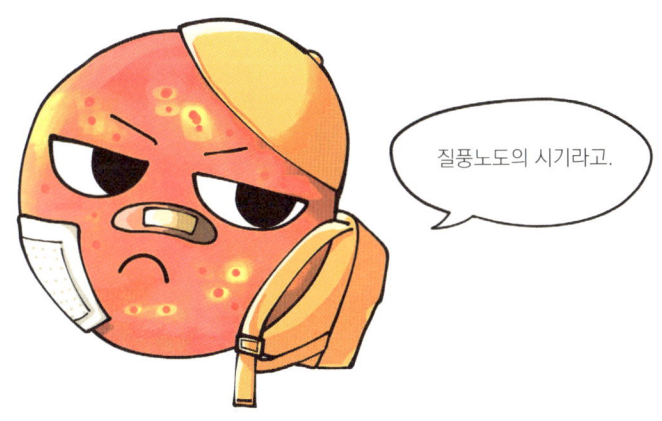

지구에게도 사춘기 시절이 있다!

어떻게 탄생한 것일까요? 이에 대해서는 다양한 추측성 가설이 존재합니다. 현대 과학자들은 파도에 밀려 해안가의 웅덩이로 들어온 유기물들이 햇볕에 마르면서 진하게 농축되고, 진하게 농축된 유기물에서 최초 생명체가 탄생했을 거라 예상합니다. 그 외에 해저 열수구, 온천이나 용암으로부터 생명체가 탄생했을 거라 예상하는 과학자들도 있죠.

특히 해저 열수구 주위의 유기물층에서 일어나는 화학 반응들은 생명체 내에서 일어나는 대사작용과 상당히 흡사하다고 하는데요. 이곳에서 생성물들이 초기 형태의 세포로 진화했을 가능성도 있다고 합니다. 하지만 이 가설들은 모두 유기물로부터 생명체가 탄생하는 자세한 과정을 설명하지 못하고 있답니다. 어디까지나 추측의 영역인 것입니다.

아시다시피 생명체는 자신과 유사한 자손을 낳는 능력, 외부로부터 에너지를 섭취하고 사용하는 대사 능력 등을 갖추고 있습니다. 이러한 기능을 어떻게 유기물이 생명체가 되는 과정에서 갖추게 되었는지 파악하기란 쉽지 않답니다. 지금 알 수 있는 것은 원시 지구에서 유기물이 생성되어 생명체가 탄생할 수 있는 조건이 갖춰졌으며, 그 결과 생명체가 번성하게 되었다는 사실 정도입니다.

그렇다면 이런 생각도 해볼 수 있겠네요. 혹시 우주의 다른 천체에 살고 있었던 생명체가 우연히 우주 공간으로 퍼져나갔다가 지구에 정착하여 지금에 이른 것은 아닐까요? 마치 공상과학 영화에나 나올 법한 내용인데요. 알고 보면 과학자들 사이에서 꽤 설득력을 얻고 있는 가설 중 하나입니다. 실제로 우주 공간에는 유기물이 존재하기에 충분히 가능성이 있죠. 하지만 이 가설에서도 여전히 우주에서 어떻게 생명체가 탄생하게 되었는가에 대한 의문이 남습니다.

　최초 생명체가 유기물로부터 어떻게 생겨났느냐를 발견하는 것은 현대 과학자들의 최대 과제 중 하나랍니다. 지금은 베일에 가려진 의문점이 너무 많아서 여러 가설이 존재할 뿐 확실한 답이 나오지 않고 있죠. 어쩌면 우리 인류가 지구상에서 사라지기 전까지 영원히 밝혀내지 못할지도 모르겠습니다.

무려 38억 년이나? 최초 생명체에서 사람이 등장하기까지

　지구상에 있던 유기물이 어떠한 과정을 거쳐 생명체가 되었는지는 아직 알 수 없는데요. 그래도 35~38억 년 전에 출현했던 것으로 추정되며 하나의 세포로만 이루어진 단순한 구조의 단세포 생물이었을 것이라는 가설이 지배적입니다.

　과학자들은 처음 만들어진 원시 세포는 여러 종류였으나 이 중 단 하나만이 살아남아 모든 생물의 공통조상(Last Universal Common Ancestor, LUCA)이 되었을 것이라고 보고 있는데요. 이것을 루카라고 부릅니다. 만약 이 가설이 사실이라면 지구상에 현존하는 모든 생명체는 모두 루카로부터 기원한 셈이지요. 사람은 물론이고 동식물, 고세균, 박테리아까지 말입니다.

　생물들의 공통조상이 단 하나뿐이라 보는 이유는 현존하는 생명체들이 가지는 공통적인 특성 때문입니다. 유전물질로 DNA나 RNA를 사용하며, 유전물질은 단백질을 생산하고, 생물은 단백질 작용의 결과물이며, ATP가 에너지를 매개하는 물질로 사용되는 것 등이 대표적입니다. 그 어떤

공통조상 선발 오디션

생물도 위의 사례에 해당하지 않는 종은 존재하지 않습니다.

그렇다면 지구상에 등장한 루카가 가장 먼저 한 것은 무엇이었을까요? 아마 주변 환경에 분포하는 유기물을 발효시켜서 에너지를 생산했을 것입니다. 발효는 산소가 없는 환경에서 일어나는 반응인데요. 당시 지구에는 산소가 없었기 때문에 발효를 이용하는 것이 최고의 방법이었을 겁니다.

이렇게 루카는 에너지 생산을 거듭하고 번식을 거치며 수를 불려 나갔습니다. 그리고 어느 정도의 시간이 지나자 루카의 먼 후손으로부터 광합성을 하는 단세포생물인 시아노박테리아(Cyanobacteria)가 생겨났지요. 이들이 빛과 물, 이산화탄소를 이용해서 산소를 만들어내기 시작하면서 지구상에는 산소가 급증했고, 산소호흡을 하는 생명체가 번성하기 시작했습니다.

지구상에 등장한 산소는 지구의 환경을 급격하게 변화시켰습니다. 가장 큰 변화 중 하나가 바로 생물들의 육상 진출이 아닐까 싶습니다. 산소가 생겨나기 이전의 지구에서 생명체가 살 수 있는 환경은 오직 물속밖에 없었습니다. 태양의 강한 자외선 때문이죠. 그런데 대기에 산소가 등장하고, 산소 일부가 태양의 자외선과 반응하여 오존층을 형성하면서 태양의 강력한 자외선이 지구까지 도달할 수 없게 되었습니다.

이처럼 지구상에는 시간이 지날수록 육상 환경, 수질 환경 등 다양한 환경이 조성되기 시작했습니다. 생물들은 자기가 살아가는 각기 다른 환경에 적응하기 위해 진화를 거듭했지요. 그 결과 지구상의 생물들은 박테리아, 고세균, 진핵생물의 3가지 도메인으로 분화되었습니다.

박테리아, 고세균, 진핵생물은 생명체를 분류하는 가장 큰 기준입니다. 여러분은 박테리아, 고세균, 진핵생물이 각각 무엇인지 아시나요? 박테리아는 사람에게 질병을 일으키는 대장균이나 탄저균 등을 포함하는 분류군을 말합니다. 그리고 고세균은 화산이나 온천과 같이 극한의 환경에서 서식하는 종을 포함하는 분류군을 말해요. 마지막 진핵생물이 바로 사람과 동물, 식물을 포함하는 분류군이랍니다.

진핵생물은 약 20억 년 전쯤에 지구상에 등장했는데요. 광합성을 하거나 호흡을 하며 살아가던 단세포생물이 더 큰 세포 내로 들어가 하나의 단세포생물이 되면서 생겨난 것으로 추정되고 있습니다. 그래서 진핵생물은 박테리아나 고세균보다 훨씬 복잡하고 정교한 구조를 지니고 있죠. 사람, 동물, 식물도 진핵생물이지만, 짚신벌레나 아메바, 유글레나 같은 단세포생물도 초기 형태의 진핵생물이랍니다. 사람의 눈에 보기에는 단순한 구조를 가진 생물 같지만, 알고 보면 꽤 복잡하고 정교한 구조를 가진 녀석들이에요.

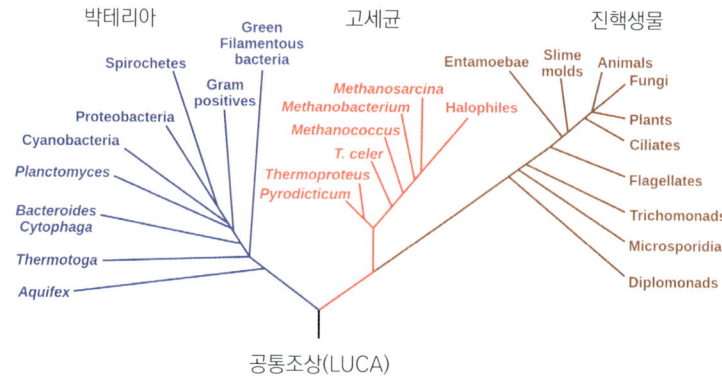

생물종의 3가지 도메인

 그렇다면 지구상에 진핵생물이 등장한 후에는 어떤 변화가 일어났을까요? 짚신벌레나 아메바, 유글레나 같은 단세포생물들이 더욱 크고 복잡한 형태의 다세포 생물로 진화하기 시작했습니다. 지구상에 진핵생물이 등장한 지 무려 10억 년 만에 말이죠. 덕분에 지구상에는 어류, 양서류, 파충류, 조류, 포유류와 같은 고등생물들이 나타날 수 있었습니다.

 그렇다면 우리 사람들은 언제쯤 지구상에 등장했을까요? 사람은 다세포 생물이 등장한 후 10억 년이 더 지나서야 등장했답니다. 태초의 모습을 유지한 채 살아가는 생물들 그리고 동물, 식물, 사람이 서로 공존하는 현재 모습에 이르기까지 35~38억 년이라는 엄청난 시간이 걸린 것이지요.

사랑은 가슴이 아니라 호르몬이 한다고?

성과 사랑의 감정

> 사랑에 빠진 사람은 사랑하는 상대의 결점을
> 보지 못하는 어쩔 수 없는 맹인이 되어 버린다.
> – 임마누엘 칸트 (독일의 철학자) –

아마 사람이라면 사랑의 경험을 해보셨을 겁니다. 누군가를 짝사랑했지만 결국 이루어지지 못했던 가슴 아픈 경험을 가진 분도 있었을 것이고, 연애 중인 분들도 있을 것이고, 이별의 아픔을 겪은 분도 있을 것이고, 동반자를 얻어서 결혼생활을 하는 분들도 있겠지요.

이처럼 사랑은 우리 사람들에게 결코 빼놓을 수 없는 요소 중 하나입니다. 사람이라면 누구든지 가지고 있을 수밖에 없는 보편적인 감정이죠. 하지만 모든 생물에게 사랑의 감정이 있는 것은 아닙니다. 대부분의 미생물은 짝을 만나지 않고 스스로 번식을 합니다. 일부 동물이나 식물도 마찬가지지요. 알고 보면 지구상 생명의 역사에서 암수 개념이나 사랑의 개념이 등장한 지는 얼마 되지 않는답니다. 그렇다면 성은 왜 남녀로 나뉘어 있으며, 사람에게는 사랑이라는 감정이 있고, 누군가를 사랑하려는 것일까요?

생명체에게 번식은 필연적인 것! 종족 번식 본능과 사랑

 모든 동물은 후대에 자신의 유전자를 남기기 위해 큰 노력과 시간을 투자합니다. 대표적인 예로 아메바나 유글레나 같은 단세포생물은 몸을 두 개로 분열하는 이분법으로 유전자를 퍼뜨립니다. 히드라나 효모는 몸의 특정 부위에 혹 모양의 싹이 생기고 이 싹이 몸으로부터 떨어져 나가는 출아법으로 유전자를 퍼뜨리죠. 고사리나 버섯 같은 생물은 포자라고 불리는 생식세포를 스스로 만들어 번식하기도 합니다.

 이들 번식의 공통점은 바로 자신과 동일한 유전자를 가진 개체를 복제하는 방식이라는 것인데요. 이러한 번식을 무성생식이라고 합니다. 지구상에 처음으로 등장했던 생명체들은 모두 무성생식을 통해 번식했습니다. 복잡한 과정 없이 빠르고 효율적으로 자신의 유전자를 퍼뜨릴 수 있었거든요. 그러나 무성생식은 모체와 자손의 유전자가 서로 동일하다 보니 유전적 다양성이 부족해서 환경이 갑작스럽게 변화하면 집단이 완전히 전멸해버릴 위험이 있었습니다.

 이런 심각한 단점을 보완하기 위한 해결책으로 등장한 번식 방법이 바로 유성생식입니다. 암컷과 수컷, 각각의 성별을 가진 두 개체의 유전자가 서로 섞여서 하나의 수정란을 형성해 자손을 번식시키는 것이죠. 유성생식은 무성생식과는 다르게 유전적으로 다양한 자손을 생산할 수 있는 특징이 있는데요. 덕분에 환경에 갑작스러운 변화가 생기더라도 집단이 완전히 전멸해버리는 위험을 줄일 수 있었습니다. 그 결과 지구상에는 무성생식을 하는 생물과 함께 유성생식을 하는 생물도 함께 번성하게 되었습니다.

실잠자리의 짝짓기 (유성생식)

그러나 유성생식을 하는 생물에게는 큰 문제점이 있었습니다. 바로 혼자서는 자신의 유전자를 후대에 남기는 것이 불가능하다는 것이었습니다. 오직 이성의 짝을 만나 섹스를 하는 것만이 후대에 유전자를 남길 수 있는 유일한 방법이었죠. 유성생식을 하는 모든 동물이 섹스 욕구를 가진 이유는 이것 때문입니다.

그렇다면 두 이성이 서로 만나서 섹스에 도달할 수 있도록 도와줄 무언가가 꼭 있어야겠죠? 그게 바로 사랑이라는 감정입니다. 사랑은 남성과 여성에게 호감을 불러일으키고 이끌리게 하는 것으로 시작해서 만남을 지속할 수 있게 하고, 섹스를 통해 종족 번식으로 이어질 수 있게 해 주었습니다.

결국 사람들의 마음을 이토록 애타게 만들고 행복에 젖어들게 만드는 사랑의 감정도 생물학적 관점에서는 종족 번식을 위한 수단에 지나지 않습니다. 호르몬의 조절로 발생하는 하나의 생물학적 과정이기도 하고요. 그렇다면 우리가 보편적으로 느끼는 사랑의 감정은 도대체 어떠한 호르몬에 의해 발생하는 것일까요? 이에 대해서 자세히 알아보도록 하겠습니다.

두 눈에 콩깍지가 씌었네? 사랑의 호르몬

이성 간의 사랑에 가장 원초적인 원인이 되는 호르몬은 두 가지가 있습니다. 바로 테스토스테론이나 에스트로젠 같은 성호르몬입니다. 남성에게서 분비되는 테스토스테론은 근육 생성, 뼈, 털의 생성과 발달에 관여하는데요. 남성이 성장하는 과정에서 튼튼한 신체를 가질 수 있도록 해줍니다. 여성에게서 분비되는 에스트로젠은 근육량을 감소시키고 체지방량을 증가시키는 데에 관여하는데요. 여성이 아름다운 육체를 가질 수 있도록 해줍니다.

2차 성징(사춘기)이 오면 남녀 모두 각각의 성호르몬 분비량이 갑작스럽게 증가하기 시작합니다. 그 결과 신체변화가 오면서 이성에 대한 호기심과 성욕이 증가하기 시작하죠. 소위 질풍노도의 시기라고 불리는 청소년기가 바로 성호르몬 분비가 가장 왕성한 시기랍니다.

성호르몬은 사춘기가 지나고 나이가 들수록 감소하지만, 아직 성호르몬들이 왕성하게 분비되는 젊은 일반인이라면 성에 대한 강한 욕구와 욕망으로부터 쉽게 벗어날 수 없답니다. 다른 동물에게도 마찬가지로 성호르몬이 분비되는데요. 역시 사람처럼 이성에게 모든 에너지를 쏟으면서 자신의 장점이나 성적인 매력을 보여주기 위해 최선을 다합니다.

사랑의 원초적인 원인이 테스토스테론과 에스트로젠 같은 성호르몬이라면, 사랑의 감정이 생겨나는 원인은 도파민, 에피네프린, 노르에피네프

호르몬에 지배당하는 중?

린 같은 호르몬 때문입니다. 특히 도파민이라고 불리는 호르몬의 경우 행복함과 즐거움을 느끼게 하는 호르몬의 일종인데요. 사랑하는 사람의 모습을 보면 분비량이 증가하는 경향이 있습니다. 이 호르몬은 사람의 식욕이나 수면 욕구를 떨어뜨리는 한편, 오직 사랑하는 사람만이 머릿속에서 계속 생각나게 하고, 지속적인 만남과 스킨십을 갖고 싶게 만듭니다. 신체가 도파민의 달콤함에 중독이 되는 거죠.

도파민이 사랑의 감정에 관여하는 정도는 상당히 큽니다. 이를 입증하는 대표적인 사례가 바로 쥐 실험입니다. 이성과 사랑에 빠진 쥐를 도파민이 분비되지 못하게 만들면 그 이성 쥐와의 관계는 순식간에 없던 것으로 되어버릴 정도거든요. 그리고 차단되었던 도파민을 다시 주입해 주면 주입했던 시점에서 보게 되는 이성의 쥐에게 사랑의 감정을 느끼게 된다고 합니다. 그 이성의 쥐가 도파민 분비가 멈추기 전에 사귀었던 관계였든 아니든 상관없이 말이죠.

여기서 다가 아닙니다. 도파민이 분비된 지 어느 정도 지나면 도파민은 에피네프린과 노르에피네프린으로 합성됩니다. 이 두 호르몬은 아드레날린과 노르아드레날린이라고도 불리는데요. 사랑하는 사람을 보면 심장이 미친 듯이 뛰게 하고, 땀을 나게 하는 등의 긴장 상태에 놓이게 만든답니다.

이들 호르몬은 기억력 상승에 관여하기도 하는데요. 실제로 사랑하는 사람과 나눴던 대화가 단 하나도 빠짐없이 기억나는 것도 이 호르몬의 작용 때문입니다. 원래 이들 호르몬은 잘 아시다시피 사람을 활동적으로 만들어 주고 활동적인 에너지가 생겨나도록 도와주는 호르몬인데요. 이렇게 사랑에 빠졌을 때도 열심히 분비돼서 사랑하는 이성에게 모든 에너지를 쏟아부을 수 있도록 도와준답니다.

사랑으로 인해 행복의 감정과 기억력이 증가하면 기능이 떨어지는 것도 생겨납니다. 대표적인 것이 바로 판단력입니다. 다행히도 전반적인 판단력이 떨어지지는 않고, 사랑하는 사람에 대한 판단력만 흐려진다고 알려져 있어요. 그 결과 사랑하는 사람의 단점이나 결점이 거의 보이지 않고, 나쁜 짓을 저질러도 쉽게 용서하게 된답니다. 오직 그 사람이 잘하는 것과 장점만 두 눈에 들어오게 되죠. '두 눈에 콩깍지가 씌었다'는 속담이 괜히 나온 말이 아닌 모양입니다.

마약과도 같은 사랑! 사랑이 절정에 달하면?

호르몬에 의해 사랑의 감정이 절정에 달하면 종족 번식이라는 궁극적인 목표에 점차 다다르게 됩니다. 이쯤 되면 위에서 언급한 도파민, 에프네프린, 노르에프네프린 등의 호르몬은 물론이고 많은 양의 옥시토신과 바소프레신이라는 호르몬도 함께 분비되기 시작합니다.

옥시토신은 원래 산모가 출산 직전에 다다랐을 때 자궁의 근섬유를 수축시켜서 아이가 자궁 밖으로 나올 수 있도록 하는 호르몬으로 더욱 잘 알려져 있는데요. 알고 보면 남성 또는 여성이 사랑하는 사람을 바라볼 때도 분비된답니다. 사랑하는 사람만이 아니라 친구라든가 가족, 심지어는 애완동물과 신체적인 접촉을 할 때도 이 호르몬이 소량 분비돼요. 이 물질이 분비됨으로써 사람은 이성과 사랑을 할 수 있을 뿐 아니라 다른 사람과 친밀감과 믿음을 형성하며 사회적인 관계를 형성하고 유지할 수 있지요. 실제로 타인과 사회적 교감을 이루지 못하고 홀로 지내는 자폐증 환자에게 옥시토신을 주사했더니 증상이 전보다 훨씬 개선되는 효과를 보였다고 합니다.

많은 양의 옥시토신이 분비되면 사랑하는 사람을 위해 자신을 한 몫 크게 희생하거나 불편함을 감수할 정도로 이성 상대에게 매우 강한 친밀감

옥시토신은 사랑하는 사람과의 유대관계 형성에 중요해요.

과 믿음을 느끼게 됩니다. 그리고 상대를 껴안고 싶은 욕구와 섹스를 하고 싶은 강렬한 욕구가 생겨나지요. 그 사람과 결혼해서 자녀를 낳고 작은 가정을 형성하며 평생 행복하게 살고자 하는 이상적인 생각도 품기 시작합니다.

옥시토신은 사랑하는 사람과의 섹스를 거쳐 자손을 출산한 후에도 계속 분비되면서 중요한 역할을 한답니다. 산모가 자신의 아기를 보호하고 키우고자 하는 모성애를 느낄 수 있도록 돕고, 아기에게 먹일 모유의 분비를 촉진하거든요. 그러므로 옥시토신은 결혼 상대나 자녀와 오랫동안 친밀하고 가까운 관계를 유지하도록 해주는 매우 중요한 호르몬이라고 할 수 있습니다.

옥시토신과 함께 분비되는 또 하나의 호르몬인 바소프레신은 사랑하는 사람과 섹스를 할 때 분비가 촉진되며, 자신의 짝에 대한 애착을 더욱 강하게 만들어 줍니다. 특히 수컷에게는 다른 수컷에 대한 적대감을 키워서 자신의 암컷을 보호하고자 하는 본능을 더욱 강하게 만들어 주기도 합니다. 그래서 짝이 있는 수컷 쥐에게 바소프레신을 주입하면 급격히 난폭하게 변해서 주변의 다른 수컷들을 매우 공격적으로 대하는 모습을 관찰할 수 있어요.

바소프레신은 항이뇨 호르몬이라고도 불립니다. 신장에 있는 노폐물의 수분을 흡수하여 오줌을 농축시키고 체내에 부족할 수 있는 수분을 보충해 주거든요. 그래서 바소프레신 분비에 장애가 생기면 전체 오줌에서 물이 차지하는 비율이 증가하여 너무 많은 양의 오줌을 배설하게 됩니다. 이러한 증상을 보이는 병을 다뇨증이라고 부르는데요. 다뇨증에 걸리면

바소프레신을 맞고 까칠해진 생쥐

물을 많이 마셔도 갈증이 심해지고 체내 수분손실이 쉽게 일어나서 정상적인 생활이 어려워지게 됩니다. 이처럼 바소프레신은 사랑하는 사람과의 사랑을 꽃피울 뿐 아니라 체내의 항상성을 유지하는 데에도 중요한 역할을 한답니다.

하지만 많은 분들이 예상하셨듯이 사랑의 감정은 영원하지 않습니다. 사랑 호르몬이 분비되기 시작한 지 많은 시간이 지날수록 우리의 몸은 호르몬의 분비에 둔감해지거든요. 그 결과, 사랑하는 사람을 봤을 때 느낄 수 있었던 행복감과 애정은 거의 사라지고 서로에게 소홀해지게 됩니다. 이런 이유로 사람 이외의 동물들은 특정한 짝과 짧은 기간에만 사랑을 나누는 경향이 있습니다. 호르몬에 둔감해지면 기존의 관계는 없던 것으로 되어버리고, 어느 정도 시간이 지나면 다시 새로운 짝을 찾고 새로운 관계를 구축하죠.

이 점에 비추어봤을 때, 사랑의 감정도 마약에 중독되는 것과 증상이 비슷합니다. 누군가를 사랑하면서 느끼게 되는 황홀한 감정이 마약에 중독되었을 때 느껴지는 황홀한 감정과 크게 다르지 않거든요. 또한, 마약을 오래 하면 할수록 더욱 많은 양의 마약을 요구하게 된다고 하는데요. 마찬가지로 사랑하는 사람과 오래 연애를 할수록 그 사람에게 불만만 쌓이고 더 많은 것을 요구하다 결국엔 사랑이 식고 말죠.

사랑의 종착역인 이별도 마약을 끊을 때와 크게 다르지 않습니다. 마약을 끊으면 금단증상으로 인해 불안, 흥분 등의 이상증세를 보이는데요. 마찬가지로 실연의 아픔을 겪은 사람은 며칠 동안 떠나간 사람을 그리워하며 괴로운 시기를 보내죠.

하지만 이별 초기에 겪는 극심한 괴로움을 나쁜 것으로 치부할 수는 없답니다. 이별이 인격적인 성장으로 이어질 수 있거든요. 첫사랑으로 실연을 겪고 난 후, 이별의 아픔이 얼마나 괴로운지를 깨달으며 두 번째 만남부터는 연애 상대를 더욱 신중히 고르기 때문입니다. 그렇게 연애를 시작한 후에는 연애 상대를 소중히 여기는 마음가짐을 가지게 되기도 하고요. 첫사랑으로 이루어진 만남보다 두 번째 만남이 더욱 오래 가는 이유는 바로 이것 때문이 아닐까 싶습니다.

생명이 탄생하는 놀라운 과정

생명체의 발생과 발달

산다는 것은
서서히 태어나는 것이다.
- 생텍쥐베리 (프랑스의 소설가) -

    생물학에서 생명체의 탄생보다 더 흥미로운 주제가 과연 있을까요? 사람과 같은 동물들은 정자와 난자가 만나서 둘이 가지고 있던 물질들을 합쳐 하나의 수정란을 형성합니다. 굉장히 복잡하고 체계적인 구조를 가졌다는 생명체가 고작 매우 작은 정자 하나와 난자 하나로 시작하죠.

    이렇게 탄생한 수정란은 자궁으로 이동하고 자궁에 착상해서 배아가 됩니다. 처음에는 수정란이라고 불리는 작은 세포 하나로 출발하지만, 피부세포, 근육세포, 간세포, 신경세포 등 매우 다양한 종류의 세포로 분화하죠. 아무런 구조도 갖춰지지 않았던 동그란 모양의 수정란이 복잡한 형태로 단기간에 되는 것은 놀랍지 않을 수 없습니다.

    이처럼 정자와 난자가 수정해서 생겨난 수정란이 완전한 하나의 개체가 되어가는 과정을 발생이라고 합니다. 생명체의 발생 연구는 사람들의 호기심을 유발하기 좋은 분야였던 만큼, 고대 그리스 시절부터 연구가 꾸준히 이루어졌는데요. 의학의 아버지라고 불리는 히포크라테스의 경우 불, 물, 공기(숨) 같은 자연의 요소로부터 발생이 일어난다고 생각했습니다.

하지만 오래전 연구 대부분은 단지 실험 없는 이론에 그쳤습니다. 본격적으로 발생 연구가 시작되었던 시기는 17세기경 현미경이 발명된 이후부터죠. 현미경 덕분에 동물이 발생하는 과정에서 일어나는 구조적 변화를 자세하게 관찰할 수 있게 되었거든요.

정자들의 고달픈 여정, 수정란의 형성

남성은 한 번 사정할 때마다 약 3억 개의 정자를 배출합니다. 반면 여성은 자궁 양쪽에 각각 1개의 난소를 가지고 있는데, 난소에서 한 달에 한 개의 난자를 번갈아 가며 배출합니다. 또한, 여성은 살아있는 동안에는 난자를 만들지 않고 평생 배출할 난자를 미리 가지고 태어납니다. 이들 난자를 모두 소모하고 나면 더 이상 난자를 배출할 수 없게 되지요. 이 점으로 비추어보아, 여성 대비 남성이 생산하는 생식세포의 수는 엄청나다고 할 수 있습니다.

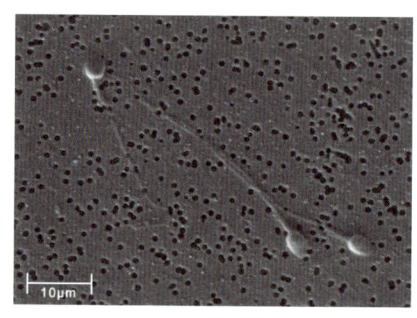
사람의 정자

그렇다면 남성이 많은 양의 정자를 생산하는 이유는 뭘까요? 생각보다 간단합니다. 남성이 직접 자식을 낳는 것이 아니기 때문입니다. 자식을 낳는 개체는 여성이죠. 남성이 종족 번식에 성공하려면 자신의 정자가 여성의 몸 속 난자가 있는 곳까지 무사히 도달해야 합니다. 문제는 그 과정에서 많은 정자가 목숨을 잃는다는 것입니다. 대부분 질과 자궁에 있는 점액에 의해 죽어버리고 난관까지 이동하는 데에도 많은 위험이 도사립니다.

여성의 몸속으로 들어오는 정자의 수는 자그마치 3억 마리나 되지만 질을 거쳐 자궁으로 들어올 수 있는 정자는 30~50만 마리 정도밖에 안 되며, 나팔관으로 들어오는 정자는 200마리이고 난자에 가까이 접근할 수 있는 정자는 몇십 마리 정도밖에 되지 않습니다. 그러므로 남성은 최대한 많은 양의 정자를 생산하여 단 한 마리라도 난자에 도달할 수 있도록 하는 방향으로 진화할 수밖에 없었던 것이지요.

남성이 많은 정자를 배출하는 흥미로운 이유가 하나 더 있습니다. 정자 머리 부분에는 '첨체'라고 불리는 작은 기관이 있습니다. 첨체에는 난자를 만났을 때 난자의 막을 뚫고 안으로 들어갈 수 있도록 도와주는 물질들이 들어 있지요.

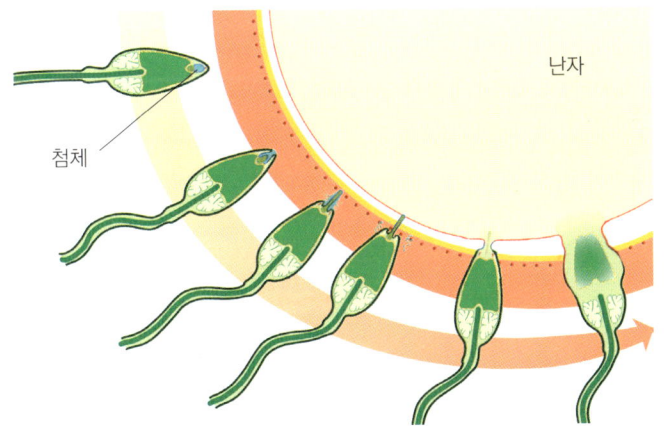

정자가 난자 내부로 들어가는 과정

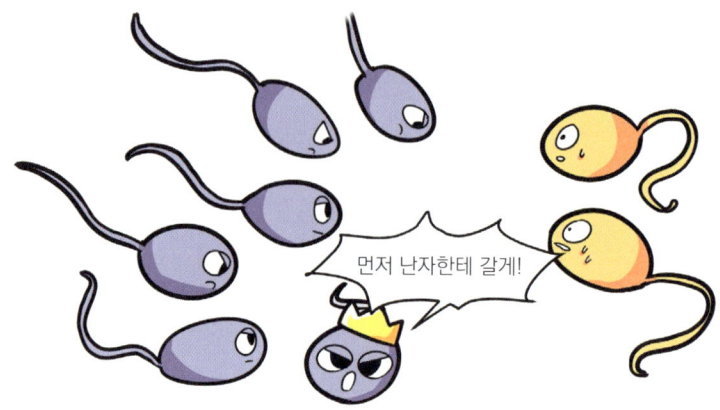

다른 남성 정자와의 대결 그리고 최후의 승자

그런데 첨체의 역할은 이게 다가 아닙니다. 첨체를 이러한 용도로 사용하는 정자는 난자까지 도달에 성공한 매우 소수의 정자뿐입니다. 정자 대부분은 첨체를 여성의 몸속에 있는 다른 남성의 정자를 공격해서 죽이는 데 사용합니다. 다른 남성의 정자가 수정되어 자손을 낳을 기회를 박탈시키고 자신의 정자가 성공적으로 수정되어 자손을 낳을 수 있도록 진화한 것이지요.

지금처럼 문명이 발전하기 전의 여성들은 여러 명의 남성과 성관계를 맺는 일이 많았습니다. 여성의 몸속에는 여러 남성의 정자가 여러마리 있을 수밖에 없었죠. 그러므로 정자를 많이 배출하는 남성일수록 여성의 몸에 있는 다른 정자들과의 치열한 싸움에서 더욱 유리한 고지를 차지하고 난자와의 수정에 성공할 수 있었습니다.

문제는 첨체를 다른 남성의 정자를 죽이는 데에 이미 사용해버린 정자들입니다. 이 정자들은 이후 제 역할을 못 하고 죽어 버리거든요. 그래도 이런 정자들의 처절한 희생 덕분에 소수의 다른 정자들은 난자까지 무사히 도착할 수 있습니다.

이렇게 동료들의 희생으로 난자에 접근하는 데 성공한 소수의 정자들은 난자에 악착같이 달라붙어 난자 내부로의 침입 및 수정을 시도합니다. 이때 힘 있는 정자 한 마리가 운 좋게 난자 안으로 들어가면 수정이 이루어지고, 하나의 수정란이 탄생합니다. 그리고 수정란은 이제 생명체로 거듭날 준비를 합니다.

수정란이 수십 조의 세포로? 수정란이 생명체로 자라는 과정

수정란은 분열을 거듭하면서 세포의 수를 불려 나갑니다. 이러한 분열을 '난할'이라고 하며, 난할을 하는 과정에서 생겨나는 작은 세포들을 할구라고 부릅니다. 수정란은 이렇게 난할을 하면서 2세포기, 4세포기, 8세포기, 16세포기 등 세포의 수가 2배씩 늘어납니다. 사람을 구성하는 세포의 수는 50조 개에서 100조 개까지 된다고 하죠. 불과 하나의 세포에 불과한 수정란이 이렇게 수많은 세포로 이루어진 완전한 생명체가 되기 위해서는 세포분열을 거듭해야만 합니다.

난할은 체세포분열이지만 일반적인 체세포분열과는 다른 점이 많답니다. 우리 몸을 구성하는 체세포들은 세포분열을 하기 전에 크기 성장을 하기에 세포가 두 개로 갈라진 후에도 분열 전의 크기를 유지할 수 있는데요. 난할의 경우 크기 성장을 하지 않고 분열만 반복하기 때문에 세포들의 크기가 점점 작아진답니다. 수정란이 '투명대'라는 막으로 둘러싸여 있는 상태이므로 공간적인 제약을 받아서 크기 성장을 할 수 없거든요.

그렇다면 수정란에 투명대가 벗겨진 후 본격적으로 크기 성장을 하는

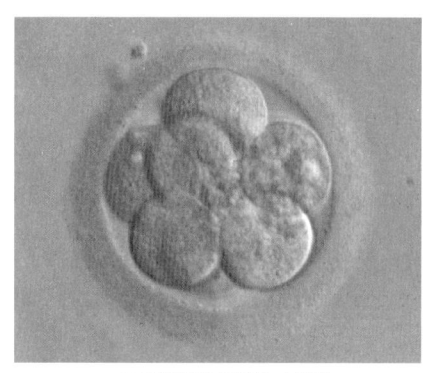
8 세포기에 접어든 수정란

시기는 언제일까요? 자궁으로 이동했을 때입니다. 수정란은 난할을 지속하며 세포의 수를 불려가면서 자궁에서 난소까지 연결된 나팔관을 타고 자궁으로 이동합니다. 수정란이 자궁에 도달하기까지는 약 3일 정도 걸린다고 하는데요. 이때 자궁에 있는 화학성분에 의해 투명대가 벗겨진답니다.

자궁에 도달한 상태의 수정란은 세포 수도 꽤 많아져서 뽕나무 열매 모양이 됩니다. 이때의 수정란 상태를 상실배라고 부르지요. 그리고 상실배가 된 후에 할구의 수가 1000개 이상이 되면 수정란의 내부에 비어있는 공간이 생기게 되는데요. 이때의 수정란 상태는 포배라고 부른답니다.

포배기에 접어든 수정란은 이제 자궁벽에 착상할 준비를 합니다. 자궁벽에 달라붙은 후 단백질 분해효소를 분비해서 자궁벽 속으로 깊숙이 파고드는데, 이런 과정을 통해 수정란이 완전히 착상되기까지 무려 7일의 시간이 걸리지요.

그런데 모든 수정란이 착상에 성공하는 것은 아닙니다. 평균적으로 2개의 수정란 중 1개의 수정란이 자궁벽을 뚫고 착상에 성공하여 태아로 성장할 수 있는 것으로 알려져 있어요. 착상에 실패한 수정란은 안타깝게도 생명체가 될 수 없습니다. 산모가 임신했다고 하는 경우는 정자와 난자가 만나 수정란이 생겨났을 때가 아니라 수정란이 자궁벽에 무사히 착상되었을 때부터입니다.

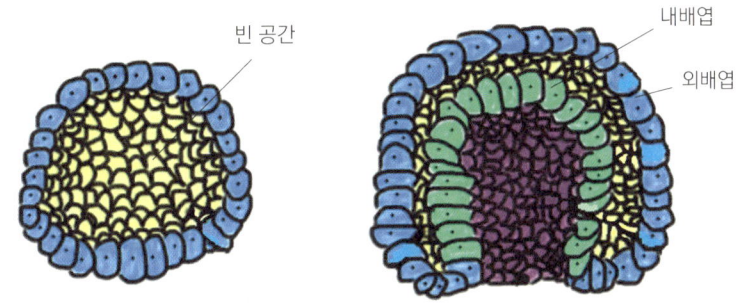

낭배가 형성되는 과정

착상에 성공한 수정란은 이제 수정란이라기보다는 배아라고 부르는 게 더 적절하지 않을까 싶습니다. 착상이 일어난 후 배아가 가장 먼저 하는 일은 낭배를 형성하는 것입니다. 수정란이 포배 상태가 되었을 때 내부에 비어있는 공간이 생긴다고 했었죠? 착상에 성공한 포배의 세포 중 일부분은 내부의 비어있는 공간 안으로 접혀 들어갑니다. 배아가 2겹의 세포층으로 이루어지게 되는 거죠. 이때 배아의 바깥쪽 세포층을 '외배엽'이라고 부르고, 안쪽의 세포층을 '내배엽'이라고 부릅니다. 고등 동물들에게는 외배엽과 내배엽 사이에 중배엽이 형성되기도 하죠.

지금까지 난할을 하면서 생겨난 세포의 종류는 모두 동일했습니다. 하지만 이제부터는 동일한 종류였던 세포들이 저마다의 역할을 하는 다양한 종류의 세포들로 분화되기 시작합니다. 피부세포, 간세포, 위세포, 근육세포, 신경세포 등으로요. 그리고 각각의 배엽들은 저마다 조직이나 기관을 형성하기 시작합니다. 모체로부터 영양분을 공급받아야 성장할 수 있으므로 태반과 탯줄 형성에 많은 세포를 사용하지요.

내부의 비어있는 공간은 소화관이 됩니다. 비어있는 공간의 입구 부분

배아 과정만 잘 거치면 된다!

은 생물의 종류에 따라 항문이 되기도 하고 입이 되기도 하죠. 사람의 경우에는 비어있는 공간의 입구 부분이 항문이 되는데요. 입은 안쪽 세포층이 비어있는 공간을 가로지르다가 다른 쪽 벽을 만나 출구가 형성되면서 생겨납니다.

이처럼 포배가 낭배로 접어드는 시기는 생명체의 위아래가 결정되고, 세포들이 새로 재배열되는 등 단순한 원형 모양이었던 배아가 생명체의 모양을 갖춰가는 중요한 시기입니다. 모든 동물은 낭배기를 거쳐야 완전한 생명체로 성장할 수 있습니다. 사람도 마찬가지로 낭배기 이후에야 팔이나 다리 같은 기관들이 생겨나는 모습을 관찰할 수 있지요.

이제 배아는 배아라고 부르는 것보다 태아라고 부르는 것이 적절해집니다. 만약 배아가 아무 탈 없이 태아기로 접어들었다면 기형 발생은 걱정할 필요가 없을 수준으로 떨어지죠. 기형은 주로 배아기를 거치는 과정에서 생겨나거든요. 왜 배아와 태아의 기형 발생률 차이가 나는지 아세요? 태아에게는 독성물질이나 박테리아가 침입했을 때 이에 대처할 수 있는 기관들이 있지만, 배아는 아직 없기 때문입니다. 임신 초기의 임산부는 병원체나 독성물질로부터의 노출에 주의해야 하는 이유가 바로 여기에 있습니다.

사람의 경우 임신 3개월째가 되면 태아의 신체기관이 대부분 완성됩니다. 이때부터는 태아의 팔과 다리, 손가락과 발가락이 보이고 성별을 구별할 수 있을 정도가 되죠. 이제 태아에게 남은 것은 열심히 성장하는 것입니다. 태아는 탯줄을 통해 영양분을 공급받으며 계속 성장합니다. 그렇게 임신 10개월째가 되고, 태아에게 자궁이 이제 머무르기가 어려운 좁은 공간이 되면 우렁찬 울음소리와 함께 세상 밖으로 나오게 됩니다.

쑥쑥 자라나라! 생명체의 발달

발달이란 생물이 작은 것에서 큰 것으로 성장하는 것을 말합니다. 영아기, 유아기, 사춘기와 같은 성장기를 거치면서 신체의 크기가 커지고 생식 능력을 갖추게 되지요.

사람의 경우 태어난 직후부터 만 2세까지를 영아기라고 부릅니다. 이 시기에는 매우 빠른 속도로 신장이 커지고 근육이 발달하죠. 처음에는 누워있는 것 외에는 아무것도 할 수 없지만, 어느 정도 시간이 지나면 목을 가누고 엎드리는 자세를 취할 수 있게 되지요. 좀 더 시간이 지나면 서기를 하다가 걷는 것도 가능해집니다.

생후 2~6년쯤부터의 시기를 유아기라고 부르는데요. 이 시기에는 신체에서 머리가 차지하는 비율이 줄어들고 신체 균형이 잡혀갑니다. 신경과 근육이 발달하여 일상생활에 필요한 다양한 신체적 활동이 가능해지

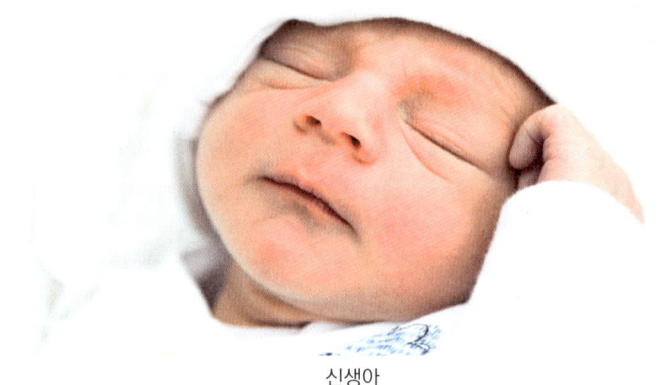
신생아

지요. 덕분에 기본적인 생활방식을 습득하고 가족이나 또래 친구들과의 상호작용을 통해 사회성을 기를 수 있게 됩니다. 지적능력도 꾸준히 발달을 지속하다가 초등학교에 다니는 시기인 아동기로 접어들면 이해력과 기억력이 성인 수준에 이르게 됩니다.

소위 질풍노도의 시기라고 불리는 사춘기가 되면 남성은 남성호르몬의 분비량 증가로 남성스러운 체격을, 여성은 여성호르몬의 분비량 증가로 여성스러운 체격을 갖추기 시작합니다. 초등학교 저학년까지는 아이가 입은 옷이나 머리 모양을 봐야만 성별 구분이 가능하지만, 사춘기가 오면 신체적인 특성만으로 쉽게 성별 구분이 가능해지지요.

사람은 사춘기 때 신체 성장이 거의 마무리됩니다. 그리고 이성에게 관심이 높아지고 자신의 유전자를 후대에 번식시키기 위한 성적 행동들을 알아나가기 시작하죠. 갑작스러운 호르몬의 분비 변화와 신체적인 변화로 인해 정서적으로 큰 혼란이 생기는 경우도 많답니다. 친구들이나 부모님과 심각한 갈등을 겪기도 하고요. 하지만 사춘기가 지나고 나면 좀 달라집니다. 자신의 정서를 직접 표출하기보다는 자신의 행동 표출이 타인에게 어떤 영향을 끼칠지 생각해보게 되고, 스스로 정서를 조절할 수 있게 되거든요.

사춘기를 겪고 나면 이제 발달은 거의 끝났다고 봐도 무방합니다. 이때부터는 성장이라는 용어보다는 성숙이라는 용어를 사용하는 것이 적절하지 않을까 싶습니다. 비록 신체적으로는 정체 상태 또는 기능 저하 상태로 진입하지만, 다양한 경험을 통해 마음이 꾸준히 성숙을 거듭하며 진정한 어른으로 거듭나게 되지요.

모든 생물은 결국 늙어 죽는다?

생명체의 노화와 죽음

**많은 생명은
죽음에서 출생한다.
- 오비디우스 (고대 로마의 시인) -**

    1960년에 노벨 생리의학상을 수상한 영국의 생물학자 피터 메다워(Peter medawar)는 이런 말을 했습니다. '젊은이를 앓아눕도록 만들 정도의 질병이라면, 노인을 죽일 수 있다'고요. 너무 당연한 말입니다. 노인은 젊은이보다 몸이 약해진 상태니까요. 이처럼 생물이 시간이 지나면서 기능이 쇠퇴하는 과정을 노화라고 부릅니다.

    노화가 태어나자마자 바로 진행되지는 않습니다. 영유아기, 아동기, 청소년기에는 운동 능력, 사고력 같은 전반적인 신체 능력이 빠른 속도로 발달하니까요. 노화는 그 이후에 일어나죠. 그래서 나이가 든 노인들은 혈기왕성한 청년들의 모습을 보며 부러워합니다.

    과학자들의 노화에 대한 의문은 여기에서부터 시작합니다. 왜 어린 시절에만 신체 능력이 발달하고 그 이후로는 쇠퇴하기만 할까요? 생물에게 꼭 노화가 일어나야만 할 이유는 딱히 없어 보입니다. 죽을 때까지 계

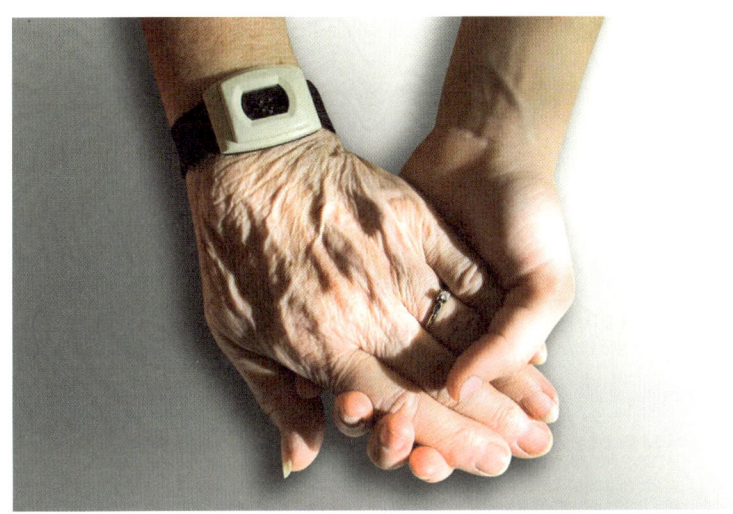
노화는 도대체 왜 일어나는 걸까요?

속 신체 능력이 발달할 수도 있을 텐데 말이에요. 게다가 생물은 기계와 달리 큰 상처를 입어도 스스로 회복할 수 있는 재생능력도 갖추고 있는데 말이죠.

굳이 늙지 않아도 되는데... 노화는 왜 일어날까?

만약 생물학자들에게 노화는 왜 일어나는가를 묻는다면 무엇을 전공한 생물학자인지에 따라 다르게 답할 것입니다. 혈관을 주로 다루는 분이라면 심장과 혈관이 혈액을 순환시키는 과정에서 계속 손상이 일어나기 때문이라고 말합니다. 또한, 세포를 주로 다루는 분이라면 세포 대사과정에서 생기는 활성산소가 세포를 파괴하여 세포들이 점점 망가지기 때문이라고 말합니다.

어떤 생물학자들은 세포가 분열할 때마다 텔로미어(telomere)라고 불리는 염색체의 끝자락이 조금씩 짧아진다는 것을 밝혀내기도 했답니다. 그리고 텔로미어가 어느 한계까지 짧아지면 세포분열이 멈춘다는 것을 알아냈죠. 나이가 어느 정도 들면 텔로미어가 너무 짧아져 세포분열이 일어나지 않게 되고, 이것이 노화로 이어진다는 것이지요. 이후 텔로미어는 노화의 비밀을 푸는 열쇠로 불리며 주목받았습니다.

그러나 텔로미어의 발견 이후로도 여전히 노화 현상을 설명할 수는 없었습니다. 신체 내 세포의 상당수는 거의 분열하지 않는다는 점을 설명하지 못하거든요. 물론 세포분열이 일어나지 않거나 늦어지면 손상된 조직을 재생하기 어려워지고 질병에 걸릴 확률도 높아지므로 노화가 일어나는 원인 중 하나이기는 하겠지만 말이죠.

이처럼 생명과학은 다양한 분야가 있기에 노화에 대해서도 다양한 가설이 발생할 수 있습니다. 여기서 중요한 건, 이들 이론이 모두 노화의 근본적인 원인을 명쾌하게 설명해주지 못한다는 것입니다. 예를 들어, 노화의 원인이 텔로미어라는 사실을 알아내도, 텔로미어가 왜 짧아지는 것인지는 여전히 의문일 수밖에 없죠.

과학자들은 노화가 일어나는 근본적이고 궁극적인 이유에 도달하고 싶었던 것 같습니다. 그래서 그 이유를 밝혀내기 위해 오랜 기간 많은 연구를 진행해 왔습니다.

영국의 생물학자 피터 메더워(Peter medawar)는 노화의 원인이 유전자라고 주장했습니다. 모든 생물에게는 세대를 거치면서 다양한 돌연변이 유전자들이 꾸준히 등장합니다. 만약 돌연변이가 개체의 생존을 돕는 유전자라면 이 유전자를 가진 개체는 잘 살아남아 자손을 번식할 수 있을 것입니다. 이 유전자는 세대를 거칠수록 점점 늘어나겠죠. 하지만 생존에 도움을 주지 않는 유전자를 가진 개체는 살아남기도 어렵고, 추후 번식에도 어려움을 겪을 겁니다. 그러므로 이 유전자는 세대를 거칠수록 사라질 것입니다. 이처럼 모든 생물은 여러 세대를 거치며 생존에 도움을 주는 유전자들을 축적하면서 진화를 거듭합니다.

그런데 약간 애매한 유전자들이 있습니다. 바로 어느 정도 나이가 들었을 때 발현하는 유전자입니다. 아마 이 유전자가 발현되기 시작할 즈음에는 이미 자손에게 유전자가 전달된 이후일 것입니다. 그러므로 이런 유전자들은 생존에 도움을 주든, 도움을 주지 않든 세대를 거쳐도 쉽게 사라지지 않겠죠. 이러한 유전자가 세대를 거칠수록 계속 축적되어 노화의 형태로 표출된다는 것이 바로 피터 메더워의 노화 이론인 노화의 진화이론(Evolutionary aging theory)입니다.

피터 메더워의 노화 이론은 미국의 생물학자 조지 윌리엄스(George williams)에 의해 더욱 발전했습니다. 조지 윌리엄스는 젊은 시절에 생

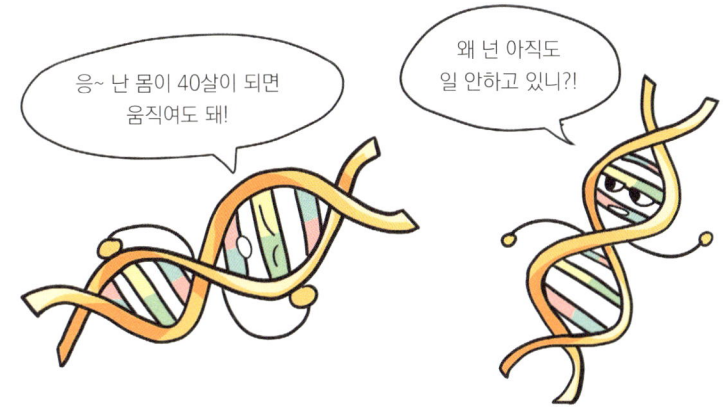

어떤 유전자는 늦게 일을 시작한다?

노인

존에 도움을 주고, 번식에도 도움을 주다가 나이가 들면 나쁜 영향을 미치는 유전자에 주목했습니다. 이런 유전자는 번식 활동이 왕성한 젊은 시기에 좋은 영향을 주므로 세대를 거치면 거칠수록 축적될 수밖에 없습니다. 이런 유전자를 가진 개체들이 점점 늘어나는 방향으로 진화가 이루어진다는 거죠. 대신 나이가 들어서 이 유전자의 나쁜 영향을 받는 대가를 치러야 하죠. 여기서 말하는 나쁜 영향이 바로 노화라고 보시면 될 것 같습니다.

결국 노화는 생애 초년기에만 가질 수 있는 높은 수준의 생존능력과 번식능력에 대한 대가라는 것이 조지 윌리엄스가 말하는 노화 이론의 핵심입니다. 이 이론을 길항적 다면발현 유전자 이론(Antagonistic pleiotropy hypothesis)이라고 부르지요. 여기서 말하는 길항적 다면발현 유전자가 바로 생애 시기에 따라 다른 역할을 하는 유전자를 지칭하는 말입니다. 암이나 치매를 일으키는 유전자도 알고 보니 젊은 시기에는 생존과 번식에 도움을 주는 좋은 유전자였다는 사실이 밝혀졌는데요. 이들 유전자가 대표적인 길항적 다면발현 유전자랍니다.

산소랑 포도당 때문이야! 노화가 일어나는 과정

노화의 원인이 유전자와 진화라는 사실이 잘 이해가 되셨지요? 이제 노화의 진화이론과 길항적 다면발현 유전자 이론을 기반으로 해서, 노화가 어떻게 일어나는지 세부적으로 분석해 봅시다.

생애 초년기에는 개체의 생존과 번식에 도움을 주다가, 노년기에는 나쁜 영향을 주는 유전자가 하나 있다고 가정해 봅시다. 이 유전자는 어떻게 노년기의 생물에게 나쁜 영향을 줄까요? 아마 신체가 손상될 만한 화학적, 물리적 작용을 일으키는 방식으로 나쁜 영향을 줄 것입니다. 체내에서 일어나는 화학적, 물리적 작용은 주로 에너지 대사과정에서 발생하는데요. 여기에서 우리는 노화가 에너지 대사과정에서 일어난다는 것을 유추할 수 있습니다.

우리 몸에서 에너지를 발생시키는 영양소는 쌀이나 밀과 같은 곡물에 주로 들어있는 탄수화물입니다. 체내로 들어간 탄수화물은 가장 간단한 구조인 포도당으로 분해되고, 포도당은 산소와 화학반응을 일으켜서 에너지를 발생시키죠. 이처럼 산소와 포도당은 우리 몸의 에너지 대사 활동에 가장 중요한 물질입니다.

이건 달리 말하면 산소와 포도당은 노화를 일으키는 원인이기도 하다는 의미이기도 합니다. 산소를 먼저 살펴볼까요. 우리가 숨을 쉬면서 폐로 들어온 산소는 혈관을 타고 신체 곳곳으로 들어갑니다. 그 후 포도당과 화학반응을 일으켜서 많은 양의 에너지를 생성하죠. 그런데 반응 과정에서 간혹 활성산소(Oxygen free radical)가 발생합니다. 여기서 활성산소란 반응성이 매우 큰 산소를 말해요. 생물 몸 안에 있는 분자들과 화학반응을 일으키면서 분자들이 수행하는 일의 효율을 떨어뜨리고 세포나 DNA를 파괴하기도 하죠.

만약 DNA가 활성산소에 의해 손상을 입으면 유전자의 변이로 인해 암이나 당뇨병 같은 질병이 생길 수 있습니다. 심장 세포나 뇌세포는 죽을 때까지 새로운 세포로 교체되지 않는데요. 이러한 세포들이 활성산소에 의해 손상을 입으면 일반적인 세포들이 손상을 입을 때와는 비교할 수 없을 정도로 위험해질 수 있죠.

그렇다고 해서 활성산소가 무조건 나쁜 역할을 하는 물질은 아닙니다. 몸 안으로 들어온 병원체를 공격해서 면역에 도움을 주거든요. 문제는 병원체뿐 아니라 중요한 물질들까지 파괴해 신체의 기능을 떨어뜨린다는 겁니다. 그래서 노화의 원인으로도 작용하는 것이죠. 현재 활성산소가 노화의 원인물질 중에 하나라는 사실은 대부분의 과학자들이 인정한 사실이랍니다.

다음에는 포도당을 살펴보겠습니다. 포도당과 단백질은 고온에서 화학반응을 일으켜 갈색 물질을 생성하는데요. 이것을 메일라드 반응(Maillard reaction)이라고 합니다. 그런데 문제는 체내에서도 이 반응이 일어나기도 한다는 것입니다. 원래 고온에서만 일어나는 반응으로 알려져 있었지만, 과학자들이 당뇨병 환자의 몸속에 메일라드 반응으로 생성된 갈색 물질이 많다는 사실을 밝혀내면서 노화의 원인으로 주목받았습니다. 실제로 당뇨병 환자는 노화가 좀 더 빠르게 진행되지요.

단백질은 몸의 구조를 형성하고 대사과정에 관여하는 매우 중요한 물질입니다. 근육이나 피부를 이루는 물질도 단백질이고 체내 화학반응에 관여하는 효소나 호르몬도 모두 단백질이죠. 그런데 단백질은 오직 원래의 형태를 유지하고 있을 때만 제대로 된 역할을 할 수 있습니다. 그러므로 만약 단백질이 포도당과 만나 화학반응이 일어나면 이 단백질은 제대로 된 역할을 할 수 없죠. 이처럼 메일라드 반응으로 만들어진 갈색 물질들이 몸속에서 계속 축적된다면 신체의 기능은 점차 약해질 것입니다. 노화가 진행되는 거죠.

정리하면 체내에서 일어나는 산화 반응과 메일라드 반응이 노화를 일으키는 과정 중 하나인 셈인데요. 과학자들은 이들 반응 외에도 아직 밝혀지지 않은 노화의 과정이 많이 있으며 지금까지 밝혀진 사실들은 일부에 불과하다고 말합니다. 시간이 지나고 의학이 발전하면 아직 밝혀지지 못한 노화의 비밀이 하나하나 밝혀질 것입니다.

의학도 해결하지 못한 과제! 노화를 늦춘다고?

노화를 늦추기 위해서는 어떻게 해야 할까요? 제가 위에서 포도당과 산소가 노화의 원인이라고 말씀을 드렸는데요. 이 점에서 생각해 본다면 먹는 양을 줄여서 포도당의 유입을 줄이고 신체 활동량을 최대한 적게 해서 산소의 유입을 줄이는 게 좋은 방법 같아 보입니다. 실제로 적게 먹으면 오래 산다는 말이 있죠. 하지만 아직 과학적으로 확실히 증명되지는 않았습니다. 음식을 적게 먹고 야채와 과일을 주로 먹는 동남아시아나 아프리카의 사람들이 다른 지역의 사람들보다 천천히 늙는 것은 아니니까요.

적게 먹는 게 노화를 늦춘다는 것이 사실로 밝혀진다 하더라도 실제로 그 효과를 보는 사람들은 얼마 없을 것으로 보입니다. 사람은 자신이 섭취하는 음식물의 양을 쉽게 조절하지 못하는 동물입니다. 만약 잘 조절했다면 전 세계의 사람들이 모두 날씬한 몸매를 유지하며 살아가고 있었을 겁니다. 하지만 사람들 대부분은 다이어트를 위해 식욕억제제를 섭취하기도 하고 다이어트를 결국 포기하고 과식을 해버리는 사례가 허다하잖아요.

그렇다면 신체 활동량을 줄이는 건 어떨까요? 마치 운동을 하지 말라는 말처럼 들리는데요. 운동은 어떻게 보면 우리 몸에 활성산소를 더욱 많이 생겨나게 하는 과정이기에 노화를 촉진하는 행동일 수도 있습니다. 그래서 언뜻 보면 운동을 하지 않는 것이 더욱 건강에 도움이 되는 것처럼 보이기도 합니다.

하지만 생물학자도, 의사도 모두 건강을 유지하기 위한 가장 좋은 방법이 바로 꾸준한 운동이라고 말합니다. 왜일까요? 운동의 결과가 활성산소만 있는 것은 아니기 때문입니다. 아마 활성산소의 생성을 최소화하기 위해 아무런 신체 활동을 하지 않는다면 식물인간처럼 온몸의 근육이 줄어들고 신경이 굳어 건강에 악영향을 끼칠 겁니다. 하지만 운동을 하면 온몸에 근육량이 늘어나고 체력도 늘어나죠. 이처럼 운동을 하면서 생기는 장점들이 활성산소로 인해 생기는 문제들을 상쇄하고 오히려 이득이 되기 때문에 운동이 더욱 건강에 도움이 된다고 하는 것입니다.

젊은 귀신과 노인들

    그렇다면 운동은 열심히 하되, 몸속 활성산소의 작용을 억제할 수 있다면 어떨까요? 활성산소의 작용을 억제하는 물질은 항산화 물질이 대표적인데요. 그렇다고 해서 항산화 물질을 섭취해도 노화를 늦추기란 불가능합니다. 입으로 먹는 항산화 물질이 세포 속 활성산소의 작용을 억제할 수 있으려면 입으로 섭취한 항산화 물질이 세포까지 이동해야 하는데요. 대부분 소화기관을 거쳐 분해되어 버리기 때문이죠.

    이처럼 우리 인류는 노화의 원인을 어느 정도 밝혀낸 지금도 여전히 노화를 정복할 방법을 전혀 찾지 못하고 있습니다. 어떤 분은 100년 전과 지금을 비교해 볼 때 사람의 수명이 많이 늘어났기에 노화를 어느 정도는 정복한 것 아니냐고 말씀하시는데요. 어디까지나 죽는 시기를 늦춘 것일 뿐이지 노화를 늦춘 것은 아닙니다. 100년 전 사람들의 평균 수명은 40~50대 정도이고 현대인들은 80~90대까지 살아가지만, 100년 전의 40~50대였던 사람들이 현대의 80~90대의 몸을 가진 상태로 죽은 것은 아니었으니까요.

그렇다면 시중에 판매되고 있는 노화 방지 식품이나 약들은 뭘까요? 어떤 분은 이들 식품과 약을 활용해 효과를 본 것 같다고 말씀하시는데요. 자세히 내막을 들여다보면 이런 분들은 노화를 늦추셨다고 보기 어렵습니다. 겉으로 노화가 덜 일어난 것처럼 보이도록 해주는 화장품이나 약을 활용하신 것일 뿐이죠. 안타깝게도 지금은 노화를 늦출 방법이 전혀 없는 상태입니다.

그렇다고 해서 낙심하실 필요는 없다고 생각합니다. 노화에 관한 연구가 앞으로도 꾸준히 진행된다면 미래에는 노화를 늦추는 방법이나 기술이 생겨날지도 모르거든요. 만약 젊음을 영위하며 오래 살기를 바라신다면 일단은 기다려 보시는 것도 좋을 것 같습니다. 우리가 죽기 전에 노화를 늦추는 기술이 개발되어 지금보다 훨씬 오랫동안 젊은 상태로 살 수 있게 될지도 모르니까요.

세포 속 집돌이들의 은밀한 사생활!

세포의 구조

> 생명은 자연의
> 가장 아름다운 발명이다.
> - 폰 괴테 (독일의 철학자) -

　모든 생명체는 세포라고 불리는 단위로 이루어져 있습니다. 아메바, 박테리아 등의 단세포 생물도 개체 자체가 하나의 세포이고, 사람을 포함한 다세포 생물도 무수히 많은 세포로 이루어져 있죠. 우리 몸을 구성하는 근육, 심장, 뇌, 피부 등의 기관도 근육세포, 심장세포, 뇌세포와 같이 서로 다른 종류의 세포로 이루어져 있습니다. 이들 세포 덕분에 우리 몸속에 있는 각 기관이 제 역할을 할 수 있지요.

　하지만 세포의 크기는 너무 작아서 우리의 눈으로는 그 형태를 쉽게 관찰할 수 없습니다. 그렇다면 세포의 존재를 최초로 발견한 사람은 누구일까요? 바로 영국의 철학자인 로버트 훅(Robert Hooke)입니다. 이전에 발명된 현미경 덕분에 세포를 발견할 수 있었죠. 로버트 훅에 이어, 독일의 동물학자인 막스 슐체(Max Schultze)는 세포의 개념을 본격적으로 확립했습니다. 그는 세포가 생명체에게 그냥 있는 것이 아니라, 생명체의

진핵세포와 원핵세포

세포는 진핵세포와 원핵세포 2가지로 구분된다는 거 아시나요? 원핵세포는 세포 내에서 각각의 역할을 분담하는 세포소기관이 없습니다. 그래서 구조가 단순하죠. 이렇게 원핵세포로 구성된 생물을 원핵생물이라고 합니다. 박테리아(세균)가 대표적이죠. 지구상에 최초로 등장했던 생물들은 모두 원핵생물이었답니다.

그런데 원핵세포가 등장한 지 약 20억 년이라는 긴 시간이 지나자 원핵생물에 큰 변화가 일어납니다. 세포 내에 세포핵, 미토콘드리아, 엽록체 등의 세포소기관이 생겨나고 역할을 서로 분담하기 시작한 것이죠. 이러한 세포를 진핵세포라고 하고, 진핵세포로 구성된 생물을 진핵생물이라고 합니다. 사람을 포함한 포유류, 어류, 조류, 파충류 등의 생물들이 대표적인 진핵생물들이죠.

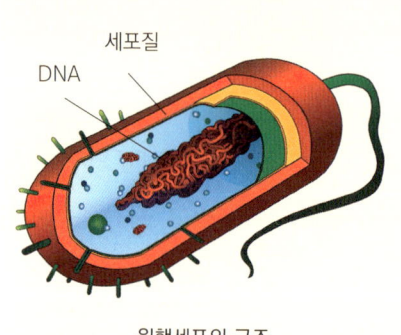

원핵세포의 구조

기능적인 기본단위라고 주장했습니다.

로버트 훅과 막스 슐체 이후에도 과학자들은 더욱 정교해진 현미경과 염색기술을 이용해서 세포를 더욱 심도 있게 연구했습니다. 그리고 세포가 수많은 세포소기관으로 이루어져 있는 복잡한 구조라는 사실이 밝혀졌죠.

너무 작아서 육안으로는 보이지 않은 세포도 마치 인체의 기관을 연상시키듯 다양한 종류의 소기관으로 이루어 있습니다. 모든 세포는 이들 소기관 덕분에 체외로부터 공급받은 영양소를 이용해 에너지를 만들어 내고, 단백질을 합성해 세포 자신을 구성하는 물질로 사용하거나, 호르몬 같은 물질들을 분비할 수 있지요. 그렇다면 세포 소기관들은 각각 어떤 종류가 있고, 어떤 역할을 하는 것일까요?

세포 속에서 무슨 일이? 세포소기관을 이용한 단백질의 합성

가장 중요한 역할을 하는 세포소기관부터 순서대로 설명해 드려야겠죠? 세포의 중앙에 있는 세포핵은 세포와 생명체의 기본적인 구조와 기능을 결정하고, 생명 활동의 중심 역할을 합니다. 역할이 큰 만큼 크기도 세포소기관 중에서 가장 크죠.

세포핵 안에는 염색사라고 불리는 실 모양의 물질이 골고루 퍼져 분포하고 있습니다. 염색사는 평소에 실 형태로 있다가 세포분열을 할 때 서로 꼬이고 응축되는데요. 이것이 바로 염색체입니다. 이 염색체가 바로 생명현상의 중심이 되는 가장 중요한 물질이자 유전물질인 DNA를 가지고 있는 녀석이지요.

DNA가 왜 그토록 중요한 물질로 여겨지는지 아세요? DNA에는 생명체의 항상성을 유지하도록 돕는 단백질의 기본단위인 아미노산에 대한 유전정보가 담겨 있기 때문입니다. 단백질은 생명체를 구성하는 기관, 효소, 호르몬, 항체, 헤모글로빈, 근육, 피부, 혈관 등을 이루는 생명체의 근간입니다. 즉, 생명체를 구성하는 모든 것들에 대한 정보가 바로 이 DNA에 담겨 있기에 중요하게 여겨지는 것이죠.

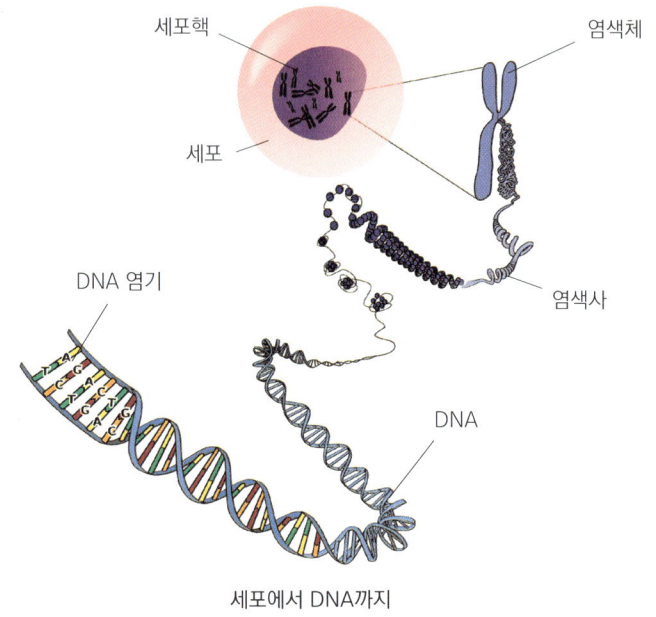

세포에서 DNA까지

　같은 사람끼리 얼굴 외모가 조금씩 다른 이유도 바로 이 DNA 때문이랍니다. 실제로 사람들의 DNA를 서로 비교해보면 99.9%는 서로 완전히 일치하고 나머지 0.1% 정도는 차이를 보인다고 합니다. 99.9%가 일치하기 때문에 사람이라는 같은 종으로 분류되는 것이고, 0.1%가 다르기 때문에 얼굴 외모가 사람마다 다르고 신체적으로도 약간의 차이를 보이는 것입니다.

　그렇다면 DNA로부터 어떻게 단백질이 만들어지는 것일까요? DNA는 스스로가 가지고 있는 유전 정보를 바탕으로 mRNA라고 부르는 기다란 모양의 물질을 만들어 세포핵 밖으로 내보냅니다. 이러한 과정을 전사(transcription)라고 부르죠. 이 mRNA가 바로 생명체를 구성하는 단백질을 만드는 녀석이랍니다. DNA 스스로가 단백질을 만드는 것이 아니라, mRNA라는 중개자를 통해서 단백질을 만드는 셈이지요. DNA는 생명체에게 매우 중요한 물질이고, 조금이라도 변형되면 생명체에 나쁜 영향을 미칠 수 있어서 세포핵 안에만 머무른답니다.

그렇다면 mRNA는 어떻게 단백질을 만드는 것일까요? 세포핵 밖으로 나간 mRNA는 세포에 수많이 많이 흩어져 있는 리보솜이라고 불리는 작은 물질과 결합하는데요. 이렇게 mRNA와 결합한 리보솜이 RNA의 정보를 해독해서 단백질을 만드는 원리입니다. 생성된 단백질은 다른 세포소기관의 구성성분이 되거나 세포의 낡은 부분을 새롭게 교체합니다. 외상으로 인해 훼손된 부분을 복원하기도 하죠. 단백질로 어느 정도 크기가 커진 세포는 DNA를 2배로 복제하고 세포분열을 일으켜서 생명체를 더욱 크게 성장시키기도 합니다.

하지만 mRNA가 언제까지 계속 단백질을 만들 수는 없는 노릇이겠죠? 딱 필요한 양만큼의 단백질을 형성하고 제 역할을 다한 mRNA는 분해

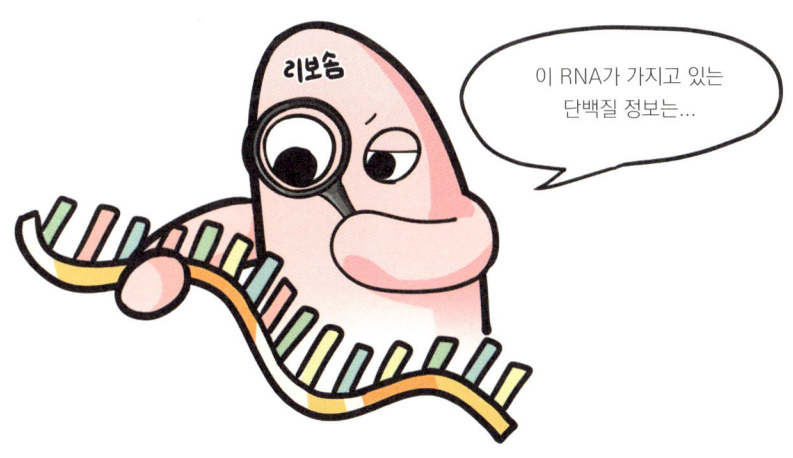

리보솜은 RNA 해독 전문가

됩니다. 그리고 분해 산물들은 새로운 mRNA를 만드는 재료로 사용되는 등의 용도로 쓰이게 되지요.

이처럼 DNA가 mRNA로 전사(transcription)되고, mRNA는 DNA로부터 받은 정보를 번역(translation)해서 단백질을 만들어 유전형질을 발현시키는 과정을 센트럴 도그마(Central dogma)라고 부릅니다. 모든 생명체는 바로 이 센트럴 도그마 과정을 통해 몸을 구성하고 대사작용에 필요한 각종 단백질을 만들지요. 레트로바이러스나 프리온 등의 특수한 생물들을 제외하면 센트럴 도그마가 적용되지 않는 생물들은 존재하지 않는다고 알려져 있답니다.

하지만 mRNA와 리보솜만으로는 복잡한 구조의 단백질을 만들 수 없답니다. 어느 정도의 가공을 거쳐야 제 기능을 하는 단백질이 될 수 있는데요. 이렇게 단백질을 가공해주는 역할을 하는 세포소기관이 바로 소포체와 골지체입니다.

소포체와 골지체에서 각종 변형과 이동을 거쳐 가공된 단백질은 분비소낭이라는 막에 포장되어 세포 밖으로 분비되기도 하는데요. 이렇게 분비되는 물질이 바로 생명체 내에서 중요한 역할을 하는 호르몬이나 효소입니다. 호르몬이나 효소를 분비하는 세포들은 많은 단백질을 만들어야 해서 소포체와 골지체가 잘 발달해 있죠. 트립신이나 라이페이스 같은 소화효소를 분비하는 이자 세포, 성장호르몬이나 갑상선자극호르몬 같은 호르몬을 분비해서 우리 몸의 각종 대사과정을 총괄하는 뇌하수체 세포가 대표적인 예랍니다.

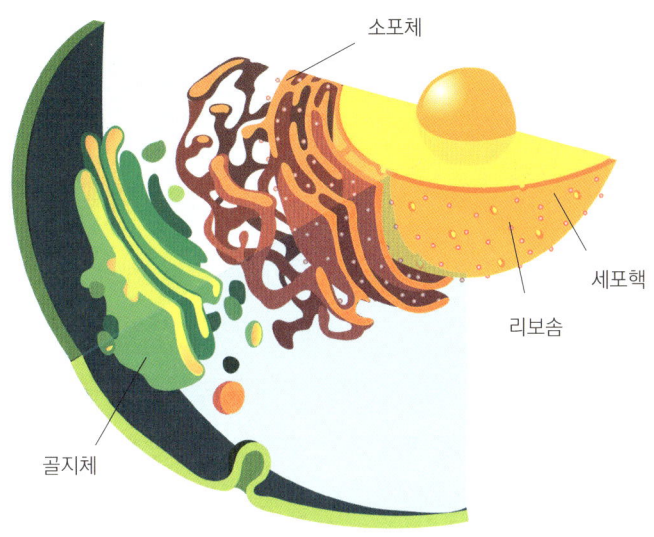

진핵세포의 구조

원래부터 세포소기관은 아니었다? 미토콘드리아와 엽록체

생명체에게 단백질을 만드는 것만큼 중요한 게 하나 더 있습니다. 바로 영양소로부터 에너지를 만드는 것입니다. 생명체에 일어나는 팔다리의 움직임과 단백질 생성 과정, 소화 과정, 심장의 박동까지 모두 섭취한 영양소로부터 만든 에너지가 있어야 가능하니까요. 그런데 영양소로부터 에너지를 만드는 것도 세포소기관이 한다는 거 아시나요?

그렇다면 이토록 중요한 역할을 하는 세포소기관은 과연 무엇일까요? 바로 미토콘드리아입니다. 음식물에서 분해된 탄수화물이나 지방, 그리고 산소로부터 에너지원인 ATP(adenosine triphosphate)를 만들거든요. 모든 생물은 ATP를 에너지원으로 사용합니다. ATP를 이용해야만 움직일 수 있고, 세포가 제 기능을 하게 할 수 있고, 세포를 성장시킬 수 있습니다. 특히 근육세포처럼 많은 에너지가 요구되는 세포에서는 미토콘

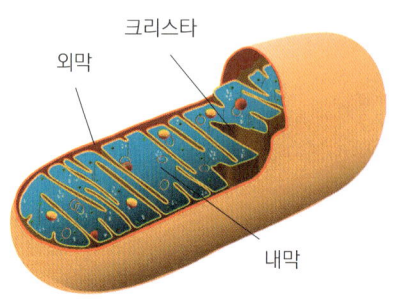
미토콘드리아의 구조

드리아의 역할이 더욱 중요하죠. 실제로 다른 세포보다 미토콘드리아가 더욱 잘 발달해 있기도 하고요.

미토콘드리아는 어떻게 에너지를 만들까요? 일단 에너지가 발생하는 원리에 대해서 먼저 간략하게 설명해 드려야 할 것 같습니다. 모든 유기물은 화학적으로 분해되어서 저분자(작은 분자)가 되면 에너지를 방출하고, 화학적으로 합성되어서 고분자(큰 분자)가 되면 에너지를 흡수하는 성질을 가지고 있습니다. 화학적으로 결합하려면 에너지가 필요하거든요.

ATP가 에너지원인 것도 이런 원리입니다. ATP는 아데노신이라는 물질에 3개의 인산이 결합한 구조이고, ADP는 아데노신에 2개의 인산이 결합한 구조인데요. ATP에 하나의 인산이 떨어져 나가 분해되면 ADP로 바뀌고 에너지를 방출합니다. ATP 1몰(6.022×10^{23}개)당 7.3kcal의 에너지를 방출하는 것으로 알려져 있죠. 평소에는 에너지가 ATP 형태로 있다가 에너지가 필요할 때 ADP로 바뀌고 그때 나오는 에너지를 이용하는 것입니다. 이처럼 ATP와 ADP는 인산 하나의 결합과 분해를 반복하면서 에너지를 방출하고 흡수하는 것을 반복하는 관계입니다.

생명체는 외부로부터 탄수화물이나 지방 같은 큰 분자 형태의 영양소를 분해해서 에너지를 얻고, 이 에너지를 이용해 ADP를 ATP로 만듭니다. 이 과정을 주로 미토콘드리아 속의 내막이 담당하고 있지요. 내막에 ATP 합성 효소가 배열되어 있거든요. 내막은 주름진 구조여서 표면적이

운동 안 하는 주인 때문에...

넓어 효소가 많이 분포할 수 있고, 효과적인 ATP의 합성이 일어날 수 있답니다.

  이런 이유로, 근육세포에 미토콘드리아가 많은 사람일수록 체력이 강하고 지구력이 높답니다. 미토콘드리아가 많으면 많을수록 영양소로부터 더욱 빠른 속도로 에너지를 만들 수 있거든요. 대체로 운동을 많이 한 사람일수록 근육세포에 미토콘드리아의 분포가 많고 미토콘드리아의 크기도 큰 경향이 있답니다. 반면 운동을 너무 하지 않은 사람은 미토콘드리아의 양이 적거나 크기가 작죠. 운동하지 않은 사람일수록 체력이 약한 이유가 바로 여기에 있답니다.

  이제 미토콘드리아 말고 다른 세포소기관으로 넘어가 볼까요? 에너지를 만드는 세포소기관이 미토콘드리아만 있는 건 아니거든요. 특히 식물의 경우에는 우리 사람처럼 영양소를 섭취할 수 없어서 세포소기관이 하나 더 필요하답니다. 영양소를 직접 만들 수 있도록 돕는 세포소기관 말이죠.

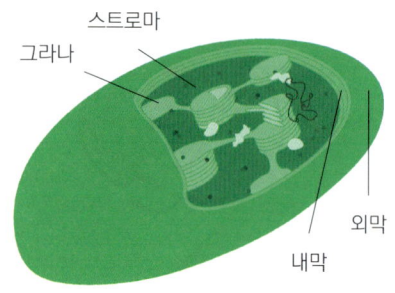

엽록체의 구조

식물은 뿌리에서 가져온 물과 대기에서 가져온 이산화탄소, 그리고 태양에너지를 이용해서 영양소를 직접 만들고 산소를 외부로 배출하는데요. 이 과정을 광합성이라고 하고, 광합성을 수행하는 세포소기관을 엽록체라고 합니다. 미토콘드리아가 고분자를 저분자로 분해해서 에너지를 얻는다면 엽록체는 미토콘드리아와는 반대로 저분자를 고분자로 합성해서 영양소를 직접 만들지요.

그렇다면 엽록체에서 어떻게 광합성이 일어나는 걸까요? 엽록체는 그라나와 스트로마로 구성되어 있습니다. 엽록체 내에 있는 그라나는 태양에너지를 이용해서 ADP를 ATP로 바꾸는데요. 이렇게 만들어진 ATP가 스트로마로 이동해서 물과 이산화탄소를 고분자로 만들어 준답니다. 고분자가 바로 에너지를 만드는 데 사용되는 영양소죠. 이렇게 광합성으로 얻은 고분자들은 주로 식물 자신을 구성하는 물질로 사용되는데요. 간혹 동물에게 먹혀 영양소로 사용되기도 한답니다. 마찬가지로 사람이 먹는 곡물이나 과일도 식물의 광합성 과정을 통해 만들어진 고분자 영양소입니다.

주제를 약간 돌려서 재미있는 이야기를 해 볼까요? 미토콘드리아와 엽록체는 생물의 에너지 대사에 중요한 역할을 하는 세포소기관이라는 공통점이 있는데요. 이 두 세포소기관과 관련해 한 가지 흥미로운 가설이 있습니다. 바로 이 두 세포소기관이 한때 독립된 생물이었다는 것입니다.

이 가설을 세포 내 공생설이라고 하죠. 세포 내 공생설에 따르면, 미토콘드리아는 프로테오박테리아나 리케차 같은 호기성 박테리아가 세포 내로 들어와 만들어진 것이라고 합니다. 또한, 엽록체는 시아노박테리아라는 광합성 박테리아가 세포 내로 들어와 만들어진 것이라고 합니다.

말도 안 되는 소리라고요? 하지만 세포 내 공생설을 뒷받침할 만한 증거는 셀 수도 없이 많습니다. 일단 미토콘드리아와 엽록체는 다른 세포소기관과 다르게 자체적인 DNA와 리보솜을 가지고 있습니다. 마치 독립된 생물처럼 독자적으로 단백질을 생산할 수 있죠. 게다가 외막과 내막이라는 2개의 막으로 덮여 있습니다. 내막은 원래부터 있었던 막이고, 외막은 세포 내로 들어오면서 만들어진 막이라고 추측할 수 있지요.

만약 이 가설이 사실이라면, 지금 우리 사람과 동물의 몸을 구성하는 미토콘드리아는 한때 박테리아였던 셈입니다. 식물을 구성하는 엽록체도 마찬가지고요. 역시 우리 생명체의 세계는 알면 알수록 신비로운 것 같습니다.

2장

살더라도 잘 살아야지!

생명체의 살아가는 방식과 환경

포켓몬 진화 말고, 생물의 진짜 진화!

생물 다양성과 진화론

**살아남는 종은 가장 강한 종도, 똑똑한 종도 아니다.
변화에 적응하는 종이다.
- 찰스 다윈 (영국의 생물학자) -**

포켓몬, 디지몬 등 만화에서만 일어날 것 같은 진화가 생물에게도 일어난다는 거 아시나요? 지구상의 수많은 생물은 오랜 시간에 걸쳐 이루어진 진화의 산물입니다. 다만 실제 진화는 만화에 나오는 포켓몬 진화처럼 갑작스럽고 빠르게 일어나지는 않는다는 차이가 있죠. 사람도 마찬가지로 오랜 기간 진화하면서 탄생한 포유류의 일종이고, 침팬지의 조상을 거슬러 올라가다 보면 사람의 조상과 어느 순간부터 같게 됩니다. 사람의 유전자를 분석해 봐도 침팬지와 유전자가 99% 정도 일치하지요. 이렇게 생물이 진화한다는 이론을 진화론이라고 부릅니다. 현재 과학자 중에서 진화론을 믿지 않는 과학자들은 없죠.

최초로 진화론을 주장했던 사람은 바로 찰스 다윈(Charles Darwin)입니다. 그는 살아남기 유리한 형질을 가진 개체만이 살아남아 번식하면서 다양한 종으로 분화되고 진화된다고 주장했습니다. 당시 다윈의 주장은 사람은 다른 동물보다 월등하며, 신의 선택을 받은 존재라는 인식을 뒤바꿔버린 혁신적인 주장이었습니다. 게다가 지금 진화론은 생명과학의 큰 축으로 자리매김 하고 있지요. 그래서 찰스 다윈의 이야기 는 지금까지도 사람들의 입에 오르내리고 있답니다.

찰스 다윈

여러분은 찰스 다윈이 어쩌다가 진화론 을 발견할 수 있었는지 궁금하지 않으신가요? 찰스 다윈의 발자취를 따라가 보면서 진화론에 대해서 알아보도록 합시다.

생존에 유리해야 살아남는다! 자연선택

찰스 다윈은 1809년 영국의 부유한 의사 집안에서 태어나 어릴 적부터 동물과 식물에 관심을 가지며 자랐습니다. 다윈이 젊었던 당시 영국은 세계 각지에 식민지를 건설하기 위해 전 세계를 항해하던 역동적인 시기이기도 합니다.

당시 영국인들은 동물학자 몇 명도 항해에 참여시켰습니다. 새로운 지역의 자연환경이나 생물을 조사하기 위해서였죠. 잘 알아두면 식량이나 자원으로도 활용할 수 있을지도 모르니까요. 다윈에게도 해군 측량선인 비글호에 탑승할 기회가 생기면서 5년 동안 남아메리카 대륙과 갈라파고스 제도, 호주, 태평양의 작은 섬, 아프리카 희망봉의 생물들을 관찰하며 보낼 수 있었습니다.

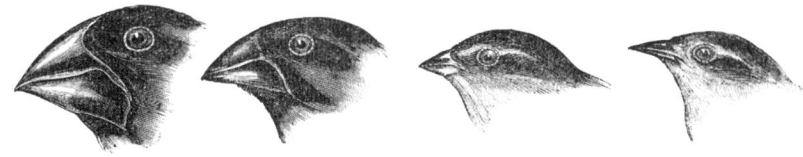

다윈이 스케치한 갈라파고스 핀치의 부리

찰스 다윈이 비글호를 타고 돌아다니며 둘러봤던 장소 중 진화론 개념의 확립에 결정적인 역할을 했던 곳은 동태평양에 있는 갈라파고스 제도였습니다. 그는 해저 화산활동으로 생겨난 30여 개의 섬과 암초로 이루어진 갈라파고스 제도에서 핀치새들을 관찰했습니다.

그러던 도중 핀치새가 갈라파고스 제도의 여러 섬에서 각자 흩어져 살고 있고, 각 섬의 환경에 따라 핀치새 부리의 모양이 조금씩 다르다는 사실을 발견했습니다. 곤충을 잡아먹는 핀치새의 부리는 뾰족했고, 꽃 속의 꿀을 빨아 먹는 핀치새의 부리는 길고 뾰족했고, 딱딱한 열매나 씨앗을 먹는 핀치새의 부리는 뭉툭하고 단단했습니다. 그리고 선인장을 먹는 핀치새의 부리는 날카로운 가시 사이에서도 먹이를 먹을 수 있도록 가늘고 길었습니다. 작은 씨앗을 먹으며 사는 핀치새는 작은 부리를 가지고 있었죠.

다윈은 갈라파고스의 핀치새들이 환경에 맞게 각자 다른 부리 모양으로 서식하는 모습을 보고 동물의 품종개량을 떠올렸습니다. 핀치새와 같은 새인 비둘기를 예로 들어볼까요? 같은 비둘기라도 흰색인 비둘기도 있고, 꼬리가 매우 아름다운 비둘기도 있고, 부리에 깃털이 달린 비둘기도 있죠? 모두 인위적으로 교배를 시켜서 개량한 개체들입니다. 다윈은 핀치새들도 비둘기의 품종개량과 마찬가지로 원래 모두 같은 종이었다가 각자 조금씩 다른 형태를 갖추게 된 것이라 예상했습니다. 주어진 환경에서 최적의 조건을 갖추는 방향으로 진화를 했다는 것이지요.

다윈은 갈라파고스 제도를 떠나기 전에 핀치새들의 부리 모양을 스케치로 남겼습니다. 나중에 영국으로 귀국했을 때 진화론을 증명할 자료로 활용하기 위해서였죠. 하지만 그는 섣부르게 진화론을 발표하지는 않았습니다. 핀치새의 스케치를 포함한 다윈이 보유하고 있는 수많은 생물 자료들은 진화를 증명하는 데 충분했지만, 진화가 어떤 과정으로 일어나는지 설명할 단서가 아직 없었거든요.

진화의 과정을 밝혀낼 단서를 찾고 있던 다윈은 영국의 경제학자인 토머스 멜서스(Thomas Robert Malthus)의 저서 『인구론』을 우연히 접하게 됩니다. 인구론의 주 내용은 다음과 같습니다. 전 세계인구가 기하급수적으로 늘어난다고 가정해 봅시다. 아마 인구가 계속 늘어나다 보면 어느 시점부터는 한정된 식량을 두고 경쟁이 시작될 것입니다. 이쯤 다다르면 전 세계인구는 식량의 양을 초과하지 않도록 일정하게 유지될 것이라

이 부리로는 먹고 살기 힘들 것 같아...

예상할 수 있습니다. 인구가 더 이상 증가할 수 없는 지점이 존재한다는 것입니다.

　자신의 몸을 반으로 갈라 이분법으로 번식하는 단세포 생물에게 인구론을 적용해봅시다. 단세포생물은 1마리였던 개체가 2마리로 늘어나고, 2마리는 4마리로, 4마리는 8마리로, 8마리는 16마리로 굉장히 빠르게 증식합니다. 하지만 실제 단세포생물이 이렇게 기하급수적으로 번식만 하나요? 그렇지 않죠. 개체 수가 일정하게 유지됩니다.

　인구론이 이해가 되셨다면 왜 단세포생물의 개체 수가 유지될 수밖에 없는지 예상할 수 있죠. 먹이 경쟁에서 도태되었거나 늙은 개체는 죽고 소수의 개체만 번식에 성공할 수 있기 때문입니다. 그렇다면 우리는 여기서 한 가지 사실을 더 유추해볼 수 있습니다. 번식에 성공하는 개체는 어떤 개체일까요? 먹이 경쟁에서 승리하기 조금이라도 더 유리한 우수한 형질을 가진 개체일 것입니다. 오직 이런 개체들만이 본인이 가진 유전 형질을 다음 세대에 전달할 수 있겠죠. 이것이 바로 자연선택(Natural selection) 이론입니다.

　만약 자연선택이 여러 세대를 거쳐 오랫동안 계속 일어난다면 어떻게 될까요? 주어진 환경에서 살아가기에 우수한 형질을 가진 개체의 수가 늘어날 것입니다. 진화와 종의 분화로 이어진다는 것이죠. 각기 다른 섬의 환경에 맞게 종이 분화된 갈라파고스 핀치새들처럼 말이에요.

　이렇게 다윈은 지금까지 수집한 자료와 맬서스의 인구론으로 진화를 설명할 수 있게 되었습니다. 하지만 다윈은 여전히 진화론을 대중들 앞에 선보이지 못했습니다. 아무래도 당시 사회 분위기상 어쩔 수 없었던 듯합니다. 당시 사람들 사이에서는 사람은 동물과는 다르다는 인식과 신이 창조한 특별한 존재라는 종교적인 인식이 뿌리 깊게 자리 잡고 있었는데요. 이런 상황에서 진화론이 가져올 여파를 두려워했던 것 같습니다. 진화론을 인정한다는 것은 사람이 여러 동물의 공통조상으로부터 진화를 통해 만들어진 존재라는 사실을 인정한다는 것과 같으니까요.

다윈은 결국 맬서스의 인구론을 접한 지 무려 20년이 지나서야 자신의 저서 『종의 기원』을 통해서 진화론을 세상에 공개했습니다. 이때 대중들의 반응은 어땠을까요? 다윈의 우려와는 달리 진화론은 동료 과학자들 사이에서 엄청난 인기를 끌었습니다. 단 하루 만에 종의 기원 저서가 모두 판매되었을 정도로 말이죠.

매력적이어야 번식한다! 성선택

생존에 우수한 형질을 가진 개체만이 살아남는다는 자연선택설만으로는 생물의 진화를 완벽하게 설명하지 못했습니다. 생존에 다소 불리한 형질을 가진 일부 생물 때문이죠. 대표적인 예를 하나 들어볼까요? 수컷 공작은 굉장히 화려한 외형을 자랑합니다. 하지만 외형이 화려하면 천적에게 너무 눈에 쉽게 띄기 때문에 이것은 분명히 생존에 불리한 형질입니다. 그런데 공작 수컷들은 화려한 외형을 그대로 유지한 채 진화하여 현재까지도 지구상에 남아 있습니다. 어떻게 이런 일이 가능한 것일까요?

개체 수를 유지하거나 늘리는 데에는 수컷의 수보다 새끼를 임신해 출산할 수 있는 암컷의 수가 매우 중요합니다. 수컷은 수가 매우 적다 하더라도 다음 세대의 개체 수에는 영향을 끼치지 않지만, 암컷의 수는 다음

공작 수컷과 암컷

세대의 개체 수를 결정하거든요. 수컷의 개체 수가 매우 소수더라도 소수의 수컷이 많은 암컷을 임신시키면 다음 세대의 개체 수에는 아무런 문제가 없기 때문이죠. 수컷의 외형이 화려한 이유는 여기에서부터 시작합니다.

암컷의 수는 한정되어 있지만, 수컷의 수가 많다고 가정해 봅시다. 이런 상황에서 수컷들은 암컷을 쟁탈하기 위해 다른 수컷들과 경쟁을 해야 합니다. 경쟁에서 승리하는 수컷들은 어떤 수컷들일까요? 암컷들에게 매력적으로 보이는 수컷들만이 경쟁에서 승리해 암컷을 쟁취할 수 있을 거라 예상할 수 있습니다. 특이하게도 공작 수컷이 화려한 것은 이것 때문입니다.

다윈은 『종의 기원』을 발표한 지 몇 년이 지나고 『사람의 유래와 성선택』이라는 책을 통해 성선택 이론을 발표했습니다. 성선택(Sexual selection)이란 비록 생존에 불리한 형질이더라도 그 형질이 번식에 유리하다면 그 형질은 세대를 거치면서 많아지고 진화에 성공한다는 이론입니다. 그래서 아무리 생존에 유리한 형질을 가진 우수한 수컷이라 하더라도, 그 수컷이 암컷에게 매력적이지 않다면 그 형질이 다음 세대에 전달될 수 없답니다. 이런 이유로, 성선택도 자연선택 못지않게 진화의 중요한 요소로 작용해요.

다시 수컷 공작을 살펴볼까요? 수컷 공작의 아름다운 외형은 암컷에게

아프리카 말라위 호수의 시클리드는 성선택 진화 덕분에 발색이 아름답습니다.

큰 매력입니다. 그러므로 더욱 아름다운 외형을 가진 공작일수록 번식에 유리할 것입니다. 시간이 지날수록 아름다운 외형을 가진 수컷 공작의 수가 늘어나는 것이지요. 아름다운 외형이 천적의 눈에 너무 잘 띄기에 생존에 불리할 수 있어도, 수컷의 수는 다음 세대의 개체 수에 영향을 미치지도 않을 테니까요.

반면 암컷에게 아름다운 외형은 아무 필요가 없습니다. 암컷은 출산과 육아를 통해 개체 수를 불리는 데에 전념해야 합니다. 괜히 눈에 띄는 아름다운 외형을 가졌다가는 천적에게 잡아먹혀서 다음 세대의 개체 수에 영향을 미치는 결과만 낳을 테니까요. 그래서 동물 세계에서 암컷은 수컷과는 달리 수수하고 소박한 외형을 가진 경우가 대부분입니다.

성선택은 성간 선택과 성내 선택의 2가지로 분류됩니다. 성간 선택이란 수컷과 암컷 사이에서 일어나는 성선택입니다. 수컷이 암컷의 선택을 받기 위해 외형을 더욱 아름답게 진화시키는 현상이죠. 위에서 언급한 공작 수컷 외에도 사슴의 기다란 뿔, 사자의 갈기, 민물고기들의 아름다운 발색 등이 대표적인 예랍니다.

성내 선택이란 다른 수컷들과 경쟁하는 것을 말합니다. 암컷에게 선택받기 위해서 수컷들끼리 싸워 승리하여 암컷을 쟁취하려는 것이죠. 대표적인 예가 유럽에서 서식하다 현재는 멸종된 사슴인 아이리시 엘크(Irish Elk)입니다. 아이리시 엘크는 생존했을 당시 거대하고 큰 뿔을 가지고 있었고, 뿔을 이용해서 같은 수컷들끼리 치열한 싸움을 하면서 암컷을 쟁취했다고 합니다. 큰 뿔을 가진 수컷일수록 수컷들 간의 싸움에서 승리하여 암컷을 쟁취하기 유리했지요. 그런데 아이리시 엘크가 지구상에 완전히 멸종했던 이유는 뿔이 커도 너무 컸기 때문이었다고 합니다. 성선택이 종의 멸종시킨 대표적 사례이기도 하지요.

성선택의 사례가 이토록 많은데도 불구하고 다윈이 성선택 이론을 발표했을 당시 과학자들의 반응은 냉담했다고 전해지고 있습니다. 『종의 기원』이 출간되었을 당시의 반응과 비교되지요. 아무래도 당시에는 남성 우월주의적인 분위기가 너무 강했기 때문에 성선택 이론이 주목받지 못한 것이 아니었을까 추정되고 있습니다.

생물은 그 자체로 소중해! 생물 다양성의 가치

여러분은 이제 자연선택과 성선택으로 지구상에 지금과 같이 다양한 생명체가 살게 되었다는 것을 이해하게 되었습니다. 생명체들은 약 40억 년 전 지구상에 최초로 등장한 이래 지금에 이르기까지 진화를 통해 주어진 환경에 살아갈 만한 최적의 조건을 갖춰가며 다양한 종으로 분화되었습니다. 40억 년이면 극소수의 종류에 불과했던 생물들이 진화와 종 분화를 거치면서 지금처럼 거대한 생물 다양성을 일구어낼 만한 긴 시간이었습니다.

하지만 생물 다양성이 순탄하게만 형성되었던 것은 아닙니다. 지금에 이르기까지 지구상 생물에게 여러 번의 위협이 닥쳤을 거라 추정됩니다. 대멸종이 약 7~8차례 정도 있었거든요. 여기에는 백악기 말에 공룡이 멸종되었던 것도 포함되지요. 지구의 역사를 보면 대멸종은 모두 삽시간에 일어난 것처럼 보이는데요. 사실 대멸종이라는 것은 몇 천 년, 몇 만 년에 걸쳐 천천히 일어나는 것입니다. 지질학적 연대에 대한 시간적인 감각은 한 세대의 사람들이 느끼는 것과는 차원이 다릅니다. 40억 년 중에서 천년은 너무나도 짧은 시간이지요.

그런데 현재 우리 인류에 의해 생물 다양성이 감소하는 속도가 과거에 있었던 대멸종 기간보다 속도가 더욱 빠르거나 비슷할 것으로 추정되고 있다는 사실을 알고 계시나요? 원시시대 때부터 사람들이 농업을 하면서 생물 서식지들이 개간되었고 사냥 기술이 발달하면서 상당한 종들이 멸종했을 것으로 추정됩니다.

게다가 지금은 산업화로 인해 생물 다양성이 더욱 빠른 속도로 파괴되어가고 있습니다. 현재 지구 전체 육지의 30%가 이미 사람들에 의해 개발이 된 상태이며, 그나마 남은 생물 서식지들마저도 사람들에 의해 오염되고 있지요. 향후 20~30년 동안 지구상에 있는 전체 생물의 25%가 멸종할 수도 있다는 말이 나올 정도랍니다.

현존하는 모든 생물은 지금까지 지구상에 있었던 대멸종 위기로부터

생물 다양성이 파괴되는 지구

생존하고 진화를 해 오면서 주어진 환경에서 살아가기에 최적의 조건을 갖춘 지금에 이르렀습니다. 그리고 현재는 각자의 최선의 역할을 하며 생태계의 균형을 이루고 있습니다.

이처럼 현재 균형과 조화를 이루고 있는 지구상의 생태계는 긴 시간에 걸쳐 형성된 진화의 산물입니다. 아무리 필요 없어 보이는 생물일지라도 모두 있어야 할 위치에서 생태계를 구성하는 구성원이라는 것이죠. 사람 역시 진화의 과정에서 탄생한 생태계의 구성원 중 하나로서 다른 생물들과 균형을 이루며 살아가야 할 의무가 있습니다. 지구상에 다양한 생물들이 존재하여 서로 조화와 균형을 이뤄야만 인류 역시 지구상에 존재할 수 있을 것입니다.

동물 사이에도 인싸와 아싸가 있다고?

사회를 이루며 살아가는 동물들

**사람은
사회적 동물이다.
- 아리스토텔레스 (고대 그리스의 철학자) -**

고대 그리스의 철학자 아리스토텔레스는 '사람은 사회적 동물'이라는 위대한 명언을 남겼습니다. 사람은 혼자서는 결코 살아갈 수 없고 다른 사람들과 상호관계를 맺으며 살아갈 수 있는 존재라는 의미를 담고 있지요. 실제로 현대 사회의 모든 사람은 자신이 원하든, 원하지 않든 수많은 사람과 더불어 살아갑니다. 아무리 집에 혼자 틀어박혀 있으려 해도 결국 우리가 먹고, 생활하고, 보유하고 있는 것들은 모두 누군가에 의해 만들어지고 생산된 것이니까요.

그렇다면 동물은 어떨까요? 여러분은 사람뿐 아니라 다른 동물들도 사회를 이루며 살아가는 경우가 많다는 사실을 알고 계시나요? 사람과 비교했을 때 커뮤니케이션 방식이나 생활 방식에 큰 차이가 있긴 하지만 냄새를 이용해서 대화도 하고, 서로 도우며 일도 하고, 심지어는 일하기 바쁜 어미를 위해 자식을 대신 키워주기도 한답니다. 사람으로 치면 국가라고 할 수 있는 거대한 사회 집단을 형성하며 함께 살아가는 모습도 볼 수 있죠.

크고 아름다운 개미 왕국! 개미의 사회성

가장 대표적인 사회성 동물을 하나 꼽자면, 아마 과학자들은 대부분 개미라고 답할 것입니다. 개미는 사람으로 치면 거의 국가 수준이라고 할 수 있을 만한 거대한 사회를 꾸리고 살아가는 곤충입니다. 페로몬이라는 물질을 이용해서 서로에게 신호를 보내는 방식으로 대화를 하며, 개체마다 계급이 분화되어 있어서 각자의 계급에 알맞은 일을 수행하며 살아갑니다. 마치 조선 시대에도 왕과 왕비, 양반, 중인, 상민, 천민으로 계급이 나뉘어 있던 것처럼 개미도 여왕개미, 공주개미, 수개미, 일개미, 병정개미 등으로 계급이 나누어져 있죠.

그럼 개미의 한평생을 통해 개미의 사회성이 얼마나 두터운지 살펴볼까요? 개미의 사회성은 개미가 태어났을 때부터 중요합니다. 알에서 태어난 개미 애벌레는 거의 움직이지 못하기 때문에 일개미들에 의해 돌봄을 받아야 하거든요. 개미들은 애벌레들에게 먹이를 지급하기 위해 2개의 위를 가지고 있을 정도지요.

위 하나는 자신이 영양분을 섭취하기 위해 있는 것입니다. 다른 위 하나는 모이주머니라고 부르는데요. 이 모이주머니가 바로 애벌레들을 키우기 위해 존재하는 것입니다. 일개미는 먹이를 턱으로 잘게 부수고 침으로 먹이를 녹여 영양분을 흡수하는데요. 일부는 소화하고, 일부는 소화하지 않고 모이주머니 속으로 들어가 소화되지 않은 상태로 모이주머니에

개미

저장합니다. 이렇게 먹이를 모이주머니 속에 저장한 일개미는 애벌레 방으로 이동해서 먹이를 토해 애벌레들에게 먹이를 주지요.

일개미의 역할은 먹이를 주는 것만이 아닙니다. 애벌레가 성장하려면 온도 등이 최적의 조건을 갖추어야 하는데, 이를 위해서 애벌레들의 위치를 옮겨주거나 새로운 방을 계속 만들면서 공간을 넓힙니다. 정말 지극정성으로 돌보지요. 그런데 여기서 한 가지 신기한 점은 애벌레에게 먹이를 주는 일개미들은 애벌레들의 어미가 아니라는 겁니다. 이처럼 개미들은 집단생활을 하면서 다른 개미가 낳은 자손을 일개미들이 공동으로 돌보고 기르는 특성이 있죠. 이를 번식적 분업이라고 부릅니다.

개미들은 주위의 동료들에게 먹이를 제공하기 위해 모이주머니를 사용하기도 합니다. 실제로 개미들을 자세히 관찰해보면 서로 입을 맞대고 있는 장면을 볼 수가 있는데요. 이게 바로 먹이를 나누어 먹는 장면입니다. 더듬이를 이용해서 상대방에게 먹이가 필요한지 물어본 후 자신의 입을

영양 교환 실험

개미들의 영양 교환 실험은 사람도 간단하게 해 볼 수 있습니다. 머리카락으로 개미의 턱밑 아랫입술을 살살 건드리면 개미는 머리카락을 영양분을 받으러 온 굶주린 개미로 착각하고 액체를 내뿜습니다. 개미가 내뿜은 액체 물질을 먹어보면 단맛이 나지요.

상대방의 입에 갖다 대고 모이주머니에 저장되어 있는 먹이를 뱉어서 먹여주지요. 이를 영양교환이라고 부르는데요. 주로 외부에서 먹이를 구하는 역할을 담당하는 일개미가 개미집 내부에서 일하는 개미들에게 먹이를 공급해주기 위해 하는 행동입니다.

이처럼 모이주머니는 개미들의 사회성을 보여주는 대표적인 기관이기 때문에 모이주머니를 사회위(social stomach)라고도 부릅니다. 한 개미집에서 약 15%의 개미들이 먹이를 구하는 역할을 하는데요. 이 15%의 개미들 덕분에 개미집에 있는 전체 개미들이 먹이를 공급받을 수 있습니다. 먹이를 구해오는 일은 목숨을 걸어야 할 정도로 상당히 위험한 일이어서 대부분 나이가 들어서 곧 죽게 될 개미들이 담당한다고 합니다.

그렇다면 일개미 외에 다른 개미들은 어떤 일을 할까요? 다른 일개미들보다 크기가 크고 큰 머리와 턱을 가지고 있는 개미를 병정개미라고 부르는데요. 이들도 일개미들과 하는 일이 크게 다르지 않습니다. 그런데 큰 턱과 몸집을 가지고 있어서 여왕개미에게 위급한 상황이 발생했을 때 여왕개미를 보호하게 되지요.

만약 개미 애벌레가 많은 영양분을 섭취해서 크게 자라면 일개미가 아니라 공주개미로 성장하는데요. 공주개미가 바로 다음 개미 세대를 이끌 예비 여왕개미입니다. 일개미는 여왕개미와 같은 암컷인데도 불구하고 평생 여왕개미를 위해 노동하며 살아가야 하지만, 여왕개미는 일개미들이 주는 영양분을 받아먹고 알을 낳고 번식만 하며 편하게 살아갑니다. 그래서인지 여왕개미는 수명이 10~30년 정도로 엄청나게 긴 반면 일개미는 1년 정도밖에 살지 못하지요.

개미 수컷들을 모두 수개미라고 부르는데요. 이들 역시 여왕개미처럼 먹이 섭취와 번식 외에는 아무 일도 하지 않습니다. 일개미들이 주는 먹이만 받아먹다가 번식기가 오면 개미집 밖으로 나가 비행을 하면서 짝짓기를 하죠.

그렇다면 수개미들은 누구와 짝짓기를 할까요? 바로 공주개미입니다. 공주개미는 날개를 펴고 하늘을 날며 수개미들과 짝짓기를 하면서 최대한 많은 양의 정자를 체내에 넣지요. 짝짓기를 마친 수개미들은 곧 목숨

짝짓기를 너무 많이 한 공주개미

을 잃고, 짝짓기에 성공한 공주개미는 새로운 곳에 자리를 잡습니다. 그리고 날개를 스스로 떼어낸 후 쉬지 않고 알을 낳으며 일개미들의 수를 늘리기 시작합니다. 이때부터 공주개미는 이제 공주개미로 불리지 않고 여왕개미로 불립니다. 새로운 개미 왕국이 건설된 것이지요.

이처럼 개미 사회는 계급마다 각자의 역할이 확실하게 정해져 있는 조직적인 계급 사회입니다. 일개미들에게만 큰 희생과 노동이 요구되는 불공평한 사회이기도 하죠. 그럼에도 불구하고 모든 일개미는 자신에 역할에 불만을 품지 않고 맡은 바를 수행하며 한평생을 살아갑니다. 사람으로서는 이해할 수 없는 모습이지요. 영양 교환을 통해 서로 돕기도 하며 살아가는 모습은 본받을 만하지만 말이죠.

약간 다른 관점에서 보면 개미 사회는 인류 사회보다 더 높은 사회성을 보이는 것 같기도 합니다. 경제적인 효율성도 훨씬 높고요. 사람은 자기 자신이 제일 소중하고, 자신보다 잘 사는 사람이 있으면 부러워하고 때론 시기하며 살아가기도 하는 동물입니다. 하지만 개미는 사람과는 달리 이타적인 행동을 하며 살아갑니다.

당장 일개미들만 봐도 자신의 번식을 완전히 포기하고 오직 자신이 속한 개미 사회를 위해 한평생을 일만 하죠. 병정개미는 여왕개미에게 위험한 상황이 닥쳤을 때 자신의 목숨까지 기꺼이 희생합니다. 번식하는 개체는 오직 번식만, 일하는 개체는 오직 일만 하는 분업화가 발생하는 것이죠. 덕분에 개미 사회 내에서는 개체 번식이 매우 빠른 속도로 일어나고, 최적의 노동 효율이 발생할 수 있답니다.

이처럼 진사회성은 워낙 효율적이다 보니 진사회성을 가진 곤충은 지구상에서 번성하는 경우가 많습니다. 실제로 전체 곤충 종류 중에 약 2%밖에 차지하지 않는 진사회성 곤충들이 전체 곤충 개체 수 중에서는 50%나 차지하죠. 실제로 개미나 벌은 우리가 쉽게 볼 수 있는 친숙한 곤충 중 하나잖아요?

벌거숭이두더지의 어쩔 수 없는 사연? 척추동물의 사회성

사회성 곤충이 개미뿐일까요? 그렇지 않습니다. 벌과 흰개미 역시 개미와 거의 유사하게 사회를 이루며 살아가는 곤충입니다. 암컷 한 마리가 집을 짓고 알을 무수히 많이 낳는 것을 시작으로 하나의 사회가 갖춰지며, 번식적 분업을 하고, 대부분의 개체가 번식에 직접 참여하지 않고 평생 일만 하다가 죽지요. 이런 방식으로 사회를 이루며 살아가는 곤충들을 진사회성 곤충이라고 합니다. 전체 곤충 중에서 약 2%가 이와 같이 사회를 이루며 살아가죠.

척추동물 중에서도 진사회성을 가진 녀석들이 있습니다. 아프리카에서 서식하며 크기가 매우 작은 벌거숭이두더지(naked mole rat)가 대표적입니다. 지금까지 발견된 척추동물 중에서 유일하게 진사회성을 가진 종인데요. 몸길이가 8~10cm밖에 안 되고 벌거숭이라는 이름답게 털이 거의 없답니다.

벌거숭이두더지의 가장 큰 특징은 땅굴을 깊이 파서 그 속에서 생활한다는 것입니다. 깜깜한 땅굴 생활에 적응하다 보니 눈은 거의 퇴화된 상태죠. 눈보다는 주로 냄새에 의존해서 살아갑니다. 같은 사회에 속한 동료를 서로 알아보기 위해 몸에서 나는 배설물의 냄새를 이용한답니다. 그

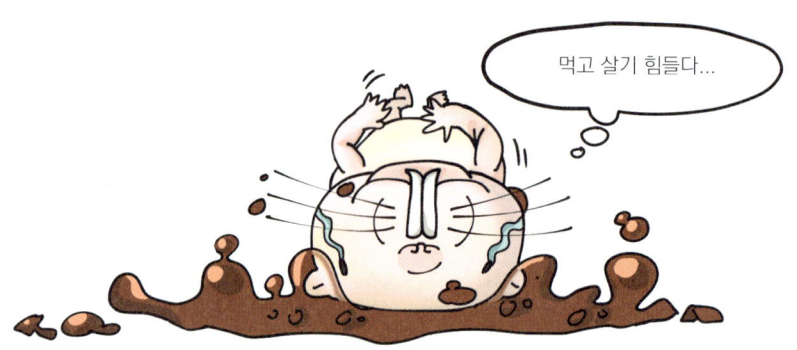

벌거숭이두더지의 설움

러다 보니 다른 동료에게 자신이 적이 아님을 증명하기 위해 땅굴 화장실에서 뒹굴며 배설물을 묻히는 독특한 행동을 보이기도 하죠. 또한, 진사회성 동물답게 땅굴 속에서 모여 살면서 오직 암컷 한 마리만이 새끼를 낳고 젖을 먹여 키웁니다. 나머지는 여왕을 보호하고 한평생을 일하면서 살아가죠.

사람과 다를 게 없네? 영장류의 사회성

지금까지 곤충의 사회성에 대해 알아보았으니 이번엔 영장류로 눈을 돌려 봅시다. 아무래도 사람이 사회성을 갖고 있으니 사람과 유전적으로 가장 가깝고 유사한 영장류들은 사람과 비슷한 사회성을 갖고 있을 거라고 예상해볼 수 있는데요. 예상대로입니다. 영장류들은 매우 높은 수준의 사회적 행동을 하고 수컷들 사이에서 서열이 구분되어 있습니다.

이들의 사회성이 어느 정도인지 아세요? 먹이를 사냥할 때 서로 협력하거나 전략을 쓰는 모습은 마치 원시시대 인류의 모습이 연상될 정도입니다. 게다가 오직 어미만 새끼를 돌보는 다른 동물들과는 다르게 수컷들과 형제자매, 심지어는 친척들까지도 다 같이 새끼를 돌보기도 하지요. 상대방에게 자신의 심리 상태를 표현하기 위해서 몸짓이나 표정을 바꾸면서 대화를 나누기도 한답니다.

프란스 드 발(Frans de waal)은 침팬지의 사회를 연구한 동물행동학자인데요. 그는 침팬지 사회가 현대 인류 사회와 크게 다르지 않다고 주장합니다. 현재 인류 사회에서 벌어지는 정치적인 권력 다툼이나 세력 갈등이 침팬지들 사이에서도 그대로 벌어진다고 해요. 도대체 침팬지 사회가 어느 정도이길래 이런 말을 하는 걸까요?

침팬지 집단에도 사람으로 치면 왕의 위치인 우두머리가 있습니다. 그렇다면 우두머리는 침팬지들 사이에서 어떻게 정해질까요? 가장 힘이 센 수컷 침팬지가 족장에 자리에 오른다고 생각하면 오산입니다. 집단 내에서 얼마나 넓은 사회적 관계를 형성하고 있는지, 그리고 높은 지위에 있는 다른 개체로부터 얼마나 많은 지지를 받는지에 따라 우두머리의 지위가 결정된다고 합니다.

그래서 수컷들은 자신의 지위를 유지하거나 최고의 자리에 오르기 위해 일시적으로 다른 수컷들과 협력을 하거나 관계를 형성합니다. 심지어는 자신에게 유리한 방향으로 거짓말을 하면서 최대한 많은 개체가 자신의 편이 되도록 유도하죠. 어린 개체는 최대한 관대한 태도로 대하고 암컷과 때는 암컷에게 해를 가하는 정도를 조절하기도 합니다. 어느 정도 시간이 지나면 우두머리 자리를 차지하기 위한 권력 다툼이 벌어지고, 다툼이 막을 내린 이후에는 서로 화해를 해서 집단을 안정시키기도 하죠.

침팬지

 이렇게 여러 수컷이 서로 집단 내에서 우두머리 자리에 오르려고 하다 보니 권력과 세력의 판도는 계속 바뀝니다. 암컷들은 수컷들 사이의 싸움에 참여하지 않는 것처럼 보이지만 이들 역시 권력 싸움에 가담합니다. 뒤에서 수컷을 조용히 조종하기도 하죠. 가장 연장자인 암컷이 누구를 지지하느냐에 따라 권력 다툼이 사실상 막을 내린다고 합니다. 제일 높은 사회성을 가진 수컷이 최고의 자리에 오르는 셈입니다.

 그래서 과학자들은 사람의 높은 지능이 사회성으로부터 기원한 것이라고 주장합니다. 집단 내에서 사회적인 관계를 잘 이용한 똑똑한 개체만이 원시 사회에서 살아남아 높은 직위에 오르고, 이성의 짝과 만나 번식을 할 수 있게 되었다는 것이지요. 그렇게 오랜 세대를 거쳐 지금에 이른 것이고요.

죽은 공룡은 말이 없지만…

공룡이 멸종한 이유

사람과 공룡이 갑자기 동시대에 있게 되면
어떤 일이 생길지 누가 알겠습니까?
- 영화 〈쥬라기공원〉의 알랜 그랜드 박사 -

공룡은 다리가 1자로 곧게 뻗은 형태의 파충류들을 의미합니다. 중생대 트라이아스기 후기에 등장하여 쥐라기와 백악기에 걸쳐 크게 번성했고, 지금은 존재하지 않는 동물이죠. 1억 6000만 년이라는 긴 시간 동안 중생대 육상을 지배했던 파충류였지만 어떠한 이유에 의해서 백악기 말인 6600만 년 전에 완전히 사라져 버렸거든요.

여러분은 파충류 하면 어떠한 동물이 먼저 떠오르시나요? 아마 바닥을 기어 다니며 움직이는 악어나 도마뱀 정도를 떠올리실 텐데요. 이들이 공룡과 대조되는 가장 큰 차이점은 바로 다리가 몸통 바로 옆에 있어서 기어 다니며 생활한다는 것입니다. 하지만 공룡은 현생 인류처럼 직립보행을 하며 생활했지요.

이처럼 기어 다니는 현생 파충류와는 대조적인 똑바른 자세 덕분에 공룡은 민첩하게 움직일 수 있었고, 폐에 압박이 가해지지도 않아서 자유로

두 발로 직립보행을 하는 공룡

운 호흡이 가능했습니다. 덕분에 공룡은 다양한 신체 구조와 생활양식을 갖추는 방식으로 다양하게 진화할 수 있었죠.

최대 40m에 육박하는 거대한 크기로 진화하여 크기 자체만으로 자기 자신을 보호하기도 하고, 현생 인류와 비슷한 크기로 진화하여 민첩한 몸놀림으로 초식공룡들을 잡아먹기도 하고, 현생 인류보다 작은 크기로 진화해 곤충이나 알을 먹이로 삼으며 천적으로부터 쉽게 도망칠 수 있었습니다. 그 외에도 자신을 천적으로부터 보호하기 위해 거북이처럼 등딱지를 가지거나 뿔 같은 무기를 가지기도 했죠. 비록 매우 오래전에 살았던 동물이지만 직립보행을 하는 사람의 기준으로 보면 현생 파충류들보다 훨씬 우월한 존재로 보이기도 합니다. 현생 파충류는 기어 다니지만, 공룡은 직립보행을 하니까요.

비록 지금은 지구상에서 아예 사라져 볼 수 없어서 아쉽다는 생각도 드는데요. 막 그렇게 아쉬워하실 필요는 없답니다. 공룡의 일부 종이 현생하고 있는 조류로 진화한 상태이기 때문에 여전히 우리 곁에 남아 있다고 볼 수도 있거든요. 현재 환경에 알맞게 새로운 형태로 진화를 한 셈이죠. 정말 대단한 녀석들입니다.

그렇다면 우리 인류는 공룡의 존재를 언제부터 알게 된 것일까요? 1882년경 영국에서부터였습니다. 1884년부터 영국의 옥스퍼드 대학에서 공룡 연구가 본격적으로 이루어졌고, 공룡의 존재가 점차 대중들에게 알려지면서 현재의 dinosaur라고 불리게 되었죠. 그리스어로 '무서운'을 의미하는 deinos와 도마뱀을 의미하는 saur가 결합해 만들어진 단어입니다. 한국어로 직역하면 '무서운 도마뱀'이라는 뜻인데, 공룡의 흔적이 최초로 발견되었을 때 어마어마한 크기에 놀란 과학자가 이렇게 이름을 지은 것으로 보이네요.

우리나라도 한때 공룡이 많이 살았던 지역이라는 사실을 아시나요? 우리나라에서는 1973년 경상남도 하동의 해안가에서 공룡 화석이 처음으로 발견된 이후로 경남 고성, 전남 해남 등의 남해안 지역에서 화석이 꾸준히 확인되고 있습니다. 남해안 지역에 발견되는 공룡 화석의 규모는 유럽과 아시아를 통틀어서 최대라고 해요.

하지만 현재 공룡은 어디까지나 화석 형태로만 볼 수 있어서 아쉽기도 한데요. 과학자들의 생각도 마찬가지인지 공룡의 후손이라고 할 수 있는 닭의 유전자를 조작해서 공룡을 부활시키려 하고 있답니다. 닭으로부터 공룡과 닮은 유전자를 찾아내고 발현시키려는 것이죠. 만약 정말 공룡이 부활한다면, 공룡이 생존했을 당시의 기후나 공기의 질 그리고 섭취할 수 있는 먹이가 지금과는 다르므로 당시의 환경을 똑같이 재현하는 작업

공룡을 부활시키기는 했는데...

도 이루어져야 할 것입니다. 과연 공룡이 실체를 직접 볼 수 없는 공상 과학의 형태로만 남을지, 아니면 두 눈으로 직접 보게 될 날이 올지 두고 볼 일입니다.

그렇다면 지구상에 그토록 번성했던 공룡이 왜 갑자기 자취를 감추고 화석으로만 남게 된 걸까요? 공룡 멸종 원인을 자세하게 들여다보도록 합시다.

사라진 공룡이 남긴 첫 번째 흔적! 운석 충돌설

지구을 지배했던 공룡이 6600만 년 전에 한꺼번에 사라졌다는 사실은 과학자들에게 최고의 미스터리였습니다. 과학자들이 지금도 공룡 멸종에 대한 답을 찾기 위해 노력하는 이유이기도 하죠. 이러한 노력의 결과로 다양한 공룡 멸종설들이 쏟아져 나왔답니다. 대부분의 가설은 잠깐 등장했다가 설득력을 잃고 순식간에 사라져 버렸는데요. 과학자들의 공감을 얻으며 지금까지도 높은 설득력을 얻고 있는 설도 꽤 있지요.

현재 과학자들 사이에서 가장 높은 설득력을 얻고 있는 공룡 멸종설은 바로 운석 충돌설입니다. 거대한 운석이 지구와 충돌하여 매우 뜨거운 운석의 파편이 여기저기로 튀어 나가고, 충격파로 인해 지진과 해일이 발생해 생물들이 죽고, 먼지가 대기로 방출되어 태양빛이 거의 가려져 버렸다는 것이죠.

이로 인해 초식공룡이 섭취할 식물의 잎이나 줄기 부분은 광합성을 못해 완전히 사라져서 초식공룡이 멸종했을 것이고, 초식공룡을 주 먹이로 삼는 육식공룡 또한 멸종할 수밖에 없었을 것입니다. 또, 따뜻한 태양빛이 지면으로 도달하지 못하므로 날씨가 갑작스럽게 추워졌던 것도 공룡이 멸종하는 데에 결정적인 역할을 했을 것입니다.

그렇다고 해서 지구상의 모든 생물이 멸종했던 것은 아닙니다. 식물의 씨앗과 뿌리 부분은 죽지 않았기 때문에 운석 충돌의 여파가 거의 끝난 후 다시 싹을 틔울 수 있었거든요. 마찬가지로 동물도 아예 멸종하지는

운석 충돌

않았는데요. 운석 파편의 열이나 지진, 해일에서 간신히 살아남은 후 털과 깃털로 추위를 견디면서 작고 섬세한 신체 부위를 이용해 식물의 씨나 뿌리, 열매 등을 먹으며 살아남았을 것으로 추정되고 있습니다. 현존하고 있는 모든 동물이 운석 충돌 때 살아남은 동물들의 후손인 거죠.

그렇다면 운석 충돌설이 왜 과학자들 사이에서 가장 높은 설득력을 가지고 있는 걸까요? 다양한 증거들이 지구상에 남아 있기 때문입니다. 그 증거 중 하나가 바로 6500만 년 전인 백악기 말 지층에 이리듐(iridium)이라는 물질이 다른 지층보다 몇백 배 이상 높게 포함되어 있다는 것입니다. 이것을 '이리듐 농집층'이라 부르죠. 이리듐은 원래 지구의 지각에는 매우 낮은 농도로 포함되어 있고 운석에 많이 포함되어 있습니다. 그러므로 6500만 년 전의 지층에 이리듐이 높은 농도로 함유되어 있다는 것은 이 시기에 엄청난 운석 충돌이 일어났음을 의미한다고 볼 수 있죠. 무엇보다 결정적으로 6500만 년 전이라면 공룡이 멸종했던 시기와 거의 일치합니다.

증거는 이뿐만이 아닙니다. 멕시코의 유카탄 반도에는 공룡의 멸종을 초래했던 것으로 추정되는 거대 운석의 충돌 흔적도 있습니다. 이 흔적을 '칙술룹 크레이터'라고 부릅니다. 300km에 달하는 거대한 구덩이가 형성되어 있지요. 과학자들은 300km의 크기에 달하는 거대한 구덩이가 형성되기 위해서는 최소 10~15km 이상의 운석과 충돌해야 한다고 말합니다. 이 운석도 6500만 년 전에 충돌했던 것으로 확인되었으니 이 역시 공룡이 멸종하던 시기와 거의 일치합니다.

멕시코의 유카탄 반도에 충돌했던 운석이 우주의 어디에서 왔는가에

칙술룹 크레이터

대해서는 '밥티스티나 소행성군'을 주목합니다. 밥티스티나 소행성군은 약 1억 6000만 년 전에 화성과 목성 사이 태양 궤도를 돌던 두 개의 거대한 소행성이 충돌하여 생긴 운석 파편들을 말합니다. 충돌로 인해 14만여 개의 운석 파편들이 생겨났다고 하는데요. 이 중 크기가 큰 운석 하나가 궤도를 상실하고 지구로 진입해 멕시코의 유카탄 반도에 충돌했을 것으로 보고 있습니다.

하지만 운석 충돌설은 그렇게까지 완벽한 가설은 아닙니다. 공룡이 멸종된 시점에 같이 존재했던 파충류인 악어, 거북 등은 멸종되지 않은 점을 설명하지 못하거든요. 그리고 운석 충돌로 공룡이 멸종했다면 충돌 직후 멸종이 바로 진행되었다는 사실이 확인되어야 하는데요. 백악기 후기의 지층을 조사해 보면 충돌 전부터 이미 공룡의 멸종이 천천히 진행되고 있었다고 합니다. 암모나이트도 운석 충돌 전부터 이미 멸종되어가고 있었고, 이미 운석 충돌 전에 완전히 멸종해버린 종들도 꽤 있었다고 하네요.

사라진 공룡이 남긴 두 번째 흔적! 화산 폭발설

이번에는 운석 충돌설 말고 다른 가설을 살펴볼까요? 운석 충돌설 다음으로 많은 설득력을 얻고 있는 공룡 멸종설은 화산 폭발설이 대표적입니다. 화산이 폭발하면서 용암으로 인해 공룡 서식지가 파괴되고, 산성비가 내리고, 화산에서 나온 먼지가 태양빛을 가려서 식물이 대거 사라지고 지구의 온도를 낮추었을 것이라고 해요. 폭발 과정에서 나오는 망간(Mn)이나 코발트(Co) 같은 미량원소들이 공룡의 생식에 문제를 일으켰을 가능성도 있습니다.

결국 화산 폭발로 식물이 사라지면서 먹이도 없고 서식지를 잃은 데다 번식까지 할 수 없게 된 공룡들이 멸종하게 되었다는 설입니다. 화산 폭발설을 지지하는 과학자들은 백악기 말 지층에서 많이 함유된 이리듐이 운석 충돌이 아니라 화산 폭발 때문에 생겨난 것이라고 주장합니다. 이리듐이 지구의 깊은 곳으로부터 분출되어 이리듐 농집층이 생겨났다는 거죠.

내가...내가...!

실제로 공룡이 멸종했던 백악기 말에는 지구 곳곳에서 화산 폭발이 매우 격렬하게 일어났던 것으로 추정되고 있습니다. 대표적인 지역이 바로 인도의 거대한 용암 대지인 데칸 트랩(deccan trap)입니다. 데칸 트랩은 약 6500만 년 전 거대한 규모의 화산 폭발로

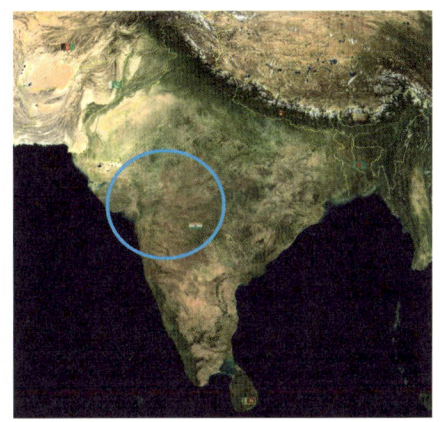

데칸 트랩

용암이 분출되어 형성된 고지대입니다. 이곳에서 화산 폭발이 신생대 초까지 거의 100만 년 동안 진행되었다고 해요. 어떤 과학자들은 인도에서 발생한 것으로 추정되는 화산 폭발에 운석 충돌설을 더해 인도에 거대한 운석이 충돌하면서 그 충격으로 화산 폭발이 일어난 것이라고 주장하기도 하지요.

그런데 화산 폭발이 지구상의 생물을 멸종시킬 만큼 강력한 재앙인지는 논란이 있습니다. 이를 증명하는 사건이 크라카타우 화산의 폭발입니다. 크라카타우 화산이 위치한 크라카타우 섬은 인도네시아에 있는 작은 화산섬인데요. 1883년 8월에 대규모 폭발이 일어나면서 섬의 2/3이 완전히 사라져 버렸던 적이 있습니다. 폭발의 규모가 얼마나 컸는지 폭발 이후 전 세계의 기온이 1.2도씩이나 하강하는 기상이변이 일어났고 3500km나 떨어진 곳에서도 폭발음을 들을 수 있었다고 전해지고 있죠. 이 정도 폭발이라면 섬의 생태계가 어떻게 되었을지 예상이 되지요? 섬의 생태계가 완전히 파괴되었습니다. 거의 전례가 없다시피 한 엄청난 폭

발이었으니 당연하죠.

크라카타우 섬은 이제 앞으로 계속 죽음의 땅으로 남게 될 것처럼 보였는데요. 실제로는 전혀 그렇지 않았습니다. 분화가 끝나고 고작 3년이 지난 후 학자들이 크라카타우 섬을 다시 찾아갔는데요. 화산재에서 식물들이 새로 자라고 있었다고 합니다. 지금은 생태계가 완전히 회복된 상태지요.

운석 충돌설도, 화산 폭발설도 한계가 명확하다면 공룡은 도대체 무엇 때문에 멸종된 걸까요? 사실 거대한 규모의 멸종이 일어났다면 단순히 한 가지 원인만을 가지고 멸종의 원인이라고 하기에는 무리랍니다. 현재 과학자들은 운석 충돌과 화산 폭발, 그리고 그 외의 다양한 요소들이 한꺼번에 복합적으로 작용하여 공룡이 멸종되었을 것으로 추측하고 있습니다.

그 밖의 공룡 멸종설들

1. 생존경쟁설 : 공룡이 포유류와의 경쟁에 밀려 멸종했다는 설입니다. 포유류는 뇌가 커서 영리한 데다, 몸집이 상대적으로 작아서 재빠르고 섬세한데요. 공룡은 그렇지 못했거든요.

2. 추위설 : 지구의 기온이 내려가 공룡이 멸종되었다는 설입니다. 공룡은 추위를 견딜 깃털이라든가 털이 없었거든요. 게다가 악어와 뱀 같은 파충류는 온도에 따라 암수가 결정되는데요. 기온 감소가 공룡의 암수 성비를 붕괴시켜 멸종되었을 가능성도 충분히 있지요.

3. 해수면 저하설 : 지구상의 해수면이 낮아지고 육지의 비중이 늘어나면서 지구의 기후가 공룡에게 적합하지 못하게 바뀌어 공룡이 멸종했다는 설입니다.

4. 알칼로이드 중독설 : 지구상에 알칼로이드라는 독 성분을 가진 식물이 등장하면서 이 식물을 섭취한 초식공룡들이 점차 멸종했고, 초식공룡을 잡아먹는 육식공룡도 같이 멸종했다는 설입니다.

자녀를 위해서라면 뭐든지 하겠어!

동물들의 자식사랑

어머니는 어린 것의 피난처요, 호소처요, 선생이요, 동무요, 간호부요,
인력거, 자동차, 기차 대신이요, 모든 것이다.
- 전영택 수필 〈나의 어머니〉 중에서 -

지구상에 서식하는 동물에게는 대부분 모성애나 부성애라는 것이 존재하지 않습니다. 알을 낳고 바로 죽어버리거나 다른 곳으로 홀랑 떠나버리는 경우가 대부분이죠. 이들은 알과 새끼를 돌보는 것에 시간과 에너지를 투자하지 않는 대신, 알을 굉장히 많이 낳는 방식으로 진화한 것입니다. 대개 산란 한 번에 몇천 개에서 몇백 만개의 알을 낳죠. 임신 한 번에 자녀를 한 둘만 낳고 많아야 5~10명 남짓의 자녀들에게 모든 것을 헌신하는 사람과는 확연히 다른 듯합니다.

사람 외에도 한 번에 낳는 자손의 수가 적은 대신 자녀가 스스로 자립할 때까지 부모가 지극정성으로 돌보는 동물들이 있습니다. 포유류들이 이러한 생활사를 가지고 있는데, 갓 태어났을 때는 스스로 먹이를 구할 수 없을 정도로 약하기 때문에 부모의 도움이 필수라는 특징이 있죠. 사람만 봐도 갓 태어난 아기는 부모가 돌봐주지 않으면 살 수 없으니까요.

포유류처럼 정교하고 지능적으로 자손을 돌보지는 못하더라도 자손들을 위해 자신의 몸을 희생하거나 죽음까지도 기어이 감수하는 동물들도 있습니다. 갓 태어난 새끼들을 위해 자신의 몸을 먹이로 바치는 가시고기가 대표적인데, 조창인 작가님의 소설 덕분에 대중적으로 가장 잘 알려져 있죠.

가시고기의 사례에서 짐작할 수 있듯이, 모성애와 부성애를 가진 동물들은 자식에 대한 사랑만큼은 사람들 못지않습니다. 그렇다면 가시고기 외에 어떤 동물들이 이런 모성애와 부성애를 가지고 있을까요? 이번에는 부모라면 충분히 이해하고 공감할 동물들의 자식 사랑 이야기를 해보려 합니다.

뼈대 있는 그들, 척추동물들의 자식 사랑

자식 사랑은 포유류가 생물계에서 가장 으뜸인데요. 포유류 중에서도 독특한 자식 사랑을 보여주는 녀석이 한 종 있습니다. 바로 주머니쥐입니다. 주머니쥐 암컷은 새끼가 태어난 후 젖을 먹이는 것은 기본이고 등에 업고 다니며 지극정성으로 돌본답니다. 매해 1~2회 출산하고 한 번 출산하면 4~8마리의 새끼를 낳는데요. 이렇게나 많은 새끼를 모두 등에 업고 다니지요. 새끼들은 앞발이 잘 발달해 있어서 앞발로 어미의 등을 붙잡고 어미가 주는 먹이를 받아먹으며 쑥쑥 성장해 나갑니다.

주머니쥐는 자기보다 강한 적을 만나면 죽은 척을 하고 엄청난 악취를 내뿜는데요. 새끼를 업고 있을 때 죽은 척을 하면 새끼들이 위험에 처할 수 있어서 굴이나 구멍으로 도망가 새끼를 보호하는 모습을 보여주기도

황제펭귄

한답니다.

그럼 포유류 외의 다른 척추동물을 살펴볼까요? 조류 암컷도 대부분 모성애를 가지고 있고, 부성애를 가지고 있는 경우도 꽤 흔합니다. 모성애와 부성애를 모두 가지고 있는 대표적인 조류가 바로 황제펭귄입니다. 날씨가 매우 추운 남극에서 서식하다 보니 조금이라도 실수하면 알이나 새끼가 얼어 죽을 수 있어서 알과 새끼들을 정말 지극정성으로 돌봅니다. 자식을 키움에 있어 암컷과 수컷의 역할이 확실하게 구분되어 있기도 하죠.

암컷 황제펭귄은 남극의 겨울이 시작되는 5월이 되면 알을 낳습니다. 왜 추운 겨울에 알을 낳아 새끼를 돌보는지 의아할 수 있는데요. 겨울이 오면 천적의 활동이 줄어들어 부모들이 알과 새끼의 양육에 집중할 수 있답니다. 또 겨울에 새끼를 낳으면 새끼가 독립할 즈음에 새끼들이 사냥할 만한 먹을거리가 풍부해진다는 장점이 있지요.

암컷 황제펭귄은 알을 낳자마자 새끼 펭귄에게 줄 먹이를 구하러 사냥을 가기 위해 품던 알을 수컷에게 양도하는데요. 이 과정부터 쉽지 않습니다. 양도 과정에서 알을 잠시라도 바깥에 떨어뜨리면 알이 그 자리에서 바로 얼어 죽거든요. 황제펭귄이 알을 낳는 5월의 남극은 영하 40~50도에 달할 정도로 매우 혹독하기 때문이죠. 알이 얼어버린 황제펭귄 짝은 마치 현실을 부정하듯 알 대신 눈덩이를 품기도 합니다.

알의 양도에 성공한 황제펭귄 암컷은 이제 두 달에 걸친 여행을 떠납니다. 다 같이 무리를 지어 이동하여 깊고 차가운 심해 속에서 먹잇감을 찾지요. 이렇게 해서 얻은 먹이를 삼키고 위에 보관했다가 여행을 마치고 돌아오면 새끼에게 나누어 줍니다.

그렇다면 수컷은 무슨 일을 할까요? 수컷은 매서운 추위를 견디며 알을 품고 오직 눈만 먹으며 배고픔을 달랩니다. 알을 처음 품어 보는 젊은 수컷은 알을 품다가도 실수로 알을 바깥으로 떨어뜨리는 경우가 많아서 아무리 지극정성으로 돌봐도 부화에 성공할 확률이 60%에 불과하다고 해요. 부화에 성공해도 새끼에게 털이 날 때까지 계속 수컷의 품 안에 있어야 합니다. 만약 수컷의 품 밖으로 나가면 바로 얼어 죽을 수 있거든요. 그래서 아빠 황제펭귄은 새끼 펭귄을 계속 품속으로 넣으려는 모습을 보입니다.

큰코뿔새는 독특한 자식 사랑을 보여주는 조류로 유명합니다. 알을 낳을 때가 된 큰코뿔새 암컷은 속이 빈 나무를 찾아 안으로 들어가서 배설물, 나무껍질, 진흙 등으로 입구를 막습니다. 부리만 겨우 내밀 수 있을 만한 작은 구멍만 남겨두지요. 큰코뿔새 암컷은 구멍 안에 완전히 갇힌

큰코뿔새

신세가 됩니다. 나무구멍 속에 머무르며 알과 새끼들을 돌보지요. 그동안 암컷은 몸의 깃털이 빠져 날지 못하는 상태에 이르게 됩니다. 왜 이렇게까지 하는지 의문이 들지만, 알과 새끼를 노리는 다른 새들이나 뱀, 원숭이들로부터 안전하다는 장점이 있답니다.

그렇다면 수컷은 무슨 일을 할까요? 수컷은 암컷에게 먹이를 전달해 줍니다. 만약 먹이를 찾던 수컷이 천적이나 밀렵꾼에 의해 죽으면 나무구멍 속의 암컷과 새끼도 굶어 죽습니다. 암컷은 4개월이 지나서야 깃털이 새로 나서 막은 입구를 허물고 나무구멍에서 나오지요. 이후에는 다시 입구를 막고 수컷을 도와 먹이를 찾으러 다닌답니다. 새끼가 날아서 먹이를 스스로 찾아다닐 수 있을 때까지 말이에요.

그럼 이제 조류에서 어류로 넘어가 볼까요? 어류는 모성애보다 부성애가 강합니다. 물고기의 부성애로는 가시고기가 가장 유명한데요. 한국에서만 유일하게 서식하는 고유종 민물고기인 꺽지도 가시고기 못지않은 부성애로 유명하답니다.

수컷 꺽지는 산란기인 5~7월경이 되면 숨기 좋을 만한 적당한 바위에 자리를 잡고 암컷 꺽지를 기다립니다. 암컷이 찾아와 바위 표면에 알을 낳으면 수컷 꺽지는 바로 알 위에 정자를 뿌려 알들을 수정시키고 알들을 보호하기 시작하죠. 암컷은 알을 낳은 즉시 수컷의 곁을 떠납니다.

아내가 양육에만 정신이 팔렸다!

꺽지의 알은 부화하기까지 대개 1~2주일 정도 걸리는데요. 그동안 수컷은 아무것도 먹지 않고 다른 생물들이 알을 먹지 못하도록 목숨을 걸고 싸운답니다. 수시로 지느러미로 부채질을 해서 알에 낀 이물질을 제거하고, 죽은 알이 생기면 밖으로 버리기도 합니다. 죽은 알이 살아있는 알들 사이에 있으면 죽은 알에 있었던 세균이나 곰팡이가 살아있는 알에 옮겨질 수 있거든요.

부화한 새끼 꺽지들은 약 2~3일 동안 자신이 태어난 부근에서 몸에 붙은 난황을 섭취하며 성장합니다. 이때 수컷 꺽지는 계속 새끼들 주위에 머무르며 새끼들을 돌보지요. 새끼들이 아직 사냥할 수 없기 때문입니다. 어느 정도 시간이 지나면 새끼 꺽지들은 하나둘 수컷 꺽지의 곁을 떠나기 시작하는데요. 수컷 꺽지는 새끼들이 모두 떠나고 나서야 굶주린 배를 채우기 위해 사냥에 나서지요.

여기서 재미있는 점은 돌고기가 꺽지의 부성애로 번식을 한다는 것입니다. 돌고기들이 떼로 몰려가 꺽지의 알이 있는 곳에 알을 낳거든요. 꺽지는 돌고기의 천적이지만 돌고기가 떼로 몰려오면 상대할 수 없답니다. 산란을 마친 돌고기는 도망가고 자신의 알과 돌고기의 알을 구분할 수 없게 된 꺽지는 어쩔 수 없이 돌고기의 알을 함께 돌보게 됩니다.

뼈대는 없지만, 자식을 사랑하는 그들! 무척추동물들의 자식 사랑

무척추동물은 연체동물, 곤충 등이 대표적입니다. 사람에게는 징그러워 보이는 동물이지만 이들도 사람 못지않은 멋진 모성애와 부성애를 가지고 있답니다.

문어 암컷은 수컷과 짝짓기를 마치면 굴 내부에 알을 길게 늘어놓아 보살핍니다. 수컷은 짝짓기 이후 얼마 안 돼 죽지만 암컷은 알이 썩거나 천적에게 잡아먹히지 않도록 알이 부화할 때까지 알이 있는 곳에 계속 머무릅니다. 알을 돌보는 기간에는 아무것도 먹지 않죠. 주변에 게와 새우 같은 먹잇감이 지나가도 알을 건드리지만 않으면 전혀 신경 쓰지 않는답니

문어

죽기 직전 새끼들을 떠나 보내는 어미 문어

다. 수관으로 물을 뿜거나 다리를 살랑살랑 흔들어 알에 꾸준히 산소를 제공해주고 알에 이물질이 끼지 않도록 하는 지극정성을 보여주기도 하지요.

미국의 연구팀에서는 캘리포니아 바다에 서식하는 심해문어가 4년 반 이상 아무것도 먹지 않고 알을 보살피는 것을 관찰하기도 했습니다. 4년 반 동안 같은 장소를 여러 번 내려갔는데, 그때마다 같은 문어가 발견되었고, 내려갈 때마다 알은 점점 커졌다고 해요. 반면 암컷 문어는 시간이 지날수록 점점 수척해졌고 피부색은 바래고 쳐졌다고 합니다.

그렇게 시간이 지나 알이 부화하고, 문어 암컷은 마지막 힘을 다해 수관으로 물을 뿜어 새끼들을 바다 멀리 내보낸 뒤 생을 마감합니다. 새끼 문어는 암컷 문어가 오랫동안 돌봐주는 덕분에 부화하자마자 작은 먹이를 잡아먹을 수 있을 정도의 독립성을 갖출 수 있지요.

그럼 이제 곤충의 모성애와 부성애를 살펴볼까요? 곤충은 많은 알을 낳고 부모들은 알을 낳은 후 곁을 떠나버리는 경우가 많습니다. 하지만

양집게벌레

알을 업고 있는 각시물자라

어떤 종은 다른 동물 못지않은 열렬한 모성애를 보여주며, 어류처럼 부성애만 종도 있습니다.

오래된 집이나 창고에서 발견되어 사람들에게 혐오감을 주는 집게벌레는 사실 모성애로 유명합니다. 짝짓기를 마친 암컷은 땅 밑에 구멍을 파서 알을 낳고 구멍 안에서 알을 돌봅니다. 땅밑은 세균이 많아서 그리 좋은 환경은 아닌데요. 집게벌레 암컷은 알을 입으로 닦아 주고 알의 자리를 계속 옮겨 주며 알을 세균으로부터 보호한답니다. 만약 다른 곤충이 와서 알을 먹으려 하거나 헤집어 놓으면 암컷은 목숨을 걸고 싸우며 알을 지켜냅니다.

애벌레가 태어나면 암컷은 자기 몸속에 보관해 두었던 음식물을 토해 애벌레를 먹입니다. 먹이가 부족하면 구멍 밖으로 나와 먹이를 구하기도 하죠. 이렇게 애벌레들이 첫 번째 허물을 벗고 나면 구멍을 떠나기 시작합니다. 암컷은 이후 얼마 지나지 않아 생을 마감하죠. 그리고 마지막 자신의 남은 몸을 고스란히 애벌레들에게 먹이로 바칩니다. 이 점에서 가시고기와 유사한 점이 있지요.

물자라는 하천이나 저수지에 서식하는 수서곤충인데요. 부성애로 유명합니다. 수컷은 산란기가 되면 자신의 등이 알로 가득 찰 때까지 다른 암컷과 짝짓기를 지속하는데요. 이때 수컷의 가슴 부분과 목 근처는 모두 알로 덮인답니다. 알들을 모두 합한 무게가 거의 몸무게에 맞먹는 수준이 되죠.

물자라 수컷은 짝짓기를 마치고 나면 먼 알을 등에 업고 약 15~20일 동안 알이 부화할 때까지 물속과 수면 위를 번갈아 이동합니다. 알들이 마르지 않으면서도 수면 위에서 알들이 숨을 쉴 수 있도록 하는 거죠. 알을 돌보는 동안에는 상당한 에너지가 소모되고 민첩하게 움직일 수 없는데다, 비행도 불가능해서 천적의 위험이 도사리게 되는데요. 물자라 수컷은 이렇게 본인의 죽음을 감수하고서라도 알을 돌봅니다.

등에 있는 애벌레들이 부화하기 시작하면 물자라 수컷은 물속과 수면 위를 번갈아 이동하며 애벌레가 쉽게 부화할 수 있도록 돕습니다. 물자라 애벌레는 알에서 깨어나자마자 바로 수컷으로부터 독립하죠. 그렇게 어느 정도 시간이 지나고 등 위에 있는 애벌레들이 모두 부화하면 수컷은 생을 마감합니다.

다소 독특한 모성애를 보여주는 곤충도 있습니다. 벌은 꿀을 모으러 다니며 벌집을 짓고 육각형 모양의 방에 알을 낳아 기르는 것으로 잘 알려져 있는데요. 큰호리병벌은 좀 다릅니다. 큰호리병벌은 진흙으로 호리병 모양의 집을 만든 후 독으로 신경을 마비시켜 움직일 수 없는 자벌레들을 보관합니다. 그리고 그곳에 알을 낳아서 애벌레들을 기르지요.

덕분에 큰호리병벌 애벌레들은 썩지 않고 살아있는 싱싱한 자벌레를 먹으며 건강하게 자라날 수 있습니다. 애벌레도 자신이 먹을 먹이가 죽어

기생말벌의 일종

서 썩지 않도록 중요한 부위를 가장 나중에 먹죠. 하지만 몸을 전혀 움직이지도 못한 채 애벌레에 의해 살아 있는 채로 몸이 뜯기는 자벌레는 이루 말할 수 없이 고통스러울 것 같습니다.

 기생말벌도 큰호리병벌과 번식 방법이 비슷합니다. 곤충이나 거미를 움직일 수 없게 독을 주입해 마비시킨 후 마비된 곤충이나 거미의 몸속에 알을 낳거든요. 기생말벌 애벌레는 곤충이나 거미의 몸을 내부부터 조금씩 먹으며 성장해 나갑니다. 큰호리병벌이나 기생말벌은 모성애가 지극하지만, 다른 곤충들에게는 이들의 모성애가 그다지 달갑지 않게 느껴지겠지요.

계속 머물러 있을 생물일 줄 알았는데...

생물의 멸종과 보호

*사람은 과연 언제 자연을 정복하고
파괴하는 일을 그만 둘 것인가?*
- 라인홀트 메스너 (이탈리아의 산악인) -

    생태계에서는 특정한 종류의 생물이 같은 생활사와 형태를 유지한 채로 오랫동안 살아가는 경우가 거의 없습니다. 같은 지역에서도 일정한 시간이 지나면 서식하는 생물의 종류가 바뀌지요. 지진이나 화산 폭발이 일어나서 갑작스럽게 생물이 사라져버리는 경우도 많고요. 갑자기 지구의 환경이 바뀌어 변해버린 환경에 적응하지 못하고 지구상에서 완전히 사라지기도 합니다. 이처럼 지구상에서는 한때 특정 지역에서 군림하던 생물이 환경의 변화로 멸종하고 그 자리를 다른 생물이 대체하는 일이 매우 빈번하게 일어났습니다.

    비록 우리 사람도 지구의 역사에 비하면 매우 짧은 삶을 살아가는 동물이기에 체감하기가 어려운데요. 생물의 멸종은 생태계에서 일어나는 매우 자연스러운 현상입니다. 아마 앞으로도 시간이 지나면 지날수록 새로운 형태의 생물이 계속 생기고, 기존의 생물은 멸종하는 현상이 지구상에

잠깐 여행 갔다 왔을 뿐인데...

서 계속 일어나겠지요.

그런데 오늘날에는 자연스러운 현상으로 종이 멸종하는 경우보다 인류 활동의 결과로 멸종하는 경우가 더욱 많다는 사실을 아시나요? 이로 인해 멸종이 원래보다 훨씬 빠른 속도로 진행되고 있습니다. 어느 정도인지 아세요? 오래전과 비교했을 때 1000배 이상에 달할 정도입니다.

이게 다 사람 때문이야! 사라져가는 생물들

생물의 멸종에 영향을 미치는 인류 활동의 종류는 무수히 다양한데요. 가장 큰 원인은 바로 서식지의 파괴와 오염입니다. 사람들은 예로부터 곡식을 재배할 경작지를 마련하기 위해 삼림과 같은 생물 서식지를 파괴해 왔습니다. 현대 들어서는 인구가 갑작스럽게 증가하고 공장이나 거주지, 도로 건설이 더 활발해지면서 생물 서식지가 파괴되는 속도가 더욱 빨라지고 있지요. 도시나 공장의 존재는 생물 서식지를 빼앗아 만들어진 것이라는 사실도 문제지만, 여기로부터 폐수나 매연, 생활 쓰레기가 하천이나 산으로 유입되면서 주변의 생물 서식지가 오염되기도 합니다.

　폐수, 매연, 생활 쓰레기도 문제지만 더 큰 문제는 따로 있습니다. 바로 다른 지역과 고립된 생태계인 '섬'을 형성한다는 것입니다. 섬이란 바다 한가운데에 있는 섬을 의미하기도 하지만, 호수처럼 다른 수계와 연결되어 있지 않고 고립된 생태계를 의미하기도 합니다. 이렇게 고립된 생태계는 면적이 작으면 작을수록 서식하는 생물의 종류가 감소하게 되어 있습니다.

　최근에 육상생태계에 섬이 많이 만들어지고 있습니다. 도시나 도로, 공장, 사람들의 거주지는 한 곳에 완전히 밀집되어 있지 않고 이곳저곳에 드문드문 분포되어 있는데요. 이로 인해 도시, 도로, 공장 등은 존재 자체만으로 생물 서식지 사이를 고립시키고 단편화시킬 수밖에 없답니다. 서로 연결되어 있던 하나의 거대한 생태계가 개발로 인해 여러 개의 조각으로 나누어지는 것이죠. 생물 서식지를 가로지르는 고속도로에 의해 만들어진 섬, 생물 서식지 한가운데에 새워진 도시를 경계로 만들어진 섬 등이 예입니다.

　그렇다면 육상생태계에 있는 섬이 왜 서식하는 생물의 종류를 감소시키는 걸까요? 이유는 간단합니다. 동물들은 넓은 지역을 왕래하고 먹이를 찾으며 활발하게 움직입니다. 그런데 동물들이 돌아다니는 자리에 도시나 도로 등이 생겨나면 동물들은 그곳을 가로질러 다른 서식지로 이동할 수 없게 됩니다. 지금껏 본 적 없는 것들이기에 낯설어서 쉽게 접근하지도 못할 거고요.

　이로 인해, 동물은 원래 살았던 지역에 먹이가 떨어지면 먹이가 풍부한

도로로 인해 만들어지는 섬

다른 지역으로 이동할 수 없습니다. 그 자리에서 굶어 죽을 수밖에 없다는 의미지요. 섬의 크기가 크면 섬 내부의 다른 지역으로 이동하면 되지만, 섬의 크기가 작으면 작을수록 이런 현상이 더욱 심해질 수밖에 없을 것입니다. 실제로 서울의 관악산, 북한산 등도 개발의 손길이 거의 닿지 않았지만, 인근 지역에 도시개발이 이루어지면서 옛날만큼 생물들이 풍부하게 서식하지 않습니다.

그러므로 생물 보호지역을 지정할 때에는 다양한 지역에 많이 정하는 것보다는 적게 지정하더라도 보호지역의 면적을 크게 지정하는 것이 중요합니다. 그리고 섬과 섬 사이를 자연 식생이나 생태통로로 연결해서 동물들의 자유로운 왕래가 일어나도록 하는 것도 좋은 방법이지요.

우리나라를 포함한 많은 나라에서는 고속도로나 철로를 건설할 때 동물들의 서식지가 서로 고립되는 것을 방지하기 위해 노력하고 있습니다. 도로 밑에 지하터널을 뚫거나 생태통로를 건설해서 동물들이 섬과 섬 사이를 왕래할 수 있게 하는 것이 대표적이죠. 인공적인 환경을 건설하면서도, 인근 지역에 서식하는 동물들에게 발생할 피해를 최소화할 수 있는 가장 좋은 방법이랍니다.

이제 섬 말고 생물의 멸종에 영향을 미치는 다른 원인을 살펴볼까요? 외래종의 유입 문제도 생각보다 심각합니다. 교통과 통신이 발달하고 국제적으로 물질적인 교류가 활발해지면서 의도치 않게 또는 고의로 다른 지역에서 서식하던 동식물들이 갑작스럽게 유입되어 문제를 일으키는 일이 많아졌거든요.

붉은귀거북

그렇다면 외래종은 어떤 문제를 일으킬까요? 토착종을 잡아먹고 서식지에서 몰아내거나 질병을 옮깁니다. 이로 인해 원래 그 지역에 살았던 토착종들을 완전히 멸종시키기도 해요. 천적이 없어 수가 주체할 수 없을 정도로 불어나기도 하고요. 특히 작은 생태계를 가진 바다 한가운데 섬에 외래종이 유입되면 토착종들이 완전히 멸종해버리고 그 자리를 외래종이 차지하기도 합니다.

우리나라에서는 황소개구리나 붉은귀거북, 배스, 블루길, 뉴트리아 등의 외래종들이 외국으로부터 유입되어 토착종들을 잡아먹거나 서식지를 빼앗는 일이 발생하고 있습니다. 황소개구리는 토종 개구리들을 잡아먹는 생태계의 무법자로 잘 알려져 있고, 붉은귀거북은 토종거북인 남생이의 서식지를 빼앗았으며, 배스와 블루길은 주로 호수에서 서식하면서 작은 토종물고기를 잡아먹는 골칫거리이죠.

비록 지금은 많이 개선되었지만, 한때 생물 멸종의 가장 큰 원인이었던 것이 있습니다. 바로 포획입니다. 실제로 사람들에게 포획의 대상이 되어 이미 멸종했거나 멸종위기에 처한 종들이 꽤 많죠. 상품 가치가 매우 높은 종들이 대표적입니다.

특히 튼튼하고 질긴 고품질의 가죽이나 상아를 가진 동물들은 거의 사라지기 일보 직전이고, 아직도 불법 수렵과 같은 논란이 남아있습니다. 우리나라의 경우에는 반달가슴곰, 사향노루 같은 동물들이 한때 건강이나 정력에 좋다는 소문이 돌면서 사람들이 무자비하게 포획했던 적이 있습니다. 그 결과 현재 자연 상태에서는 거의 모습을 보이지 않고 있고, 멸종위기 동물로 지정되어 있지요.

해양 생태계 역시 포획이 심각합니다. 바다의 청소부라고 불리는 상어는 고기와 지느러미 요리(샥스핀)의 수요 때문에 계속 포획되고 있습니다. 고래도 값비싼 고기와 가죽을 얻기 위해 한때 엄청나게 잡아들였던 적이 있습니다. 오늘날 바다에 남아있는 고래의 개체 수는 1900년대 초의 10%도 미치지 않을 정도로 매우 심각한 상황이라고 합니다. 이대로 간다면 지구상에서 고래를 볼 수 없게 될지도 모르지요.

국제 사회에서는 고래를 보호하기 위해 고래사냥을 불법으로 지정하고 있는데요. 일본, 노르웨이, 아이슬란드 등 일부 국가에서는 여전히 고래사냥이 허용되고 있습니다. 일본에서는 고래고기가 시장에서 공공연하게 거래되고 있지요. 포획으로 인한 멸종은 사람들의 노력으로 충분히 해결할 수 있는 문제임에도 아직도 해결되지 않고 있는 것 같아 안타깝습니다.

계속 우리 곁에 남아 줘! 생물종을 보호해야 하는 이유와 방법

지구상에는 눈에 보이지 않는 작은 미생물부터 광합성을 하는 식물, 초식동물, 육식동물까지 다양한 종류의 생물들이 서식합니다. 이들은 모두 서로 잡아먹고 먹히는 관계나 공생 관계로 유기적으로 연결되어 생태계의 균형을 유지하고 있습니다. 이처럼 모든 생물은 생태계에서 각자의 중요한 역할을 하는 구성원입니다.

고래

그런데 만약 균형이 잘 유지되다가 특정 종이 멸종하면 문제가 생깁니다. 먹을 수 있는 먹이가 감소하거나, 더는 공생 관계를 맺을 수 없겠죠. 그 결과 개체 수가 감소할 것이고, 심하면 멸종할 수도 있습니다. 그 과정에서 경제적 가치를 가진 생물들이 멸종할 가능성도 절대 무시할 수 없습니다.

경제적 가치를 가진 생물들은 인류가 식량으로 쓰는 식물이 대표적입니다. 우리가 먹는 쌀은 벼로부터 나오며, 고기는 돼지나 소, 닭으로부터 얻습니다. 빵의 재료인 밀과 달걀도 마찬가지죠. 그뿐일까요? 생물은 식량 외에도 경제적 가치를 가집니다. 약품도 생물을 재료로 사용하여 만들어지는 경우가 많습니다. 대표적으로 모르핀, 아스피린 등의 약품은 식물로부터 추출해서 사용되고 있는 것입니다. 항생제 또한 미생물로부터 나온 것이죠. 의류 분야도 마찬가지입니다. 목화로부터 면섬유를 생산하고 오리털이나 양털로 외투를 만드니까요.

이건 달리 말하면, 지구상의 생물 종류가 줄어들면 우리가 자원으로 활용할 수 있는 생물들의 수도 감소한다는 의미이기도 합니다. 생물을 보호하는 것이 곧 인류의 생존과도 직결된 중요한 문제라는 이유가 바로 여기에 있지요. 게다가 지금은 필요 없어 보이는 생물이지만 미래에는 이들로

나중 일은 아무도 몰라!

부터 난치병 치료제의 핵심 물질이나 신소재를 얻게 될 가능성도 충분히 있습니다.

생물은 유전자 자원으로 활용할 수도 있습니다. 예를 들어, 추운 곳에서도 잘 자라는 생물, 높은 온도에서도 잘 자라는 생물, 병충해에 강한 생물의 유전자를 활용한다고 가정해 봅시다. 아마 열악한 환경에서도 잘 살 수 있는 작물을 만들어 전 세계적으로 식량 생산량도 늘리고 기아문제도 해결할 수 있을 것입니다.

너무 생물의 경제적 가치에 대해서만 말씀드린 것 같은데요. 생물은 결코 돈으로 환산할 수 없는 그 자체의 가치도 있습니다. 꽃은 보는 것만으로 우리의 기분을 즐겁게 해주기도 하며, 울창한 숲에 있는 것만으로 쾌적함을 느낄 수 있게 해 주지요.

이처럼 지구상 생물들이 가지는 가치는 엄청납니다. 그렇다면 결론은 하나뿐이겠지요. 우리 인류는 스스로의 활동으로 발생하는 생물의 멸종을 최대한 막고 보호해야 합니다. 어떻게 해야 할까요? 일단 생물 멸종의 가장 큰 원인은 서식지의 파괴와 오염이므로 보존 가치가 큰 서식지들을 보호구역으로 설정해야 합니다. 보호구역의 면적이 좁으면 서식할 수 있는 생물의 종류가 줄어드니 최대한 크게 하는 것이 중요하겠죠.

또한, 도로나 철로를 건설할 때에는 섬이 생겨나지 않도록 동물들이 이동할 수 있는 통로를 만들어 서식지를 연결해야 합니다. 멸종위기에 처한 종은 포획하지 못하도록 법적으로 규제할 필요도 있습니다. 우리나라의 경우 생태적으로 보존가치가 큰 지역을 생태보전지구로 설정하였으며, 학술 가치가 높고 멸종위기에 처한 생물들을 천연기념물로 지정하여 보호하고 있습니다.

하지만 한 나라의 노력으로는 부족합니다. 생태계 파괴 문제는 일부 국가들만 노력한다고 해서 해결될 수 있는 간단한 문제가 아니거든요. 그러므로 전 세계가 힘을 합쳐 대책을 세우려는 노력도 중요할 것입니다. 대표적으로 유엔(UN)에서는 케냐 나이로비에 유엔환경계획(United Nations Environment Program)이라는 국제기구를 설립하여 국제적으로 생물의 멸종 문제와 환경문제를 다루고 있답니다.

인류는 그동안 많은 생물을 해치고 문명을 개척해 왔습니다. 그 결과 너무 많은 생물이 멸종했고 인류는 생물들에게 크나큰 빚을 진 채 풍요로움을 누릴 수 있게 되었죠. 이제는 우리가 진 빚을 돌려줄 때가 되지 않았나 싶습니다. 지구상의 생물들을 정복의 대상으로 여길 것이 아니라 함께 더불어 살아갈 방안을 모색하고 실천하는 것이 그 첫 번째 발걸음일 것입니다.

3장

이 모든 것이 유전자의 설계?

생명체의 설계도 유전자

엄마 아빠는 왜 날 이렇게 낳았어?

유전법칙의 발견

언젠가 내가 발견한 유전법칙이
인정받을 날이 올 것이다.
- 그레고어 멘델 (오스트리아의 유전학자) -

다른 동물보다 지능적이었던 인류는 자식이 부모를 닮는다는 사실을 잘 알고 있었습니다. 덕분에 전 세계에서 가축의 짝짓기를 직접 조절하고 선별하는 과정을 거치며 키우기 쉽고 먹을 수 있는 부분이 많이 나오도록 품종개량이 일어날 수 있었죠. 덕분에 쌀, 감자, 옥수수 등의 곡물들이 사람들이 키우기 쉽고 맛있게 먹을 수 있는 방향으로 자연스레 개량되었습니다. 지금 우리가 다양한 곡물을 먹고 싶을 때 먹고, 가축에게도 곡물을 먹여 맛있기는 고기를 먹을 수 있는 것도 품종개량 덕분입니다. 이것이 바로 유전학의 시초라고 할 수 있지요.

한편, 당시의 일부 지식인들은 부모의 형질이 자녀에게도 나타나는 유전 현상에 관심을 가지기노 했습니다. 대표석으로 의학의 아버지라고 불리는 고대 그리스의 의학자인 히포크라테스는 유전을 체액을 이용해서 설명했습니다. 히포크라테스에 따르면, 남성과 여성은 각각 자녀에게 물려줄 액체를 만들어 자녀에게 물려준다고 합니다. 이런 이유로 자식이 부모를 닮는다는 것이죠. 얼굴에서 온 액체는 자녀의 얼굴을 만들고, 손가락에서 온 액체는 자녀의 손가락을 만드는 식으로 말입니다. 또 남성과 여성의 체액이 각각 얼마나 많이 섞이느냐에 따라 어머니를 더 닮을지, 아버지를 더 닮을지가 결정된다고 생각했습니다.

그레고어 멘델

히포크라테스 이후에도 유전 현상 연구가 활발하게 이루어졌다면 좋았을 것 같은데요. 아쉽게도 히포크라테스 이후 유전학은 암흑기로 접어들었고 히포크라테스의 주장했던 것 이상의 발전을 하지 못했습니다. 그러던 와중, 오스트리아의 성직자였던 그레고어 멘델(Gregor Johann Mendel)이 최초로 유전법칙을 발견하면서 본격적으로 유전학의 시대가 열리고 유전과 유전물질, 그리고 DNA의 비밀이 점차 풀릴 토대가 마련되었습니다.

여러분은 멘델이 어떻게 유전학의 시대를 열 수 있었는지 궁금하지 않으신가요? 이번에는 멘델의 발자취를 따라가 보면서 유전법칙에 대해서 알아보도록 합시다.

복잡한 유전을 간단한 법칙으로! 멘델의 유전법칙

멘델은 7년 동안 수도원에 작은 밭과 온실을 가꾸고 모양이 각기 다른 완두콩들을 기르면서 완두의 유전을 연구했습니다. 멘델이 연구 초반에 가장 호기심을 가졌던 것은 부모가 가지고 있는 형질이 자손에게 발현되지 않기도 한다는 것이었습니다.

예를 들어볼까요? 완두콩은 노란색과 초록색 두 가지 색을 가지고 있는데요. 초록색 콩끼리 교배를 시키면 무조건 초록색 콩만 나왔지만, 노란색 콩끼리 교배를 시키면 노란색 콩과 함께 적은 양의 초록색 콩이 나오기도 했거든요. 멘델은 이러한 현상이 일어나는 원리를 규명하기 위해 완두들을 직접 기르고 완두콩의 색깔이나 모양에 따른 가계도를 작성하며 연구에 몰두했습니다.

이후 멘델은 생명체의 형질 발현에 한 가지 유전자가 아니라 두 가지 유전자가 작용하는 것은 아닐까 생각하게 되었습니다. 예를 들어, 노란색 완두는 겉으로 봤을 때 오직 노란색을 발현하는 유전자만 보유하고 있다고 생각하기 쉬운데요. 알고 보면 초록색을 발현하는 유전자도 보유하고 있고, 노란색을 발현하는 유전자도 보유하고 있다는 것이죠. 단, 노란색을 발현하는 유전자만 발현되어서 노란색 완두가 된 것이고요.

그렇다면 초록색을 발현하는 유전자가 왜 발현되지 않은 것인지를 생각해볼 수밖에 없는데요. 멘델은 그 이유로 초록색을 발현시키는 유전자의 힘이 노란색을 발현시키는 유전자에 비해 약하기 때문이라고 생각했습니다. 그리고 이것은 나중에 사실로 밝혀지지요.

유전학에서는 노란색 유전 형질처럼 힘이 센 유전자를 '우성'이라고 부르고 대문자(Y, yellow의 약자)로 표기합니다. 반면, 초록색 유전 형질처럼 힘이 약한 유전자를 '열성'이라고 하고 소문자(y)로 표기합니다. 그리고 완두콩의 노란색 형질을 발현시키는 유전자와 초록색 형질을 발현시

열성이라 놀림받는 초록색 완두

키는 두 유전자처럼 같은 형질 발현에 관여하는 유전자들을 묶어 대립유전자(allele)라고 부르지요.

생명체의 유전 형질 발현에 한 유전자가 아니라 두 유전자가 작용할 수 있는 이유는 세포핵 속 염색체들이 2개씩 똑같은 모양의 쌍을 이루고 있기 때문입니다. 바로 이 염색체에 유전물질인 DNA가 있죠.

염색체 말이 나온 김에 사람의 염색체에 대해서 말씀을 드려야겠네요. 사람은 23쌍(46개)의 염색체를 가지고 있답니다. 하나는 어머니, 또 하나는 아버지에게서 받은 것입니다. 부모가 자손에게 염색체를 전해줄 때 서로 모양이 똑같은 한 쌍의 염색체 중 1개의 염색체만 전해주거든요. 그래야만 다음 자손도 염색체의 수가 똑같이 23쌍(46개)으로 유지될 수 있답니다.

노란색 완두(YY)와 초록색 완두(yy)도 자손에게 염색체상의 유전인자 Y와 y를 각각 하나씩 전해주면서 자손이 Yy의 유전자형을 가진 잡종이 된 것입니다. 다만 노란색이 우성이기 때문에 자손이 모두 노란색 완두가

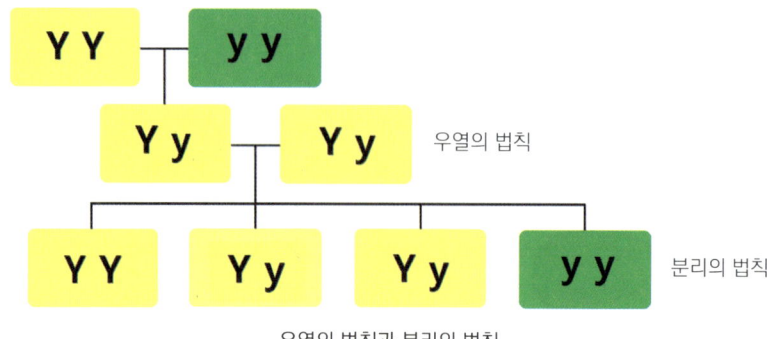

우열의 법칙과 분리의 법칙

된 거죠. 이러한 유전법칙을 우열의 법칙(Law of dominance)이라고 부릅니다. 멘델이 처음으로 발견했죠.

멘델은 우열의 법칙을 발견한 것으로 그치지 않았습니다. 멘델은 이번에는 노란색의 완두 Yy를 서로 교배했습니다. 그 결과 자손이 노란색 완두와 초록색 완두 각각 3:1의 비율로 나타났습니다. 1세대에 등장하지 않았던 초록색 완두가 2세대에 갑자기 등장한 거죠.

왜 이런 현상이 나타난 걸까요? Yy를 서로 교배시키면 암술로부터 Y를 받고 수술로부터 Y를 받았을 경우(YY, 노란색), 암술로부터 Y를 받고 수술로부터 y를 받았을 경우(Yy, 노란색), 암술로부터 y를 받고 수술로부터 Y를 받았을 경우(Yy, 노란색), 암술로부터 y를 받고 수술로부터 y를 받았을 경우(yy, 초록색)의 자손까지 총 4가지가 있습니다. 이 넷 중 초록색이 발현되는 yy를 가진 자손은 하나밖에 없으므로 노란색 완두 셋에 초록색 완두 하나가 나타난 것입니다. 이처럼 잡종을 서로 교배했을 때 우성형질과 열성형질이 3:1의 비율로 나타나는 것을 분리의 법칙(Law of segregation)이라고 부릅니다.

멘델은 이번엔 색깔 1가지의 유전 형질이 아니라, 2가지의 유전 형질이 유전될 때 서로 어떠한 영향을 미치는지 살펴보고자 했습니다. 그래서 완두의 색깔 유전 형질과 함께 둥글거나 주름진 유전 형질(rough의 약자를 써서 R로 표기)을 실험대상에 포함하고, 노란색의 둥근 완두(RRYY)와 초록색의 주름진 완두(rryy)를 서로 교배시켰죠. 그 결과 자손은 모두 RrYy의 유전자형을 가진 노란색의 둥근 완두가 탄생한다는 것을 파악했습니다.

이후 멘델은 위에 교배를 통해 만들어진 RrYy 완두를 서로 교배해서 어떠한 형질의 완두가 나오는지 관찰했습니다. 그 결과 노랗고 둥근 완두 : 초록색이고 둥근 완두 : 노랗고 주름진 완두 : 초록색이고 주름진 완두가 9:3:3:1의 비율로 나타났죠.

이것은 완두의 모양을 결정하는 유전자와 색을 결정하는 유전자가 서로 별도로, 독립적으로 유전된다는 것을 의미합니다. 노란색 완두와 초록색 완두의 비율은 각각 3:1로 같고, 둥근 완두와 주름진 완두의 비율도 3:1로 같으니까요. 이처럼 각기 다른 형질이 자손에게 유전될 때 서로에게 영향을 주지 않고 우열의 법칙과 분리의 법칙이 적용되는 것을 독립의 법칙(Law of independent assortment)이라고 합니다.

멘델은 위의 3가지 유전법칙과 실험 결과들을 정리하여 1865년에 학회에 논문을 발표했습니다. 하지만 당시 멘델의 연구에는 그 누구도 관심을 가지지 않았습니다. 연구 결과가 시대적으로 너무 혁신적이었고 생물학에 확률과 통계를 사용한다는 것은 당시 과학자들에게는 너무 거리가 멀었거든요.

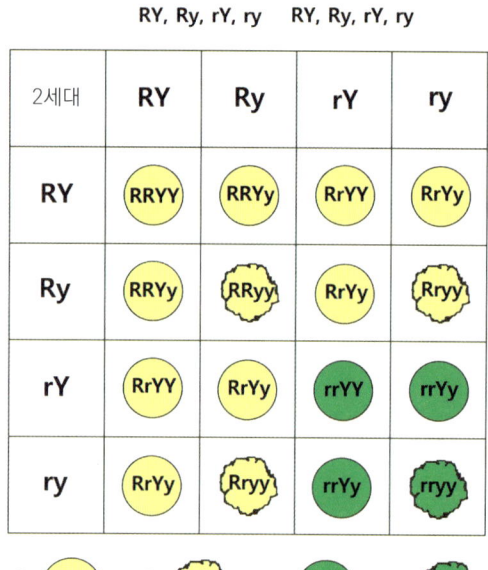

독립의 법칙

멘델의 유전법칙은 발견된 이후 몇십 년이 지나서야 다른 과학자들에 의해 주목을 받았습니다. 몇십 년 이후 과학자들이 밝혀낸 유전법칙이 알고 보니 멘델이 이미 발견한 것이었거든요. 멘델은 이미 죽음을 맞이한 뒤였지만, 과학자들은 멘델을 인정해 주었고 최초로 유전법칙을 발견한 사람으로 과학사에 남게 되었답니다.

사실 유전은 상상 이상으로 복잡? 멘델 이후의 유전법칙

멘델의 유전법칙은 언뜻 보면 너무나도 완벽해 보이는 법칙인데요. 모든 유전에 들어맞는 것은 아닙니다. 독립의 법칙이 대표적입니다. 시간이 지나고 과학자들이 염색체의 존재를 알게 되면서 독립의 법칙이 꼭 적용되지는 않는다는 사실을 밝혀냈습니다.

염색체랑 독립의 법칙이 무슨 상관이냐고요? 사람을 예를 들어보겠습니다. 사람은 염색체 개수가 46개밖에 없지만 유전 형질 발현에 관여하는 유전자의 수는 상당히 많습니다. 이건 달리 말하면 염색체 하나에 많은 유전자가 들어있다는 의미이기도 합니다. 그러므로 같은 염색체에 놓여 있는 유전자끼리는 항상 같이 움직일 수밖에 없습니다. 자손에게 염색체를 전해 줄 때도 마찬가지죠. 그래서 독립의 법칙은 두 유전자가 서로 다른 염색체에 위치할 때만 성립할 수 있답니다.

우열의 법칙에도 예외가 있습니다. 대립유전자가 서로 우열관계가 아니고 힘이 비슷하면 부모의 중간 형질을 나타내거든요. 예를 들어, 분꽃은 붉은색 꽃과 흰색 꽃을 서로 교배시키면 분홍색 꽃이 나온답니다. 이처럼 불완전 우성 유전자에 의해 우성과 열성의 중간 형태로 형질이 발현되는 유전을 중간유전(Intermediate inheritance)이라 부릅니다.

사람의 혈액형 또한 멘델의 유전법칙이 적용되지 않는 대표적인 사례 중 하나입니다. 멘델은 완두의 색깔이 노란 것과 초록색인 것, 모양이 둥근 것과 주름진 것과 같이 서로 대립하는 두 유전자가 생명체의 형질 발현에 관여한다고 생각했죠. 하지만 특정한 유전 형질의 발현에는 두 가지 이상의 유전자가 관여하는데요. 이러한 유전자를 복대립 유전자(mutiple allele)라고 부릅니다.

사람의 혈액형의 경우 IA, IB, i라고 불리는 세 개의 유전자에 의해 결정된답니다. 이 중 IA와 IB는 서로 중간유전의 관계라서 IA와 IB를 모두 가

바쁘게 살아가는 다면발현 유전자

지고 있으면 두 가지 형질이 모두 발현됩니다. 세 유전자 중에서 i만 유일하게 열성이죠.

그래서 부모로부터 각각 IA와 IB를 물려받았을 경우 유전자형은 IAIB가 되고 AB형의 혈액형을 가지게 됩니다. 또한, IA와 i를 물려받았을 경우 유전자형은 IAi가 되고 A형의 혈액형을 가지며, i와 i를 물려받아 유전자형이 ii가 되었을 때만 O형의 혈액형을 가질 수 있답니다.

이와 반대로 하나의 유전자가 두 가지 이상의 형질을 발현하기도 합니다. 이러한 현상을 다면발현(pleiotropy)이라고 하지요. 만약 하나의 유전자가 오직 한 가지 유전 형질만을 발현할 수 있다면 모든 생물에게는 어마어마한 수의 유전자가 필요한데요. 한 종류의 생물을 구성하는 유전자의 수는 생각보다 그렇게 많지 않습니다.

많은 분이 사람의 유전자 수도 엄청 많을 거라고 예상하시는데요. 알고 보면 20000~25000개뿐입니다. 13000개의 유전자를 가진 초파리보다 많아야 2배 정도밖에 차이 나지 않지요. 사람에 비해 크기가 작고 구조도 단순해 보이는 초파리의 유전자 수와 사람의 유전자 수가 고작 2배밖에 차이가 나지 않는다는 것은 놀라운 사실이라고 할 수 있습니다. 하지만 사람의 유전자 상당수가 두 가지 이상의 형질을 발현한다고 생각해보면 충분히 이해가 됩니다.

다면발현의 대표적인 예가 바로 페닐케톤뇨증입니다. 페닐케톤뇨증은 페닐알라닌을 분해하는 효소를 만드는 유전자에 이상이 생기는 유전병입니다. 특정 효소를 만드는 유전자 하나에 이상이 생겼을 뿐이지만 이 병에 걸린 환자는 페닐알라닌이 체내에 축적되어 수많은 이상 증상이 발생합니다. 지능이 낮아지고, 담갈색의 피부색을 가지게 되며, 머리가 작아지고, 머리 색깔이 엷어지는 등의 증상이 대표적이지요.

다면발현의 예는 인류의 주요 식량원 중 하나인 벼에서도 찾아볼 수 있답니다. 벼의 유전자인 SDK에 돌연변이가 생기면 이삭과 종자의 크기가 작아질 뿐 아니라, 이삭이 나오기 시작하는 시기가 더욱 빨라진다고 해요.

다면발현과는 반대로 한 가지 형질에 두 가지 이상의 많은 유전자가 관여하기도 하는데요. 이러한 유전 현상을 다인자 유전(multifactorial inheritance)이라고 하지요. 키, 지능, 몸무게, 피부색 등이 여러 유전자의 영향을 받는 대표적인 형질입니다. 이러한 형질들은 유전자의 영향뿐 아니라 환경의 영향도 많이 받는다는 공통점이 있지요.

하나의 유전자가 여러 형질을 발현하는 다면발현, 한 가지 형질의 발현에 여러 유전자가 관여하는 다인자 유전은 생명체의 유전 현상이 극도로 복잡하다는 것을 잘 보여줍니다. 한 유전자가 생명 유지에 도움을 주는 형질과 목숨을 위태롭게 하는 형질을 동시에 발현할 수도 있습니다. 또한, 키 유전자에 문제가 생겨도 다른 유전자가 이를 보완해서 성장에 문제가 없을 수도 있습니다. 하지만 문제가 생긴 키 유전자가 키 외의 다른 형질에 영향을 미치며 예기치 못한 문제가 생겨날 수도 있겠지요.

이처럼 멘델 이후의 유전 연구를 살펴보면 멘델의 유전법칙은 법칙이라고 하기엔 어렵다는 생각이 들 정도로 단순하고 예외가 많습니다. 실제로 사람에게 일어나는 대부분의 유전 현상은 멘델의 유전법칙만으로 설명하기 어렵죠. 그럼에도 불구하고 멘델이 높은 평가를 받는 이유는 복잡하고 어려운 유전 현상을 단순화하여 쉽게 정리했다는 데에 있습니다. 과학자들이 유전 현상이 복잡하다는 사실을 발견할 수 있었던 것도 멘델의 유전법칙 덕분입니다. 멘델의 유전법칙으로부터 새로운 유전법칙과 수많은 지식이 생겨났고, 유전의 개념이 발전했으니까요.

현재 전 세계의 과학자들은 인류가 지금보다 더욱 윤택한 삶을 살 수 있도록 다양한 유전 현상과 유전자를 연구하고 있습니다. 이러한 연구의 시작에는 세계 최초로 유전에 대해 호기심을 가지고 유전법칙을 발견했던 멘델이 있답니다.

이게 다 엄마 아빠의 DNA 때문이라고?

DNA의 발견

단백질은
유전물질일 것이다.
– 슈뢰딩거 (오스트리아의 이론물리학자) –

불과 몇백 년 전만 해도 생물학은 시체를 해부해서 생명체 내부의 조직이나 기관의 기능을 관찰하고, 생물의 구조나 형태를 분석하고 분류하는 학문일 뿐이었습니다. 비슷한 시기 물리학, 화학 연구에 비하면 한참 뒤처져 있었던 것이죠.

왜일까요? 생물을 구성하는 물질을 연구하는 것이 너무 어려웠기 때문입니다. 멘델 또한 유전의 법칙을 발견한 역사적인 인물이라는 평을 받는데요. 그런 그조차도 생명체 내 어떤 물질에 의해 유전이 이루어지는 것인지 밝혀낼 수 없었지요. 지금은 DNA가 유전물질이라는 사실을 사람들이 잘 알고 있지만, 불과 몇십 년 전만 해도 DNA가 유전물질이라는 것을 아는 사람은 아무도 없었습니다.

그렇다면 생물학이 본격적으로 발전을 시작한 시기는 언제일까요? 생물을 구성하는 세포와 물질에 대한 관찰 및 연구가 가능해지면서부터입

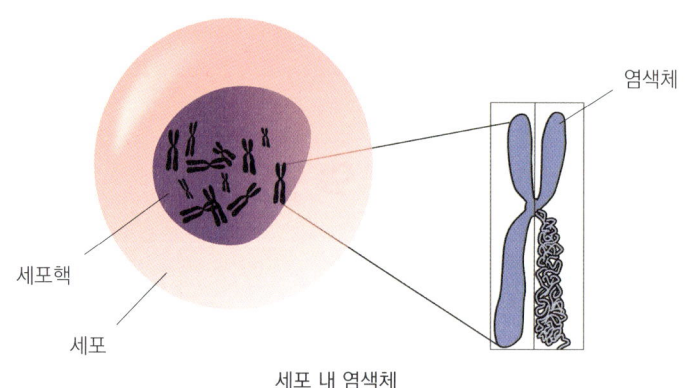

세포 내 염색체

니다. 특히 20세기에 이르러 생명체를 구성하는 물질을 분자 수준까지 연구하는 것이 가능해지면서 DNA가 유전물질이라는 사실이 밝혀질 수 있었답니다.

여러분은 DNA가 사람들 사이에서 유전물질이라는 인식이 확고히 자리 잡기까지의 과정이 궁금하지 않으신가요? 이번에는 과학자들이 DNA의 존재를 발견하고, DNA가 유전물질이라는 사실을 증명하기까지의 여정을 살펴봅시다.

발견은 했지만 뭐 하는 물질인지는 몰랐다? 염색체와 DNA의 발견

생명체의 유전은 세포핵 속 염색체에 의해 일어납니다. 그리고 염색체를 구성하는 게 바로 우리가 잘 알고 있는 유전물질인 DNA이지요.

그렇다면 염색체는 언제 최초로 발견되었을까요? 아마 멘델이 유전법칙을 발견했을 즈음이었을 것으로 추정되고 있습니다. 비록 당시 현미경 기술이 많이 부족했던 것은 사실이지만, 염색체만큼은 세포에서 쉽게 관찰할 수 있었거든요. 문제는 염색체가 도대체 생명체 내에서 어떤 역할을 하는 물질인지 알 수 없었다는 겁니다. 단지 세포 내에서 염색이 잘 되는 물질이었기 때문에 염색체(Chromosome)라는 이름을 붙여줬을 뿐이었죠.

DNA를 처음으로 발견한 과학자는 스위스의 의학자 프리드리히 미셰르(Friedrich Miescher)입니다. 그는 1868년경 환자의 붕대에 묻은 고름으로부터 백혈구 세포를 채취하고 백혈구로부터 단백질을 추출했는데요. 여기에 인산 성분이 들어있고 단백질 분해효소로 분해되지 않는 물질이 있다는 사실을 발견했습니다. 그는 이 물질을 '뉴클레인(nuclein)'이라고 이름 붙였습니다.

프리드리히 미셰르의 DNA 발견은 굉장히 혁신적인 발견 중의 하나로 손꼽히고 있는데요. 안타깝게도 발견 당시 이 물질에 관심을 가지는 과학자들은 아무도 없었습니다. DNA의 존재를 발견했을 뿐, DNA가 생명체 내에서 무슨 역할을 하는지가 규명되지 않았기 때문입니다.

외면당하는 DNA

그래서 DNA는 어떻게 생긴 녀석인데? 분자구조 연구의 시작

　DNA의 연구가 본격적으로 이루어지기 시작한 시기는 화학자들이 물질의 분자구조를 파악할 수 있게 되면서부터입니다. DNA도 결국 분자이기 때문에, DNA의 구조를 파악하려면 분자구조를 파악할 수 있는 기술이 필수일 테니까요. 이를 가능하게 한 과학자가 바로 영국의 윌리엄 브래그(William Henry Bragg)와 그의 아들 로런스 브래그(William Lawrence Bragg)입니다. 이들은 1912년 X선 결정학 기술을 발견하면서 물질의 분자구조를 파악할 수 있는 토대를 마련했죠.

　그렇다면 X선 결정학 기술로 어떻게 물질의 분자구조를 파악하는 것일까요? X선을 결정에 쏘면 결정의 분자구조에 따라 X선의 회절이 일어납니다. 이러한 원리를 이용해서 결정의 여러 방향에 X선을 쏘아 주면 X선 회절 데이터를 얻을 수 있는데요. X선 회절 데이터를 바탕으로 결정의 분자구조를 파악할 수 있어요.

　X선 결정학 기술은 최초 발견 이후에도 꾸준히 발전하여 복잡한 구조

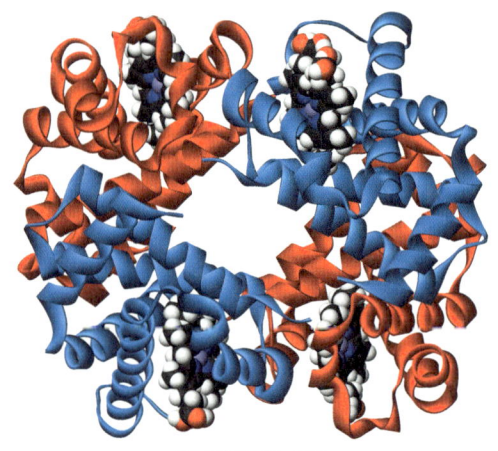

헤모글로빈의 구조

를 가진 분자의 구조도 파악할 수 있게 되었습니다. 영국의 화학자 막스 페루츠(Max Perutz)는 적혈구를 구성하는 단백질인 헤모글로빈의 결정을 만들고 X선을 쏘아 회절 데이터를 분석하여 세계 최초로 헤모글로빈의 단백질 구조를 발견했습니다. 페루츠의 동료인 존 켄드류(John Cowdery Kendrew)도 같은 원리로 세계 최초로 미오글로빈의 단백질 구조를 발견했지요.

한편, 헝가리의 물리학자 조르주 드 에베시(Gyorgy Hevesy)는 1913년에 납의 동위원소인 라듐D를 일반 납과 섞어 방사성을 추적하는 기술을 개발하기도 했습니다. 이 기술을 방사선 추적법이라고 부르지요. 에베시는 방사선 추적법 기술로 인의 동위원소인 방사성 인(P32)을 활용하여 쥐에 체내에서 일어나는 인의 생화학 반응을 관찰하기도 했습니다. 방사선 추적법은 생명체 내에 존재하는 물질의 생화학 반응을 연구하는 중요한 연구 기술 중 하나랍니다.

이제 생물학이 좀 물리학, 화학만큼 역동적으로 발전하고 있다는 것이 느껴지시나요? 이 시기는 DNA의 화학적 구조가 밝혀진 시기이기도 합니다. 여러분은 DNA의 화학적 구조가 어떠한지 아시나요? DNA는 '디옥시리보오스(deoxyribose)'라고 불리는 오각형 모

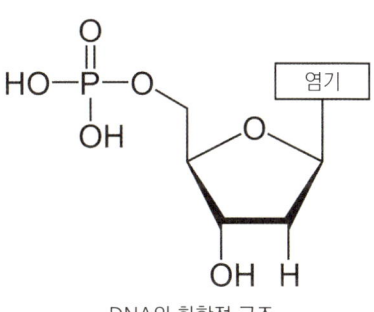

DNA의 화학적 구조

RNA의 화학적 구조

유전은 복잡하니까 복잡한 단백질에 의해 일어난다?

양 구조의 탄수화물과 인산, 염기로 구성된 화합물입니다. DNA를 구성하는 염기로는 아데닌(A), 티민(T), 구아닌(G), 사이토신(C)의 4가지 종류가 있죠. 하지만 DNA의 화학적 구조만으로는 여전히 DNA가 유전물질이라는 사실을 밝혀낼 수 없었습니다.

과학자들은 이제 생명체의 어떤 물질이 유전에 관여하는지 밝혀내려 했습니다. 하지만 당시 과학자들은 DNA가 유전물질이라는 사실을 전혀 예상하지 못했습니다. 당시 과학자들은 생김새부터 성격에 이르기까지 생물의 수많은 형질을 결정하는 물질이 오직 한 가지뿐이라기에는 유전 현상이 너무 복잡하게 일어난다고 생각했습니다. DNA는 유전물질로 작용하기에는 화학적 구조가 너무 단순하다고 여겼던 것이지요. 당시 과학자들은 대부분 다양하고 복잡한 구조를 가진 단백질이 유전물질이라고 추측했습니다. DNA가 유전물질이라고 예상했던 과학자들은 거의 없었지요.

전혀 예상하지 못했다! DNA가 유전물질이라는 사실이 밝혀지기까지

DNA는 당연히 유전물질이 아닐 거라는 사실이 당연하게 여겨지던 상황에서 DNA가 유전물질이라는 힌트를 남긴 과학자가 바로 그리피스(Fred Griffith)입니다.

그리피스는 1928년경 폐렴 백신을 만들기 위해 폐렴을 일으키는 병원체인 S형 폐렴쌍구균과 R형 폐렴쌍구균을 연구하고 있었습니다. S형 폐렴쌍구균은 독성이 강해서 감염되면 폐렴을 일으키지만, R형 폐렴쌍구균은 독성이 약해서 감염되어도 폐렴이 발생하지 않는 특성이 있었지요. 그리피스는 편의상 S형 폐렴쌍구균은 모양이 매끄럽다 하여 Smooth의 약자로, R형 폐렴쌍구균은 모양이 거칠다 해서 Rough의 약자로 이름을 붙였습니다.

그리피스는 연구 과정에서 S형 폐렴쌍구균과 R형 폐렴쌍구균을 쥐에게 주입하는 실험을 했습니다. 당연한 결과겠지만 S형 폐렴쌍구균을 쥐에게 주입했을 때 쥐는 폐렴에 걸려 죽었고, R형 폐렴쌍구균을 주입한 경우 쥐는 죽지 않았지요. S형 폐렴쌍구균을 열처리한 후 쥐에게 주입했을 때에도 쥐는 죽지 않았습니다. S형 폐렴쌍구균이 열처리 과정에서 모두 죽어버렸기 때문이죠.

그리피스는 이번엔 R형 폐렴쌍구균과 열처리해 죽인 S형을 혼합해서 쥐에게 주입했습니다. R형 폐렴쌍구균은 폐렴을 발생시키지 않는 균이고, S형은 열처리로 인해 죽었기 때문에 당연히 쥐가 죽지 않아야 하겠죠? 그런데 놀랍게도 쥐는 죽었고 죽은 쥐의 몸속에는 S형 폐렴쌍구균들이 가득했습니다. 그리피스는 R형 폐렴쌍구균이 이미 죽어버린 S형 폐렴

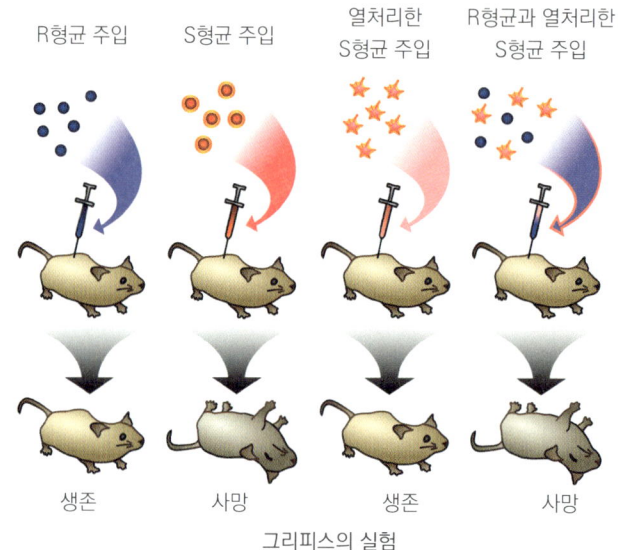

그리피스의 실험

쌍구균의 형질을 받아들여 S형 폐렴쌍구균으로 변환된 것이라는 실험결과를 내놓았습니다. 그리고 이 현상에 '형질전환(transformation)'이라는 이름을 붙였죠.

어떻게 R형 균이 S형 균으로 전환된 것일까요? 고기를 굽거나 달걀을 익히면 색과 형태가 변하듯, 생물의 몸을 구성하는 단백질은 열에 의해 쉽게 변성됩니다. 반면 DNA는 높은 열을 가해도 변성되지 않습니다. 열처리해 죽은 S형 폐렴쌍구균도 균을 구성하던 단백질은 모두 변성되어 못쓰게 되었지만, DNA는 그대로 남아있었겠죠. 그러므로 열처리해 죽은 S형 폐렴쌍구균의 DNA가 R형 폐렴쌍구균으로 이동해 R형 균이 S형 균으로 형질이 전환되었던 것입니다.

그리피스의 실험결과를 신기하게 여겼던 미국의 세균학자 에이버리(OsWald Theodore Avery)는 형질전환에 관여하는 물질이 무엇인지 밝혀내고 싶었습니다. 그래서 그는 폐렴을 일으키는 S형 폐렴쌍구균을 탄수화물, 단백질, DNA 등으로 분리해서 R형 폐렴쌍구균에게 주입했습니다.

실험결과는 놀라웠습니다. R형 폐렴쌍구균에게 S형 폐렴쌍구균의 탄수화물이나 단백질을 넣으면 R형 폐렴쌍구균에게 형질전환이 일어나지 않았는데요. R형 쌍구균에게 S형 폐렴쌍구균의 DNA를 넣으면 S형으로 형질전환 되었습니다. 심지어 한 번 S형으로 형질전환이 이루어진 R형 폐렴쌍구균은 세대를 거쳐도 S형 폐렴쌍구균으로 유전되었습니다. 이는 DNA가 유전물질이 아니라면 나올 수 없는 결과였습니다.

당시 에이버리는 유전물질이 당연히 단백질일 거라고 확신했기에 실험결과를 믿을 수 없었습니다. 그는 DNA가 정말 유전물질인지 좀 더 확실하게 확인하고 싶었습니다. 그래서 그는 S형 폐렴쌍구균으로부터 분리한 DNA에 DNA 분해효소를 넣고 이것을 R형 폐렴쌍구균에게 넣어보기로 했습니다. 그 결과 R형 폐렴쌍구균은 S형 폐렴쌍구균으로 형질전환 되지 않았습니다. DNA가 효소에 의해 분해되어 유전물질 역할을 하지 못했던 것이죠. 이것은 DNA가 유전물질이 아니라면 절대로 나올 수 없는 결과였습니다.

에이버리의 연구결과를 보아하니 이제 DNA가 유전물질이라고 확신해도 되지 않을까 싶은데요. 아쉽게도 그렇지 못했습니다. 당시 에이버리의 실험도 과학자들 사이에서 주목을 받지 못했죠. 유전물질은 당연히 단백질일 것이라는 인식이 과학자들 사이에서 공공연하게 퍼져 있었기 때문입니다.

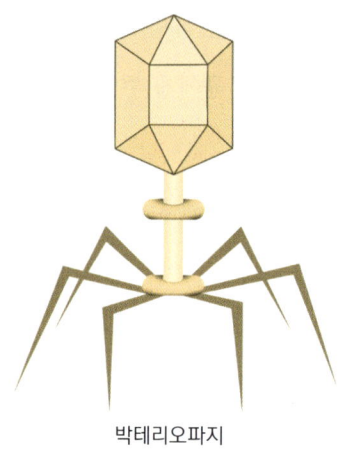

박테리오파지

　DNA가 본격적으로 유전물질로 주목받기 시작한 것은 알프레드 허쉬(Alfred Day Hershey)와 마사 체이스(Martha Cowles Chase)의 실험 이후였습니다. 이들은 대장균을 숙주로 삼아 기생하는 바이러스인 박테리오파지와 에베시가 개발한 방사선 추적법을 이용한 실험으로 DNA가 유전물질이라는 사실을 완벽하게 증명했습니다.

　실험 방법은 간단합니다. 일단 인의 동위원소인 방사성 인(P32)을 함유한 배지와 황의 동위원소인 방사성 황(S35)를 함유한 배지에 박테리오파지를 각각 배양합니다. 인은 DNA의 구성물질이므로 박테리오파지의 DNA에는 방사성 인이 검출될 것이고, 황은 단백질의 구성물질이므로 박테리오파지의 단백질에는 방사성 황이 검출되겠죠.

　그 다음에는 이렇게 만들어진 박테리오파지들을 대장균에 감염시켰습니다. 박테리오파지는 자신의 유전물질을 대장균의 몸속에 넣어서 대장균 몸속에 자손을 퍼뜨리는데요. 이런 이유로, 만약 유전물질이 DNA라면 대장균 내에 방사성 인이 검출될 것이고, 단백질이라면 방사성 황이 검출될 것입니다.

　실험결과는 놀라웠습니다. 방사성 황으로 표지된 박테리오파지에 감염된 대장균에게는 방사성 황이 검출되지 않았는데요, 방사성 인으로 표지된 박테리오파지에 감염된 대장균 체내에서는 방사성 인이 검출되었기 때문입니다. 대장균의 몸속으로 이동한 유전물질이 단백질이 아니라

DNA였으니 이러한 실험결과가 나올 수밖에 없었던 것이지요.

과학자들은 이때부터 DNA가 유전물질이라고 확신하게 되었습니다. 이제 과학자들은 어떠한 원리로 DNA가 유전물질로 작용하는 것인지 밝혀내야 했습니다.

유전자는 어떻게 발현될까?

DNA 이중나선 구조와 센트럴 도그마

DNA의 구조는
이중나선형이다.
– 왓슨과 크릭의 논문 'DNA의 구조'의 주요 내용 –

허쉬와 체이스 두 과학자의 연구 덕분에 이제 DNA가 유전물질이라는 사실이 확실해졌습니다. 하지만 여기서 다가 아니죠. 이제는 DNA가 서로 어떻게 결합해 구성되어 있고, 어떻게 유전물질의 역할을 하는 것인지 밝혀내야 했습니다.

이 연구는 지금까지 알 수 없었던 유전의 정체를 밝혀 내는 연구였기에 당시 과학자들의 관심은 엄청났습니다. 정말 많은 과학자가 DNA 연구에 뛰어들었죠. 당시에 최고의 명성을 누리던 생물학자들부터 시작해서 20대의 어린 대학원생 과학자, 심지어는 당시에 흔하지 않았던 여성 과학자들까지 DNA의 구조를 밝히기 위해 치열하게 경쟁했습니다.

이러한 경쟁에서 결국 승리할 수 있었던 과학자는 과연 누구였을까요? 아마 대부분은 당시 최고의 명성을 누리던 생물학자였다고 예상하실 것 같습니다. 그런데 DNA의 구조를 최초로 발견한 과학자들은 25살과 37

살밖에 안 되는 젊은 생물학자들이었습니다. 덕분에 이들은 젊은 나이에 노벨상의 영광을 누릴 수 있었죠.

DNA의 결합구조를 알아내기 위한 여정! DNA 이중나선 구조의 발견

DNA가 서로 어떠한 구조로 결합해 있는지를 발견한 과학자는 바로 제임스 왓슨(James Dewey Watson)과 프란시스 크릭(Francis Harry Compton Crick)입니다. 그들은 세계에서 가장 저명한 과학 학술지인 네이처(Nature)에 'DNA의 구조'라는 이름의 논문을 실었습니다. 비록 128줄에 불과한 짧은 논문이었지만, 아인슈타인의 상대성 이론에 견줄 만한 20세기 최대 발견 중 하나로 손꼽히고 있습니다.

왓슨과 크릭이 학회에 발표한 논문의 주요 내용은 'DNA의 디옥시리보오스와 인산은 길게 결합해 이중나선형으로 서로 마주 보고 있고, 그 사이에 A(아데닌), T(티민), C(사이토신), G(구아닌) 4종류의 염기가 배열되어 있다'는 것이었습니다. 실제로 DNA의 구조를 관찰해보면 바깥쪽 부분은 이중나선형으로 꼬여 있고, 안쪽에는 염기가 있다는 것을 알 수 있습니다. DNA가 이중나선형이라고 생각했던 이유는 이중나선이 기하학적으로 안정적인 형태라고 생각했기 때문입니다.

왓슨과 크릭은 다른 과학자의 연구를 보완한 내용을 논문에 넣기도 했습니다. 당시의 과학자 샤가프(Chargaff)는 DNA에서 A와 T가 차지하는 비율이 서로 같고, C와 G가 차지하는 비율도 서로 같다는 사실을 밝혀냈는데요. 왓슨과 크릭은 샤가프(Chargaff)의 연구를 근거로 A는 무조건 T와 결합하고, C는 무조건 G와 서로 결합한다는 사실을 밝혀냈습니다.

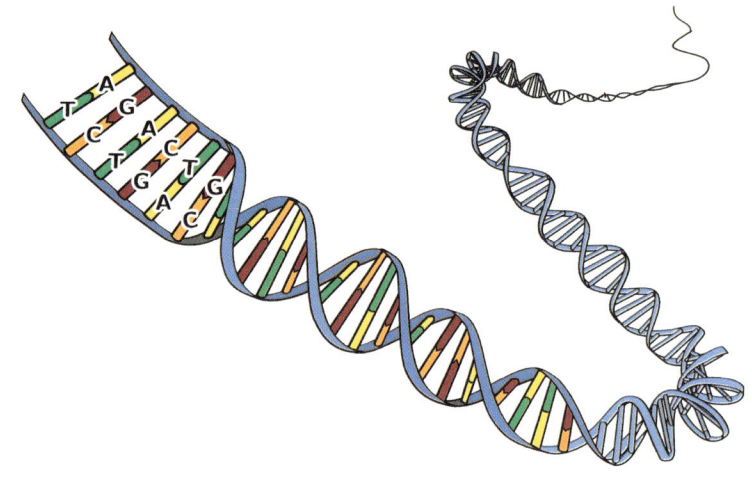

이중나선 구조의 DNA

　이중나선 구조는 당시로써는 정말 독특한 발상이었습니다. 그렇다면 이들은 어떻게 이런 발견을 할 수 있었을까요? 오랫동안 생물학 연구를 해왔던 전문 과학자들과는 다르게 자유로운 사고를 할 수 있었던 덕분이 아닐까 싶습니다. 당시 왓슨은 20대 중반의 대학원생이었고, 크릭은 물리학을 전공하고 뒤늦게 생물학 연구를 시작한 30대였거든요.

　왓슨과 크릭이 지금 이 순간까지도 과학자들 사이에서 최고의 과학자로 남을 수 있었던 이유는 다른 과학자들은 아무도 생각조차 해보지 못했던 DNA의 이중나선 구조를 구상했다는 것에 있습니다. 원래 위대한 발견은 항상 편견 없는 자유로운 생각과 다른 사람은 생각지도 못한 발상으로부터 생겨나기 마련이죠.

　그렇다고 해서 오직 두 사람의 자질만으로 이중나선 구조를 구상할 수 있었던 것은 아닙니다. 로잘린드 프랭클린(Rosalind Elsie Franklin)이라는 여성 과학자가 찍은 DNA의 X선 회절 구조 사진도 왓슨과 크릭의 발견에 결정적인 역할을 했거든요. 여기서 X선 회절 사진이란 원자의 배열을 X-ray로 찍어내 사진으로 표현하는 기술을 말합니다. DNA의 구조를 알아내는 과정에서 큰 도움이 될 수 있는 중요한 기술이었죠. 하지만 왓슨과 크릭은 이 기술을 보유하고 있지 않았습니다.

왓슨과 크릭

왓슨과 크릭은 로잘린드 프랭클린이 찍은 DNA의 X선 회절 구조 사진을 보고 싶었습니다. 그러나 프랭클린은 이 사진을 보여주지 않았죠. 당시 프랭클린은 왓슨, 크릭과 누가 먼저 DNA의 구조를 밝혀내는가로 치열하게 경쟁 중이었거든요. 그래도 결국 왓슨과 크

프랭클린

릭은 X선 회절 구조 사진을 볼 수 있었는데요. 프랭클린과 사이가 나빴던 윌킨스라는 과학자가 프랭클린의 X선 회절 사진을 왓슨에게 보여주었기 때문입니다. 윌킨스와 프랭클린 간의 갈등이 왓슨과 크릭에게 행운을 안겨준 셈이죠.

이렇게 DNA의 이중나선 구조를 발견한 왓슨과 크릭, 그리고 X선 회절 사진을 제공한 윌킨스는 1962년에 노벨상을 받았습니다. 하지만 X선 회절 사진을 찍어 DNA 구조 발견에 결정적인 역할을 했던 프랭클린은 아

무런 인정도 받지 못했습니다. 여기에 더해 왓슨과 크릭이 노벨상을 받기 전인 1958년에 난소암에 걸려 생을 마감해야 했죠. 프랭클린의 X선 회절 사진이 DNA 이중나선 구조의 발견에 결정적인 역할을 했음에도 그녀는 아무런 영광도 얻지 못한 것입니다.

하지만 프랭클린이 지금까지도 계속 인정을 받지 못한 것은 아닙니다. 왓슨이 노벨상을 받은 후 「이중나선」이라는 저서를 출판하여 프랭클린의 업적을 재조명시켜 주었거든요. 덕분에 프랭클린은 나중에나마 DNA의 구조를 발견한 위대한 과학자로 알려질 수 있었습니다. 현대의 많은 과학자도 당시 프랭클린이야말로 DNA 이중나선 구조의 발견에 가장 근접했던 과학자였다는 사실을 부정하지 않습니다.

생명 현상은 DNA로부터 시작된다! 센트럴 도그마

DNA가 이중나선 구조라는 사실이 밝혀진 이후로, 생명과학은 폭발적인 속도로 발달하기 시작했습니다. DNA가 어떻게 생명체를 구성하는 단백질을 만드는지, 그리고 세포분열을 할 때 DNA는 어떻게 복제되는지도 바로 이때 발견되었지요.

그렇다면 DNA는 어떻게 복제되는 걸까요? 일단 이중나선이었던 DNA가 효소 헬리케이스(helicase)에 의해 두 개의 단일 가닥으로 분리됩니다. 그 후 A 염기에는 T 염기를 가진 DNA 조각이, T 염기에는 A 염기를 가진 DNA 조각이, C 염기에는 G 염기를 가진 DNA 조각이, G 염기에는 C 염기를 가진 DNA 조각이 결합합니다. 단일 가닥으로 갈라진 DNA에 부족한 부분이 채워지면서 새로운 DNA 이중나선 가닥이 하나 더 생겨나는 것입니다. 이렇게 형성된 2개의 DNA는 세포분열 시 염색체의 형태로 응축되어 두 개의 세포에 각각 전달되지요.

그렇다면 DNA에 있는 유전정보가 어떻게 효소, 근육, 피부, 호르몬, 헤모글로빈 등을 구성하는 우리 몸의 근간인 단백질들을 만들 수 있는 것일까요? 이를 이해하기 위해서는 DNA뿐 아니라 RNA의 존재도 이해하셔야 합니다. 크릭은 세포핵 속에 있는 DNA로부터 RNA가 생성되어 RNA가 세포질로 나가고, 이렇게 세포질에 있게 된 RNA가 단백질을 생성한다고 주장했습니다.

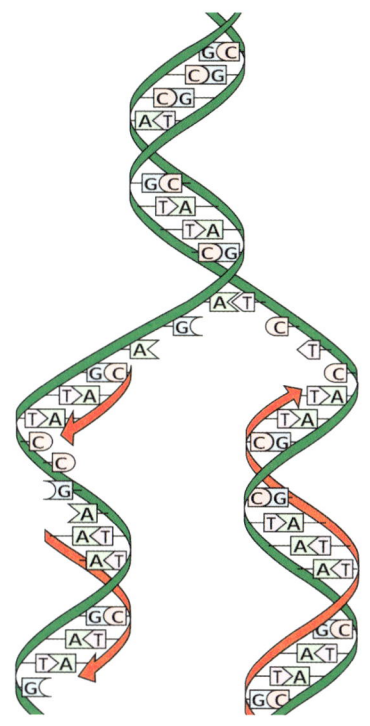

복제되는 DNA (붉은색 부분)

크릭은 이 가설을 '센트럴 도그마(Central dogma)'라고 불렀답니다. 여기서 central이란 중심 원리를 의미하고, dogma란 절대적인 교리를 의미합니다. 즉, 센트럴 도그마는 '생명체에게 일어나는 절대적이고 핵심적인 원리'를 의미한다고 할 수 있습니다. 지금도 정설로 받아들여지고 있지요.

이때 DNA 염기서열 정보가 RNA(mRNA)로 전달되는 것을 전사(transcription)라고 합니다. RNA 폴리머레이즈(RNA polymerase)라는 효소가 DNA 단일 가닥의 한쪽을 주형으로 삼아 RNA를 합성해 내는

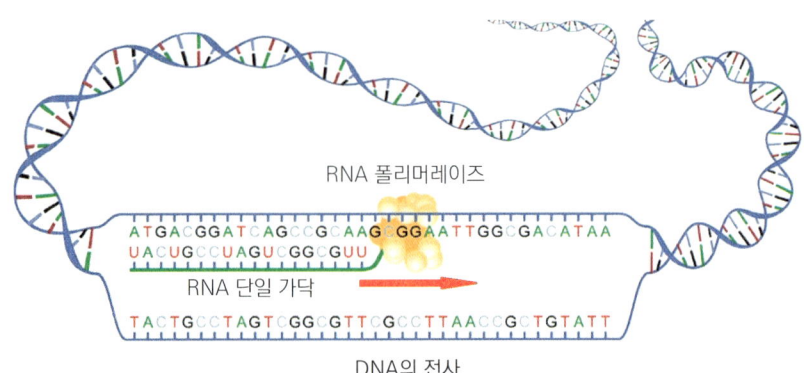

DNA의 전사

과정이죠. 여기서 주형 DNA 가닥의 T는 A로, C는 G로, G는 C로 전사가 일어나며, A만 예외적으로 U(우라실)이라는 염기로 전사되어 RNA가 합성됩니다. RNA는 이중나선 구조인 DNA와는 달리 단일 가닥 구조랍니다.

세포핵 내의 DNA로부터 생성된 단일 가닥 구조의 RNA는 세포핵 밖으로 나갑니다. 그 후 세포질에 수없이 많이 흩어져 있는 리보솜이라는 작은 물질과 결합하고 염기의 서열에 맞춰 단백질을 합성합니다. 이 과정을 번역(translation)이라고 하죠. 생성된 단백질은 호르몬이나 효소의 형태로 세포 밖으로 분비되거나, 세포와 세포소기관을 구성하거나, 세포 내 대사 작용에 사용됩니다.

센트럴 도그마의 발견은 생명 현상이 어떠한 물질을 이용해서 어떠한 원리로 이루어지는지 밝혀냈다는 것에 의의가 있습니다. 우리의 몸을 구성하는 단백질인 피부, 근육, 손톱, 머리카락이 어떻게 DNA 염기서열로부터 생성된 것인지가 모두 센트럴 도그마로 설명이 되니까요.

그런데 센트럴 도그마는 엄연히 말해서 생명체에게 일어나는 절대적이고 핵심적인 원리는 아닙니다. 센트럴 도그마에 따르면 DNA로부터 RNA가 만들어지는데요. RNA로부터 DNA를 만들어내는, 즉 역전사를 일으키는 바이러스들이 우리 곁에 존재하거든요. 과학자들은 이들을 레트로바이러스(Retrovirus)라고 부른답니다.

레트로바이러스들은 특이하게도 DNA가 아니라 RNA를 유전물질로 가집니다. 이들은 숙주에게 기생할 때 자신의 RNA로부터 DNA를 만들어 낸 후, 이 DNA를 숙주의 DNA에 삽입시키는 특성이 있어요. 삽입된 DNA는 전사되고 전사된 RNA로부터 새로운 바이러스 개체가 탄생한답니다. 번식이 이루어지는 것이지요. 에이즈를 일으키는 HIV가 레트로바이러스의 대표적인 예랍니다.

DNA 암호 해독의 첫걸음, 코돈표의 발견

이제 크릭에 의해 DNA가 단백질로 발현되는 과정이 밝혀졌습니다. 하지만 아직 문제가 있었습니다. DNA에 있는 염기의 종류는 A, T, C, G로

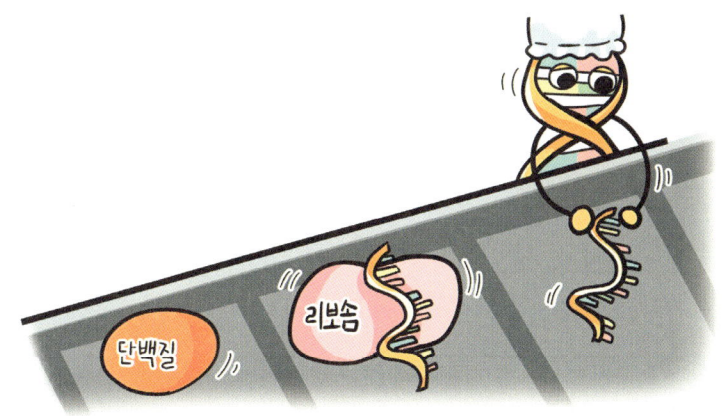

DNA는 단백질을 만드는 일꾼!

4가지이지만, 단백질을 합성하기 위해 사용되는 재료인 아미노산은 20종류나 되었기 때문입니다. 만약 염기 하나가 한 개의 아미노산 정보를 저장하는 형태라면 체내 단백질을 구성하는 아미노산의 종류는 오직 4가지밖에 없을 것입니다.

크릭은 이러한 의문점을 해결하기 위해 센트럴 도그마 가설을 내놓은 지 몇 년이 지난 후 새로운 가설을 내놓았습니다. 가설에 따르면, 아미노산을 만드는 정보를 하나 저장하기 위해 DNA에 있는 염기 3개가 사용됩니다. 한 번 생각해 볼까요? 만약 아미노산 하나에 대한 정보를 저장하기 위해 1개의 염기를 사용한다면 DNA에 4종류의 아미노산 정보를 저장할 수 있을 것입니다. 그런데 만약 2개의 염기가 사용된다면 AT, AG, CG 등 4 x 4 = 16개의 아미노산 정보를 저장할 수 있습니다.

아미노산은 20종류이기에 1개 또는 2개의 염기가 사용될 때는 20종류의 아미노산 정보를 저장하는 것이 불가능한 셈입니다. 그런데 아미노산을 만드는 정보를 하나 저장하기 위해 3개의 염기를 사용한다고 생각해 봅시다. 그러면 ATG, UAG 등 무려 4 x 4 x 4 = 64개의 아미노산 정보를 저장할 수 있습니다. 20종류의 아미노산 정보를 저장하기에는 충분하죠.

하지만 이는 어디까지나 가설이었을 뿐, 연구를 통해 사실이라는 것을 증명해야 했습니다. 그래서 크릭은 레즐리 바넷(Leslie Barnett)이라는 과학자와 힘께 오랫동안 연구를 진행했습니다. 연구 방법은 간단합니다. DNA에 있는 염기서열 일부를 제거해보는 것이죠. 만약 DNA에 있는 염기를 임의로 1개 또는 연속적인 2개 제거했을 경우 전혀 다른 아미노산

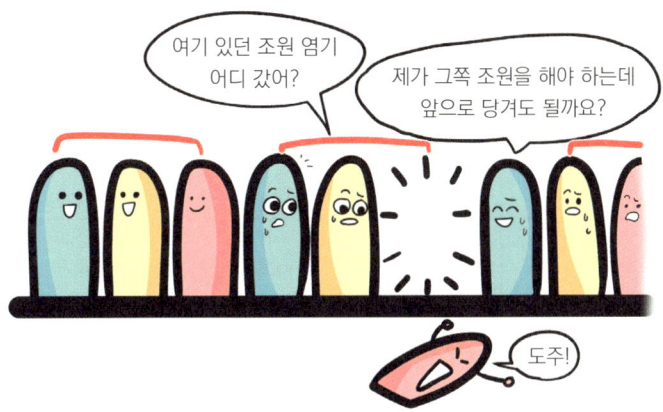

조원 한 명이 갑자기 사라져 버렸다?

들과 전혀 다른 단백질이 생성되는데요. 연속적인 3개 뭉치를 제거하면 제거한 부분에만 문제가 생길 뿐 나머지 아미노산은 정상적으로 생성되었습니다.

이러한 현상이 생기는 이유는 단백질을 만드는 데 필요한 아미노산 정보를 하나 저장하는 데 3개의 염기가 쓰이기 때문입니다. 그래서 DNA에 있는 염기를 1개 또는 2개 제거했을 때에는 염기서열이 한 칸 또는 두 칸 밀려나고 이후의 염기가 3개씩 한 쌍이 되면서 완전히 다른 아미노산과 단백질이 생겨났던 것이죠. 반면 DNA에 있는 염기를 3개 제거했을 경우 염기서열이 밀려나지 않기 때문에 제거된 부분 외의 나머지 아미노산은 정상적으로 생성되었던 것입니다.

이처럼 한 가지 종류의 아미노산 정보가 저장된 연속적인 3개의 염기서열을 코돈(codon)이라고 합니다. 코돈으로부터 만들어진 수많은 아미노산이 모여야 하나의 완전한 단백질이 만들어지고, 생명체의 몸을 구성하고 대사 활동에 사용할 수 있지요.

코돈표

첫 번째 염기	두 번째 염기				세 번째 염기
	U	C	A	G	
U	UUU 페닐알라닌 UUC 페닐알라닌 UUA 류신 UUG 류신	UCU 세린 UCC 세린 UCA 세린 UCG 세린	UAU 티로신 UAC 티로신 UAA 종결코돈 UAG 종결코돈	UGU 시스테인 UGC 시스테인 UGA 종결코돈 UGG 트립토판	U C A G
C	CUU 류신 CUC 류신 CUA 류신 CUG 류신	CCU 프롤린 CCC 프롤린 CCA 프롤린 CCG 프롤린	CAU 히스티딘 CAC 히스티딘 CAA 글루타민 CAG 글루타민	CGU 아르기닌 CGC 아르기닌 CGA 아르기닌 CGG 아르기닌	U C A G
A	AUU 아이소류신 AUC 아이소류신 AUA 아이소류신 AUG 시작코돈	ACU 트레오닌 ACC 트레오닌 ACA 트레오닌 ACG 트레오닌	AAU 아스파라긴 AAC 아스파라긴 AAA 라이신 AAG 라이신	AGU 세린 AGC 세린 AGA 아르기닌 AGG 아르기닌	U C A G
G	GUU 발린 GUC 발린 GUA 발린 GUG 발린	GCU 알라닌 GCC 알라닌 GCA 알라닌 GCG 알라닌	GAU 아스파르트산 GAC 아스파르트산 GAA 글루탐산 GAG 글루탐산	GGU 글라이신 GGC 글라이신 GGA 글라이신 GGG 글라이신	U C A G

크릭이 하나의 아미노산을 만드는 데에 3개의 염기가 사용된다는 사실을 밝혀냈으니 이제 다음 과제는 무엇일까요? 어떤 코돈이 어떤 아미노산을 만드는지 밝혀내야겠지요. 이러한 연구로 노벨상을 받은 과학자가 바로 니런버그(Marshall Nirenberg)와 코라나(Har Gobind Khorana)입니다.

위에 있는 표가 바로 어떤 코돈이 어떤 아미노산 정보를 저장하는지 정리된 코돈표입니다. RNA와 리보솜이 결합한 후, AUG 시작 코돈을 시작으로 RNA 염기서열에 입력된 코돈대로 아미노산을 하나하나 붙여 나가며 단백질을 만들어 나가는데요. UAA, UGA, UAG와 같은 종결코돈이 등장하면 아미노산이 붙는 것을 멈추고 단백질 합성이 완료됩니다.

이렇게 막 합성을 마친 단백질은 처음에는 길쭉하고 단순한 구조인데요. 여러 번의 가공을 거쳐서 생명체 내에서 기능하는 진짜 단백질로 완성된답니다.

어쩌면 내 친구가 이토록 사악한 이유는…

이기적 유전자

**생명체의 주인은 유전자이고
몸은 유전자를 보존하고 존속하기 위한 껍데기에 불과하다.
- 리처드 도킨스 (영국의 생물학자) -**

이기적 유전자는 전 세계에서 가장 유명한 생물학자이자 과학 저술가인 '리처드 도킨스(Clinton Richard Dawkins)'가 주장한 것입니다. 이기적 유전자의 핵심은 이 세상에 살아가고 있는 모든 생물은 유전자에 의해 만들어진 기계에 불과하다는 것입니다. 흔히 유전자라 하면 우리 몸의 일부분을 차지하는 물질이고 다음 세대에게 자신이 가진 특성을 전달해 주는 물질로만 생각하는 경우가 많은데요. 이기적 유전자설은 생물이 오직 유전자를 중심으로 이기적으로 행동한다고 주장합니다.

무슨 뜻인지 모르겠다고요? 한 가지 예를 들어 봅시다. 젊은 사람들은 사랑하는 사람과 연애하는 것을 원하고, 나중에 결혼해서 아이를 낳는 것을 원합니다. 사람들은 이러한 욕구를 사랑이라고 하죠. 사람에게 가장 숭고하고 아름다운 감정이라면서 말이에요.

그런데 리처드 도킨스의 이기적 유전자에서는 이에 대해서 다소 다르게 말하는 것 같습니다. 이기적 유전자에 따르면, 사람이 연애와 결혼을 하려는 이유는 유전자에 담겨 있는 종족 번식의 욕구 때문입니다. 부모가 아이를 키우는 것도 결국 유전자가 자신을 후대에 전달하기 위한 하나의 수단입니다.

리처드 도킨스

더욱 충격적인 주장도 있습니다. 이기적 유전자에 따르면, 우리의 존재는 유전자를 위해 존재하는 것 그 이상 그 이하도 아닙니다. 우리는 그저 생명체라 불리는 번식 기계일 뿐이며, 존재의 목적은 자손을 최대한 많이 남기는 것뿐이지요. 자손을 많이 남겼다는 것은 다음 세대에 많은 유전자를 퍼뜨렸다는 뜻이니까요.

생명체는 시간이 지나면 언젠가는 죽지만 유전자는 사라지지 않고 후대에도 번식을 통해 계속 남는 불멸의 존재라는 것을 고려해 볼 때 리처드 도킨스의 이기적 유전자는 꽤 흥미롭고 매력적인 주장입니다. 그래서 리처드 도킨스의 이기적 유전자를 접하게 되면 지금까지와는 다른 시선으로 생명체를 바라보게 되지요. 우리 사람도 유전자에 의해 지배당하는 존재라는 것이기에 허무하다는 느낌이 들기도 하고, 다소 충격적으로 다가올 수도 있지만 말이에요.

모든 생물은 원래 이기적인 존재? 이기적 유전자에 대하여

40억 년 전의 지구를 떠올려 봅시다. 아직 생명체가 탄생하기 전이지만, 생명체의 재료가 되는 유기물들이 지구상 곳곳을 떠돌아다니고 있습니다. 그런데 유기물 중에서 스스로의 존재를 복제할 수 있는 특성을 가진 분자가 생겨났습니다. 이 분자는 주변에 있는 유기물을 흡수하고 변형해서 자기 자신과 같은 형태의 복제본을 여러 개 만들었습니다.

여러 번의 복제를 거쳐 탄생한 복제본 중에서는 자기를 둘러싼 껍데기를 가진 복제본도 생겨났습니다. 이들은 껍데기가 보호막 역할을 해 줘서 복제하기가 더욱 유리했습니다. 이렇게 스스로 복제할 수 있는 분자와 껍데기로 이루어진 것이 바로 최초 생명체입니다. 그리고 여기서 말하는 복제하는 분자가 바로 유전자, 즉 DNA를 의미하지요.

초기의 생명체는 유전자의 작고 단순한 보호막 정도에 불과했는데요. 여러 생명체 간 생존 경쟁이 벌어지는 과정에서 더욱 훌륭하고 효과적인 생명체를 만들 수 있는 유전자들이 등장하기 시작했습니다. 그 과정에서 생명체는 점점 커지고 정교해졌죠. 반면 생존에 불리한 형태를 가진 생명체는 자연스럽게 도태되었습니다.

이렇게 복잡하고 정교한 형태의 생명체들이 끊임없이 출현하면서 유전자들 사이의 생존 경쟁은 점차 심해졌습니다. 그래서 리처드 도킨스는 생명체를 번식 기계이자 생존 기계라고 부르며, 여러 생존 기계 간의 경쟁은 이기주의를 피하기 어려웠다고 말합니다. 지금까지 살아남은 모든 생명체는 이기적인 행동을 해야 생존할 수 있었고, 그러한 개체만이 번식에 성공할 수 있었기에 모든 생명체는 이기성을 가지고 있다는 것이지요. 이러한 이기성은 오랜 조상을 거쳐 지금 우리의 유전자 내에도 존재하고 있고요. 리처드 도킨스가 유전자 앞에 이기적 유전자라는 이름을 붙인 이유는 여기에 있습니다.

부모와 자녀는 서로 50%의 유전자를 공유해요.

그렇다면 도대체 생명체가 어떻게 이기적이라는 것일까요? 이기적 유전자를 사람의 행동에 적용해 봅시다. 사람들은 모두 혈연관계를 떠나 서로 친밀한 관계를 유지하고 있는 것으로 보이는데요. 이기적 유전자를 적용하면 사람들 사이의 관계는 자신의 유전자를 얼마나 공유했느냐에 따라 차등적으로 정해집니다. 가장 쉬운 예로, 자녀에게는 부모가 1순위입니다. 부모는 자녀와 유전자를 서로 50% 공유하고 있거든요.

부모도 자녀에게 50%의 유전자를 물려주기 때문에 부모에게 자녀는 1순위입니다. 무엇보다도 자녀의 유전자는 후대에 이어질 수 있는 자신의 유전자의 50%를 차지하고 있어서 부모님들은 항상 어린 자녀를 위해 헌신하고 희생하지요. 하지만 모든 자녀에게 그런 것은 아닙니다. 생존 가능성이 희박하거나 신체적으로 약해서 자신의 유전자를 잘 보존해주기 힘든 자식은 돌보지 않기 때문이죠. 특히 사람보다는 동물에게 이러한 현상이 두드러집니다.

다음에는 배우자 간의 관계로 눈을 돌려봅시다. 이기적 유전자에 따르면 배우자 간의 관계는 사실 대립하는 관계라고 봐도 무방합니다. 자식과 부모, 혹은 친척의 관계처럼 유전자를 공유한 관계가 아니니까요. 하지만 유전자를 후대에 전달하기 위해서는 이성의 짝이 반드시 있어야 하므로 친밀한 관계를 갖고 만나는 것일 뿐이죠.

그렇다면 자신의 유전자를 공유하지 않은 의붓자식은 어떨까요? 일부 동물 수컷들은 자신이 취하고 있는 암컷이 의붓자식을 낳았을 경우 가차 없이 죽이기도 합니다. 수컷은 암컷이 의붓자식에게 투자할 시간이 없게 만들어야 하거든요. 그래야 자신의 유전자를 공유한 자신의 자식이 암컷에게 잘 길러져서 자신의 유전자를 후대에 전달할 수 있을 테니까요. 이러한 특성을 가진 대표적인 동물이 바로 침팬지입니다.

침팬지는 수컷이 암컷 여러 마리를 거느리고 다니는 일부다처제 사회이자 계급 사회입니다. 오직 집단 내에서 가장 높은 지위에 있는 우두머리 수컷 1마리만이 암컷을 모두 차지하고 번식에 참여할 수 있죠. 그런데 기존의 우두머리 수컷이 우두머리 자리를 빼앗기면 새롭게 우두머리의 자리를 차지한 수컷이 암컷이 키우던 새끼들을 모조리 다 죽여 버립니다. 수컷에게 기존의 새끼들은 다른 수컷과 짝짓기해서 태어난 존재일 뿐이거든요.

침팬지 수컷이 새끼를 죽이는 행동은 정말 끔찍하기 그지없는데요. 이기적 유전자의 관점에서 보면 충분히 이해가 됩니다. 새롭게 암컷들을 거느리게 된 수컷 입장을 보면 의붓자식을 모조리 죽여야 자신의 유전자를 가진 진짜 자식이 암컷의 보살핌을 받으며 쑥쑥 자랄 수 있을 테니까요.

폭군이 나타났다!

사실 수컷에게는 자신의 유전자를 최대한 퍼뜨릴 수 있는 최고의 방법입니다.

침팬지 수컷들 사이에서 유전자를 놓고 벌어지는 싸움에서 가장 큰 피해를 보는 개체들은 어린 새끼들입니다. 새끼가 자라는 동안 아빠인 우두머리 수컷이 우두머리 자리를 잘 유지한다면 새끼는 암컷의 품에서 무사히 자랄 수 있는데요. 만약 갑작스레 우두머리 수컷이 바뀌면 새끼들은 죽을 수밖에 없는 거죠.

그런데 모든 동물이 이렇게 이기적인 것은 아닙니다. 개미와 벌처럼 진사회성을 가진 동물들이 대표적인 예입니다. 이들은 평생을 오직 여왕을 위해 일만 하면서 살아갑니다. 심지어는 자신의 번식마저도 완전히 포기하고 여왕을 보호하며 목숨까지 바치기도 합니다. 번식은 오로지 여왕의 몫이죠. 그렇다고 해서 자신의 유전자를 후대로 전달하지도 못하고 평생 일만 하는 자신의 처지를 한탄하거나 부정하지도 않습니다.

도대체 어떻게 된 걸까요? 개미와 벌은 이기적 유전자를 거스르고 이타적인 행동을 하며 살아가는 동물들인 걸까요? 그렇지 않습니다. 개미와 벌들이 하는 이타적인 행동들을 자세히 살펴보면 결국엔 이기적인 행동이라는 것을 알 수 있답니다.

이기적이지 않은 생물이 등장했다! 이타적 유전자에 대하여

개미나 벌처럼 진사회성을 가진 곤충의 행동은 리처드 도킨스의 이기적 유전자뿐만 아니라 다윈의 진화론에서도 설명하기 어려운 행동이었습니다. 특히 자신을 대신해서 번식을 해주는 개체가 있고, 그 개체를 위해 헌신하고 희생하는 진사회성 곤충들의 이타적인 행동은 모든 생명체는 번식을 위해 서로 경쟁한다는 다윈의 진화론과 맞지 않았습니다.

벌과 개미의 행동에 대한 이유를 명쾌하게 설명했던 과학자는 윌리엄 해밀턴(William Hamilton)이었습니다. 그는 1964년에 사회 행동의 유전적 진화(The Genetical Evolution of Social Behaviour)라는 논문을 발표하여 벌과 개미들이 왜 스스로 번식을 포기한 채 여왕을 위해 오직 일만 하는지를 설명했습니다.

논문의 내용을 살펴볼까요? 개미와 벌은 다른 동물들과는 번식방법이 다릅니다. 일단 사람의 유전자를 살펴봅시다. 사람은 23쌍의 염색체, 그러니까 총 46개의 염색체를 가집니다. 그리고 정자와 난자 같은 생식세포는 23개의 염색체를 가집니다. 정자의 염색체 23개와 난자의 염색체 23개가 합쳐져 46개의 염색체를 가진 자녀가 탄생하는 식으로 번식이 이뤄지죠. 그래서 사람의 자녀는 어머니, 아버지와 각각 50%의 유전자를 공유합니다. 형제자매도 약 50% 정도의 유전자를 공유하고요.

개미와 벌도 사람처럼 염색체 2개가 한 쌍으로 존재하는데요. 한 가지 다른 점이 있습니다. 바로 수컷의 염색체입니다. 수컷은 염색체 1개가 한 쌍입니다. 암컷 염색체 수의 절반밖에 되지 않는 거지요. 그래서 수컷

이타적인 행동을 하며 살아가는 벌

은 번식할 때 자신이 가지고 있는 1쌍의 염색체 전부를, 즉 100%의 유전자를 자손에게 전달합니다. 그 결과, 여왕이 낳는 일개미와 일벌들은 자매들끼리 약 75%의 유전자를 공유할 수밖에 없게 됩니다. 수컷으로부터 받은 유전자는 모두 같으므로 이러한 결과가 나오는 것이지요.

그런데 만약 여왕 말고 일개미나 일벌이 직접 번식한다면 어떠한 결과가 나타날까요? 고작 자기 유전자의 50%를 공유하는 개체만을 낳게 될 것입니다. 여왕이 대신 번식을 해주면 자신과 75%의 유전자를 공유하는 개체들이 탄생하는데, 일개미와 일벌들이 직접 번식할 이유가 있을까요? 그럴리가 없죠.

그러므로 일개미나 일벌들이 여왕을 위해 희생하고 헌신하는 이타적인 행동도 이기적 유전자의 관점에서 보면 이기적인 행동입니다. 자신의 유전자가 자손을 거쳐 널리 퍼져나갈 수 있도록 이러한 행동을 하는 것일 뿐입니다.

사람에게만 주어진 축복, 문화적 유전자 밈

리처드 도킨스의 이기적 유전자는 악하고 이기적인 존재가 경쟁에서

사람이 유전자의 명령을 거부하기 시작했다!

우위를 점해서 결국에는 번식을 할 수 있다고 주장하는 불편한 가설입니다. 성선설보다는 성악설에 손을 들어주는 설이기도 합니다. 그래서 이기적 유전자가 처음으로 대중들에게 발표되었을 당시 리처드 도킨스는 많은 사람의 비판을 받았습니다.

하지만 리처드 도킨스가 사람이 무조건 악하고 이기적인 존재라고만 결론 내린 것은 아닙니다. 리처드 도킨스는 유전자의 이기성에 저항할 수 있는 유일한 존재가 바로 우리 사람들이라고 말합니다. 사람은 다른 동물들과는 다르게 문화를 가지고 살아가는 존재거든요. 다른 사람을 배려할 줄 알아야 한다는 문화라던가, 사람은 다른 사람들을 도우며 더불어 살아가야 한다는 문화들이 대표적입니다.

리처드 도킨스는 유전자가 사람들의 모든 삶의 방식을 결정짓지는 않는다는 것을 설명하기 위해 밈(Meme), 즉 문학적 유전자라는 새로운 용어를 만들었습니다. 우리 주변에 있는 각종 문화요소가 모두 밈이라고 보시면 됩니다.

그리고 리처드 도킨스는 밈을 유전자처럼 자손에게 물려줄 수 있으며, 진화한다는 설명도 덧붙였습니다. 문화는 사람의 뇌에서 말이나 글 또는 행동으로 실체화되어 다른 사람들의 뇌로 전달되는 것을 반복하며 꾸준히 발전해 나가니까요. 마치 자기 자신을 복제하여 널리 퍼뜨리려는 이기적 유전자처럼 말이죠.

가난한 사람들을 위해 봉사하며 살아가는 사람들부터 자신의 목숨을 버리고 다른 사람의 목숨을 구한 사람들까지 세상에는 이타적인 삶을 살아가는 사람들을 쉽게 볼 수 있습니다. 또한, 사람은 피임을 통해 산아제한을 할 수 있는 능력도 갖추고 있습니다. 유전자의 본성대로 자손을 막 퍼뜨리지 않는다는 거죠. 심지어 자신과 유전자를 공유하지 않은 아이를 입양해서 정성을 다해 기르기도 합니다.

이는 모두 문화적 유전자인 밈에 의해 생겨난 사람 고유의 독특한 현상입니다. 사람이 이기적인 유전자의 본성에 의해서만 살아가고 있는 것은 아니라는 것을 입증하는 사례이기도 하지요. 사람은 동물 중에서는 유일하게 이기적 유전자의 영향으로부터 차차 벗어나고 있습니다.

DNA가 유전정보의 전부는 아니다!

유전자의 발현 조절과 후성유전

*어느 정도의 온도, 대기성분의 미세한 변화, 식물의 정밀한 적합성이
건강과 질병, 삶과 죽음 간의 차이를 나타낸다.
- R.S. 볼의 〈천국 이야기〉 중에서 -*

인간 유전체 프로젝트(Human Genome Project)에 대해 아시나요? 1990년부터 2005년까지 총 15년 간 사람의 유전자 지도를 작성하고 DNA의 염기서열을 모두 밝혀내는 것을 목표로 했던 국제적인 프로젝트를 말합니다. 이 프로젝트 덕분에 사람이 가진 유전자에 대한 이해가 한층 올라갔고, 특정 질병의 원인이 되는 일부 유전자들에 대해서도 알 수 있게 되었죠.

그러나 기대만큼의 결과는 얻지 못했습니다. 초기 과학자들은 인간 유전체 프로젝트를 통해 사람의 DNA 염기서열을 모두 밝혀낸다면 불치병이나 난치병을 완벽하게 정복할 수 있다고 생각했는데요. 그럴 수 없었거든요. 이는 지금도 현재 진행형이고요.

이후로 과학자들은 DNA에 담긴 염기서열 유전정보만으로는 생명체의 생명현상을 완전히 이해할 수 없다는 것을 깨달았습니다. 유전학의 한계

점을 인지하게 된 것이죠. 그리고 생물학자들 사이에서는 유전자가 생명현상의 모든 것을 결정한다는 이론인 유전자 결정론이 힘을 잃어가기 시작했지요.

그렇게 어느 정도 시간이 지나고, 생명체가 주위 환경의 영향을 받아 DNA에 화학적인 변화가 일어나면서 유전자의 발현에 차이가 생길 수 있다는 사실이 밝혀집니다. 이는 곧 같은 유전자를 가진 개체들 사이에서도 차이가 있을 수도 있다는 것을 의미했지요.

이처럼 환경이 유전자의 발현에 미치는 영향을 연구하는 생명과학 분야를 후성유전학(epigenetics)이라고 합니다. 후성유전학에 따르면, 생명체는 주어진 환경에 따라 발현되는 유전자가 달라지기 때문에 성장, 노화, 질병의 발생 등과 같은 생명현상에 변화가 일어날 수 있습니다. 이를 증명하는 대표적인 사례가 바로 일란성 쌍둥이입니다.

2차 세계대전 당시 네덜란드인들의 사연... 후성유전의 사례

일란성 쌍둥이의 유전자는 서로 100% 일치합니다. 그런데 우리는 간혹 일란성 쌍둥이 사이에서도 얼굴 외형이 조금 다르거나 성격이 정반대인 경우를 흔히 찾아볼 수 있습니다. 심지어는 한쪽이 사이코패스 또는 끔찍한 범죄자라 하더라도, 다른 한쪽은 사이코패스도 아니고 원만한 성격이고 다른 사람들과 원활한 대인관계를 유지하며 살아가는 사례도 있죠.

이뿐만이 아닙니다. 유전의 영향을 많이 받는다고 알려진 암, 당뇨병과 같은 질병도 일란성 쌍둥이들 사이에 발병률이 서로 다릅니다. 같은 일란성 쌍둥이도 시간이 지날수록 서로 다른 경험을 하고, 다른 환경에 놓이기 때문에 이러한 현상이 나타나는 것입니다. 물론 둘 중 한쪽이 건강 관리를 소홀히 했기에 이러한 차이가 생기는 것도 있겠지만, 후성유전으로 인한 영향도 상당히 크다고 알려져 있습니다.

전 세계 역사에서도 후성유전의 사례를 찾아볼 수 있답니다. 대표적인 사례가 바로 2차 세계대전 당시의 네덜란드입니다. 네덜란드는 전쟁 막바지까지 나치 독일에 점령된 상태였고, 나치 독일은 네덜란드 서부 지역의 식량 공급을 차단했는데요. 이로 인해 네덜란드 서부 지역에 살던 주민들은 심각한 영양부족에 시달렸습니다. 한 해에 1만 명이 넘는 사람들이 영양실조로 사망할 정도였지요.

여기서 주목할 것은 바로 당시 태아로 자라나고 있었던 사람들입니다. 이들은 다른 네덜란드인들보다 키가 왜소했으며, 당뇨나 조현병 같은 질병에 시달렸고, 이들의 자녀 또한 왜소했다고 합니다. 당시 많은 태아가 각각 다른 DNA를 가지고 있었음에도, 태아기 때 비슷한 경험을 해서 비슷한 질병을 앓고 비슷한 현상으로 고통받았던 것이죠.

2007년 세계적인 학술지 네이처(Nature)에는 쥐 실험을 이용해서 당시 네덜란드인들의 후성유전을 증명한 연구가 실리기도 했습니다. 같은 유전자를 가진 여러 마리의 실험용 쥐들을 임신하게 하고 서로 영양섭취를 다르게 했는데요. 그 결과 태아 때 영양섭취가 부족했던 쥐들은 다른 쥐들에 비해서 건강상태가 좋지 않았으며, 특히 비만에 시달리는 경우가 많았다고 합니다.

2004년 미국의 동물행동학자 앤드류 쉬 박사도 쥐를 이용해서 후성유

쥐 한 마리가 유독 뚱뚱한 이유

전의 사례를 발견했습니다. 암컷 쥐는 자신이 낳은 새끼를 핥아주는 습관이 있는데요. 어미 쥐가 새끼를 얼마나 자주 핥아주었느냐에 따라 새끼 쥐의 성격에 영향을 미친다는 사실을 밝혀냈거든요. 새끼 시절에 어미 쥐가 자주 핥아준 쥐는 정서적으로 안정적이지만 그렇지 못한 쥐는 겁이 많고, 스트레스에도 상당히 민감했다고 합니다. 어미 쥐의 핥는 행동이 새끼 쥐의 유전자 발현에 변화를 주면서 새끼 쥐의 성격에까지 영향을 미쳤던 거죠.

그렇다면 후성유전은 도대체 어떠한 원리로 일어나는 걸까요? 이제 사례는 여기까지만 살펴보고, 과학자들이 후성유전의 비밀을 어떻게 발견했는지, 후성유전의 원리는 무엇인지 살펴보도록 합시다.

빽빽하게 압축된 DNA, 유전자가 발현될 틈이 없네! 후성유전의 원리

1740년경 생물학자였던 카를 린네(Carl von Linne)는 좁은잎해란초를 연구하다가 꽃 모양이 다르게 생긴 개체를 하나 발견했습니다. 린네는

좁은잎해란초

이 개체에 그리스어로 괴물이라는 의미의 '페롤리아(Peloria)'라는 이름을 붙여주었습니다.

그렇다면 왜 좁은잎해란초 일부 개체는 왜 꽃 모양이 달랐던 걸까요? 린네는 그 이유를 죽을 때까지 알 수 없었답니다. 원인이 밝혀진 것은 259년 뒤인 1999년이었습니다. 영국의 생물학자들이 페롤리아의 꽃 구조에 관여하는 유전자에 화학적인 변화가 일어났다는 것을 밝혀냈거든요. 유전자 염기서열 자체에는 변화가 없었지만, 염기에 탄소 1개와 수소 3개로 이루어진 메틸기(CH_3)가 붙어 있었다고 합니다. 바로 이 메틸기 때문에 꽃 구조에 관여하는 유전자가 발현되지 못해 원래의 꽃 모양이 되지 못했던 것이었습니다.

이처럼 DNA에 있는 염기 중 하나인 시토신(Cytosine)에 메틸기가 결합하는 현상을 '메틸레이션(Methylation)'이라고 하고, 메틸기가 결합한 시토신을 '5-메틸시토신'이라고 합니다. 메틸레이션은 유전자의 발현을 조절하는 중요한 현상 중 하나로 후성유전학자들 사이에서 중요하게 다뤄지는 개념입니다.

그렇다면 5-메틸시토신은 어떻게 유전자의 발현을 조절하는 걸까요? 5-메틸시토신이 있는 부문은 메틸기 결합단백질(MBD)이 결합하는데요. 이 단백질은 다른 여러 단백질의 결합을 유도합니다. 이렇게 결합한 단백질들은 염색질들을 조밀하게 압축시키죠. 그 결과 염색질은 '이질염색질

시토신 → 5-메틸시토신

메틸레이션

'(Heterochromatin)'이라 부르는 형태가 됩니다. 이질염색질은 DNA와 히스톤 단백질이 조밀하게 접혀 있는 구조여서 DNA가 전사할 수 있도록 돕는 전사인자들이 결합하기 어렵습니다. 그 결과 전사가 일어날 수도 없고, 유전자가 발현되는 것도 불가능하죠.

DNA와 히스톤 단백질이 조밀하게 접혀 있는 구조가 있다면 반대로 DNA와 히스톤 단백질이 느슨하게 풀어진 구조도 있을 거라고 짐작 가능한데요. 이렇게 DNA와 히스톤 단백질이 느슨하게 풀어진 상태를 '진정염색질(Euchromatin)'이라고 합니다. 진정염색질은 전사인자들이 비집고 들어갈 만한 틈이 있어서 DNA가 RNA로 전사되기 쉽습니다. 당연히 이 부분의 유전자는 발현되겠지요.

후성유전 현상은 메틸레이션이 다가 아닙니다. 히스톤 단백질의 변형에 의해서도 후성유전 현상이 일어납니다. 히스톤 단백질의 변형을 이해하기 위해서는 일단 히스톤 단백질의 구조를 이해해야 하는데요. 히스톤 단백질은 중심부 코어와 긴 꼬리 여러 개로 구성되어 있습니다. 꼬리에는 라이신과 같이 + 전하를 띠는 아미노산들이 많아서 - 전하를 띠는 DNA의 인산 부분과 전기적으로 끌어당기는 특징이 있지요.

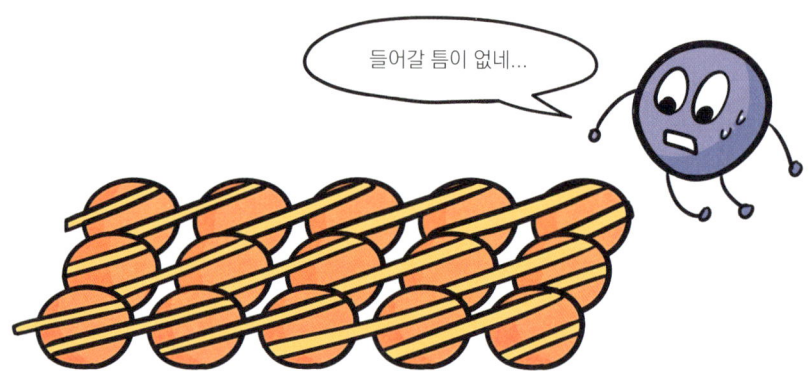

빽빽하게 압축되어 있는 이질염색질

그런데 만약 이 라이신 부분에 아세틸기(CH3CO)가 붙는 아세틸레이션(Acetylation)이 일어나면 + 전하가 약해집니다. 그 결과 히스톤 단백질이 DNA를 끌어당기는 힘이 약해지고 히스톤 단백질과 DNA 사이가 느슨해지죠. 그 결과, 전사인자들이 비집고 들어갈 공간이 많아지면서 유전자의 발현이 일어납니다. 반대로 히스톤 단백질의 라이신 부분에 아세틸레이션이 일어나지 않았다면 DNA와 히스톤 단백질이 서로 강하게 결합하여 유전자의 발현이 일어날 수 없는 상태가 됩니다.

여기서 흥미로운 점은 DNA 염기에 결합한 5-메틸시토신과 히스톤 단백질에 결합한 아세틸기에 대한 정보가 다음 자손에게 그대로 전달된다는 것입니다. 체격이 왜소했던 네덜란드인의 자녀들도 부모들과 마찬가지로 체격이 왜소했던 이유는 바로 이것 때문이라고 유추해볼 수 있죠.

어쩌면 후성유전학은 현재 인류의 최대 난제 중 하나인 난치병과 불치병을 해결할 학문이 될지도 모르겠습니다. 실제로 현재 과학자들이 후성유전학을 연구하는 가장 큰 이유도 암이나 당뇨 같은 병을 일으키는 유전

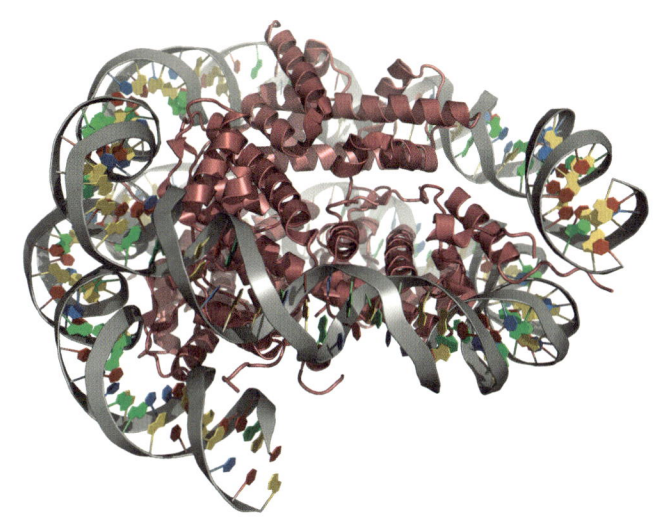

DNA(바깥쪽)와 히스톤 단백질(안쪽)

자들의 후성유전을 밝혀내기 위해서입니다.

왜냐고요? 암이나 당뇨의 예방 및 치료에 사용할 수 있거든요. 비록 DNA의 염기서열은 바꾸기 어렵지만, 메틸기를 DNA에 결합하고 떨어뜨리는 일은 쉽습니다. 아세틸기 또한 히스톤 단백질에 결합하고 떨어뜨리기 쉽죠. 이런 원리를 이용해서 암을 일으키는 유전자의 발현을 억제하고, 암을 억제하는 유전자의 발현을 활성화할 수 있다면 암의 발병률을 줄일 수 있을 것입니다. 낮아진 암 발병률은 다음 세대에게도 이어질 것이고요.

4장

사람은 머리를 쓸 줄 알아야지!

높은 지능과 사회성을 가진 생명체 사람

너는 원숭이야? 사람이야?

인류의 진화 과정

**자연에서 사람의 위치와 사람과 우주와의 관계는
가장 근본적이면서도 흥미롭다.
- 토머스 헉슬리 (영국의 생물학자) -**

 찰스 다윈이 진화론과 우리 사람을 연구하면서 『사람의 유래』라는 책을 낸 적이 있습니다. 이 책에 따르면, 우리 사람들은 신이 창조한 존재가 아니라 진화의 과정에서 등장한 동물의 일종이라고 합니다.

 실제로 몇백만 년 전의 인류 모습을 보면 원숭이나 침팬지 같은 동물들과 생김새가 조금 비슷하다는 것을 쉽게 알 수 있습니다. 그 외에도 집단을 이루며 살고, 손과 손가락을 이용해서 무언가를 잡거나 도구로 사용하고, 새끼를 젖을 먹여 기르는 등의 공통점도 있죠. 우리 스스로는 사람을 동물과는 다르고 특별한 존재라고 여기지만 알고 보면 아니었던 것입니다.

 그렇다면 우리 인류는 어떠한 진화 과정을 거쳐 지금에 이른 걸까요? 이를 이해하기 위해서는 먼저 구인류에 대해서 이해하셔야 합니다. 구인류란 현생인류가 등장하기 전 지구상에 살았던 인류를 말합니다. 아마 오

오스트랄로피테쿠스

스트랄로피테쿠스나 호모 에렉투스, 호모 네안데르탈렌시스라는 말을 몇 번 들어보신 적이 있을 텐데요. 이들이 바로 대표적인 구인류랍니다. 현재 과학자들은 우리 인류의 조상이 구인류라 주장합니다. 비록 현생인류와 생김새가 조금 달라서 괴리감이 느껴질 수도 있지만 말이죠.

300만 년의 대장정, 인류의 진화

지금으로부터 약 300만 년 전 아프리카 동남부에 유인원과 인류의 중간 형태인 오스트랄로피테쿠스(Australopithecus)가 나타났습니다. 과학자들은 오스트랄로피테쿠스의 등장을 인류 역사의 시작으로 여기고 있지요.

과학자들이 오스트랄로피테쿠스에 높은 비중을 두는 이유는 바로 오스트랄로피테쿠스가 직립보행을 하는 최초의 유인원이었기 때문입니다. 오스트랄로피테쿠스는 직립보행 덕분에 손가락으로 물건을 잡고 도구를 제작하거나 다리를 움직이는 속도를 조절하고 다양한 동작을 취하면서 뇌

직립보행의 장점

가 발달할 수 있었습니다. 이건 달리 말하면 다른 동물들과는 차별성을 두고 문명을 개척할 힘을 가지게 되었다는 의미이기도 합니다. 실제로 인류학자들은 고릴라나 침팬지 같은 유인원과 인류를 구분할 때 제일 먼저 직립보행 여부를 따집니다.

그렇다면 직립보행은 어떻게 하게 된 것일까요? 오스트랄로피테쿠스는 다른 유인원처럼 나무와 나무 사이를 뛰어다니는 숲속 생활을 하지 않고 초원 생활을 했다고 알려져 있습니다. 하지만 초원 생활은 쉽지 않았습니다. 나무가 없어서 천적으로부터 도망치거나 숨을 장소가 마땅히 없었거든요. 이런 상황에서 생존하기 가장 좋은 방법은 최대한 똑바로 서서 경계를 늦추지 않는 것이었습니다.

이뿐만이 아닙니다. 초원은 숲보다 동물성 먹이가 부족해서 식물성 먹이를 많이 섭취해야 했는데요. 식물의 채집을 위해서는 앞다리아 손을 사용하고 앞다리로 무언가를 들고 다닐 수 있어야 했습니다. 그 결과 앞다리는 팔의 형태로 진화되었고 뒷다리는 길어져 직립보행을 하게 된 것입니다.

오스트랄로피테쿠스는 본래 형태를 유지하지 않고 계속 진화를 거듭했는데요. 그렇게 오스트랄로피테쿠스 다음에 등장한 인류가 바로 호모 하빌리스(Homo Habilis)입니다. 이들은 지금으로부터 약 200만 년 전 등장했습니다.

오스트랄로피테쿠스가 유인원과 인류의 중간 형태였다면, 호모 하빌리스부터는 인류라고 부를 만한 수준이라고 보시면 될 것 같습니다. 뇌의 용적량이 오스트랄로피테쿠스 때보다 증가했거든요. 실제로 오스트랄로피테쿠스의 뇌 용적량은 약 500cc에 불과하지만 호모 하빌리스의 뇌 용적량은 최대 800cc입니다.

뇌 용적량의 차이는 그들의 지능 수준과 삶의 수준에 차이를 불러오기 때문에 유인원과 인류를 구분하는 기준으로 뇌의 용적량이 많이 쓰입니다. 실제로 호모 하빌리스는 식물성 먹이를 주로 섭취했던 오스트랄로피테쿠스와는 달리 체계적이고 복잡한 사회를 이루며 석기를 사용해서 소형동물을 잡거나 죽은 동물을 식용으로 사용했던 것으로 추정되고 있습니다. 하지만 일부 과학자들은 호모 하빌리스가 오스트랄로피테쿠스와 크게 다르지 않다고 주장하기도 합니다. 아직 인류로 분류하기에는 다소 애매하다는 것이죠. 일부 호모 하빌리스 화석은 뇌 용적량이 오스트랄로피테쿠스와 크게 다르지 않기 때문입니다.

호모 하빌리스 다음에 등장한 호모 에렉투스(Homo erectus)는 뇌 용적량이 700~1300cc 정도라서 호모 하빌리스와는 달리 완전한 인류의 형태로 분류합니다. 실제로 신체구조를 종합적으로 분석했을 때, 현존하는 인류와 크게 다를 없다고 해요.

호모 에렉투스는 지금으로부터 200만 년 전에 지구상에 등장했는데요. 아프리카에서만 살았던 오스트랄로피테쿠스나 호모 하빌리스와는 달리 아프리카와 함께 아시아나 유럽 등지에서도 살았습니다. 더욱 발전한 지능과 석기 제작 기술을 바탕으로 아프리카를 떠나 아시아나 유럽으로 이주했던 것으로 추정되고 있답니다.

호모 에렉투스는 최초로 불을 사용한 인류이기도 합니다. 아마 뇌 용적량이 증가하고 지능이 올라가면서 짐승이 불을 무서워한다는 사실과 고기를 불에 구우면 더 연해진다는 사실을 깨닫게 된 것이 아닐까 싶습니다. 덕분에 동물 사냥이 전보다 쉬워지면서 단백질을 더욱 풍부하게 섭취할 수 있었습니다. 불에 구운 고기는 그렇지 않은 고기보다 기생충이나 세균 감염의 위험이 적으니 생존에도 훨씬 유리했겠지요. 여기에 더해, 동물의 가죽으로 옷을 해 입으면서 추위를 이겨낼 수 있었답니다. 삶의 수준이 한층 올라간 거죠.

호모 에렉투스 다음에 등장한 구인류는 바로 호모 네안데르탈렌시스(Homo neanderthalensis)입니다. 흔히 네안데르탈인으로 불리지요. 지금으로부터 약 13만 년 전에 출현했고, 현존하는 인류와 가장 가까운 종입니다. 유럽에서 주로 발견되고, 중앙아시아나 북아프리카에서도 살았을 것으로 추정되고 있지요.

호모 네안데르탈렌시스 성인의 키는 남성 167cm, 여성 155cm 정도였는데요. 당시의 영양 상태를 고려할 때 현생 인류보다 성장하는 속도가 매우 빨랐고 힘도 굉장히 강했을 것으로 추정되고 있습니다. 자신들 크기

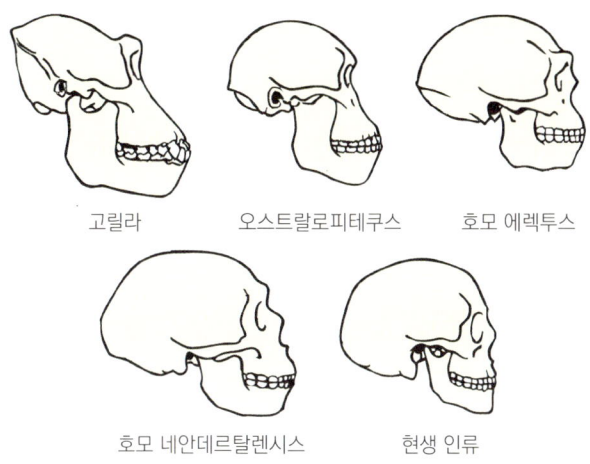

두개골 뼈 모양 비교

의 몇 배에 달하는 매머드를 사냥했을 정도니까요.

호모 네안데르탈렌시스의 놀라운 점은 뇌 용적량이 남성 기준으로 평균 1600cc 정도나 되었다는 것입니다. 현존하는 인류의 뇌 용적량이 남성 평균 1450cc이고 남녀 평균 1350cc라는 사실을 고려하면 상당하죠. 하지만 기억, 사고 등을 담당하는 전두엽이 별로 발달하지 못해 큰 두뇌를 제대로 활용하지는 못했을 것으로 추정되고 있습니다.

호모 네안데르탈렌시스가 등장하기 20만 년 전에는 호모 사피엔스가 등장했습니다. 호모 사피엔스가 바로 우리, 현생 인류이지요. 호모 네안데르탈렌시스와 호모 사피엔스는 같은 시대를 살았던 다른 인류였기에 서로 생존 경쟁을 벌였을 것으로 추정됩니다. 둘 사이 오랜 경쟁에서 승리한 종은 바로 호모 사피엔스였습니다. 호모 네안데르탈렌시스는 지금으로부터 2~3만 년 전에 호모 사피엔스와의 경쟁에서 밀려 멸종했습니다. 현재는 우리 호모 사피엔스 한 종만이 지구상에 남아있죠.

먹잇감이 더욱 풍부한 곳을 찾아서! 아프리카를 떠나다

호모 에렉투스는 최초로 불을 사용하고 돌을 이용해 다양한 도구를 만들어 살아온 인류입니다. 인도네시아 자바섬과 중국 베이징 인근에서 발견되기도 하기에 자바 인이나 베이징 인이라 불리기도 하지요.

이처럼 호모 에렉투스가 아프리카와는 거리가 매우 먼 중국 베이징 인근이나 자바섬에서 발견된다는 것은 아프리카를 떠나 이주했다는 것을 의미합니다. 그렇다면 그들은 어떻게 이렇게 먼 거리를 이동할 수 있었고, 이주를 시작한 시기는 언제부터일까요? 이 두 문제는 아직도 인류학자들이 확답을 내리고 있지 못하고 있습니다.

단, 한 가지는 확실합니다. 호모 에렉투스는 불과 석기를 사용해 동물을 사냥해서 먹이를 쉽게 구할 수 있었다는 겁니다. 오스트랄로피테쿠스와 호모 하빌리스 때에는 식성이 초식 위주였다면, 호모 에렉투스 때부터는 육식 위주로 바뀐 것이죠. 이렇게 식성이 육식 위주로 바뀐다면 상황은 많이 달라집니다. 식성이 초식 위주라면 식물이 자라는 곳 근처를 벗어나기가 어렵지만, 육식 위주라면 동물이 많이 잡히는 지역으로 조금씩 이동을 했을 테니까요.

또한, 이주를 위해서는 충분한 자원이 필요한데요. 초식에서 육식으로의 식성 변화는 이주를 위한 자원 확보에도 일조했을 것으로 추정됩니다. 고기는 식물보다 에너지도 풍부하고, 그만큼 근육과 뇌에 많은 에너지를 전달해줄 수 있으니까요. 물론 육식으로의 식성 변화 외에도 다양한 영향이 있을 것으로 추정되지만, 이를 밝혀내려면 더욱 많은 연구가 필요할 것입니다.

그렇다면 호모 에렉투스는 과연 언제부터 이주를 시도했을까요? 인류학자들이 이 사실을 밝혀내기 위해 인도네시아 자바섬에 살았던 자바 인의 연대를 측정했는데요. 최대 180만 년 전으로 나왔습니다. 그런데 호모 에렉투스는 200만 년 전에 등장한 인류죠. 이는 즉 호모 에렉투스가 200만 년 전에 등장하자마자 바로 아시아를 향해 이주를 시작했고 180만 년 전에 자바섬에 도착했다는 것을 의미합니다. 한 세대에 16km씩 이동해 간다고 가정해도 아프리카부터 아시아까지 2만 5천 년 정도면 충분하거든요.

하지만 과연 호모 에렉투스가 200만 년 전부터 이주를 시작했는지, 한 세대에 16km씩 이동했는지는 아직 확실하지 않습니다. 가장 확실한 증거라고 할 수 있을 만한 화석이 많이 발견되지 않았기 때문이죠. 화석이 좀 더 많이, 다양한 지역에서 발견되어야 확실하게 결론을 내릴 수 있지 않을까 싶습니다.

현생 인류를 있게 한 문화와 사회성! 호모 사피엔스의 특징

다양한 인류 종이 지구를 거쳐 갔습니다. 한때는 호모 사피엔스보다 몸집도 더 크고 힘도 세고 뇌 용적량도 더 컸던 호모 네안데르탈렌시스도 지구상에서 살았습니다.

그런데 현재 유일하게 남아있는 현존하는 인류는 바로 우리, 호모 사피엔스뿐입니다. 도대체 왜 우리만 남아있는 것일까요? 비록 오스트랄로피테쿠스나 호모 하빌리스, 호모 에렉투스는 보다 더 진화한 종의 등장으로 경쟁에서 밀려나 멸종한 것이라고 해도, 호모 네안데르탈렌시스의 멸종

호모 사피엔스가 생존할 수 있었던 이유는 수다 덕분!

은 다소 이상하게 느껴집니다.

아마 우리 호모 사피엔스가 최종적으로 살아남을 수 있었던 이유는 호모 네안데르탈렌시스보다 생존에 유리한 특성이 있었기 때문이었을 텐데요. 인류학자들은 그 특성으로 문화와 사회성을 주목합니다. 호모 네안데르탈렌시스보다 우리 호모 사피엔스가 문화와 사회성이 더욱 발달해 있었거든요.

실제로 호모 네안데르탈렌시스의 도구는 재료가 발견되는 곳에서 50km를 벗어나는 경우가 거의 없는데요. 호모 사피엔스의 도구는 재료가 발견되는 곳에서 최대 320km나 떨어진 장소에서도 발견됩니다. 이는 호모 사피엔스가 서로 다른 지역에 거주하는 집단들 사이에서도 사회적인 교류를 맺으며 살아갔다는 것을 의미합니다. 어려운 일이 일어나면 도움을 청하기도 하고, 도구니 예술품을 교류하기도 했겠죠.

이뿐만이 아닙니다. 호모 사피엔스는 언어를 통한 의사소통 문화가 상당히 발달해 있습니다. 현생 인류들이 각자의 언어를 가지고 있다는 것이

이를 증명하죠. 덕분에 서로 생존 기술을 알려주거나, 삶의 지혜, 먹잇감이 많이 잡히는 곳, 도구를 만드는 기술 등을 서로 활발하게 교류하며 발전해 나갈 수 있었습니다. 집단 내에서는 물론이고, 먼 거리에 있는 다른 집단 사이에서도 말이죠. 그리고 같은 집단 내에서는 서로 뒷담화를 주고받으며 집단의 결속력을 높이고 집단을 안정화했고요.

그렇다면 호모 네안데르탈렌시스는 어땠을까요? 호모 네안데르탈렌시스는 호모 사피엔스와는 다르게 서로 간의 의사소통이 어려웠습니다. 의사소통이 어려우니 서로 교류도 어렵고, 정보교환도 어렵고, 뒷담화를 하기도 어려웠겠죠. 협동이 필수적인 대규모 집단 사냥도 쉽지 않았습니다. 이로 인해 식량 부족에 시달릴 수밖에 없었고 다른 지역과 격리된 채 살아가는 것 외에는 별다른 생존 방법이 없었을 겁니다. 실제로 호모 네안데르탈렌시스의 뇌를 분석해보면 호모 사피엔스만큼 다양한 소리를 낼 수 없었을 것으로 추정되고 있답니다.

많은 분이 우리 현생인류와 다른 동물들과의 차이점으로 지능과 사회성을 말합니다. 하지만 여기서 다가 아닙니다. 우리 호모 사피엔스가 지금까지 이렇게 지구상에 생존할 수 있었던 이유는, 그리고 지금과 같이 번성할 수 있었던 이유는 바로 문화 덕분이니까요.

사람의 심리도 진화로부터 기원했다?

진화심리학으로 바라본 사람의 심리

인류 역사상 가장 위대한 혁명은
사람이 사람을 이해하기 시작할 때 일어난다.
- 빌리야누르 라마찬드란 (캘리포니아대 심리학 및 신경과학 교수) -

철학자나 인문학자들은 매우 오래부터 사람의 본성과 심리를 이해하기 위해 많이 노력해왔고 수많은 분쟁을 벌였습니다. 비록 그들의 연구 성과를 무시할 수는 없지만, 과학적 기반이 거의 갖추어지지 않은 상태에서 연구가 이루어졌기 때문에 큰 성과를 내지 못했습니다. 엉뚱한 설들도 많이 등장하고요. 최근 들어서야 과학이 발달하면서 사람의 본성을 과학적으로 설명하려는 움직임이 활발해졌습니다.

과학은 사람의 본성과 심리를 설명할 방법으로 진화론에 주목합니다. 사람은 다른 생물들과 마찬가지로 진화를 거쳐 생겨난 동물입니다. 아마 사람의 본성과 심리도 진화를 거치면서 형성된 것이므로 분명히 진화의 흔적이 남아있을 거라고 예상할 수 있는데요. 이에 착안하여 최근에 새롭게 등장한 학문이 바로 진화심리학입니다.

우리가 때로는 당연하게 여기고, 대수롭지 않게 여기는 사람들의 무의

식적인 행동 양상과 심리적인 사고들은 사실 대부분 진화와 긴밀한 연관성을 이루고 있습니다. 그래서인지 진화심리학의 눈으로 사람의 심리를 살펴보면 상당히 흥미롭고 재미있습니다. 지금부터 일상 속에 감춰진 사람들의 본능과 심리를 진화심리학적 관점으로 하나하나 파헤쳐 봅시다.

음식을 잘 먹는 게 제일 중요해! 생존하기 위한 진화의 흔적들

생물은 살다 보면 수많은 난관과 위험에 부딪히게 됩니다. 질병이나 천적, 독이 있는 생물, 기생충, 식량부족 등이 대표적인 예이죠. 사람은 이러한 위험 요소들에 저항해 가며 꾸준히 진화를 해왔습니다.

영양분 섭취는 생존을 위해 꼭 필요합니다. 현재 우리는 음식물을 섭취하고 싶을 때 가게로 가서 재료를 구매하고 요리를 하거나 식당을 가면 되지만 원시인들은 그렇지 않았습니다. 직접 동물을 사냥하거나 식물을 채취해서 영양분을 섭취하는 것이 유일한 방법이었죠. 만약 하루라도 사냥에 실패하거나 식물을 채취하지 못하면 배고픔에 시달리고, 심하면 목숨을 잃어야 했습니다.

사람이 자연으로부터 영양분을 섭취하면서 생기는 가장 위험한 것 중 하나는 바로 독이 있는 식물이었습니다. 자칫 식물을 잘못 먹었다가는 심하면 목숨을 잃을 수도 있죠. 우리의 조상이었던 원시인들은 이런 식물들과 오랜 투쟁을 하며 살아왔습니다. 비슷한 사례로 비위생적인 음식 역시 원시인들에게는 큰 적이었습니다. 외부에 너무 오랫동안 노출되어 썩어버린 고기, 벌레가 들어간 음식, 미생물 때문에 상해버린 음식 등이 대표적이죠.

독성이 있는 식물을 먹으면 입에서 쓴맛이 나도록 해서 자연스럽게 먹기 꺼려지도록 진화한 이유가 바로 이것 때문입니다. 우리가 먹을 수 있는 식물 중에서 쓴맛이 나는 식물들은 그리 많지 않죠. 쓴맛이 나는 식물들은 대부분 독이 많이 함유된 경우가 많습니다.

반면 사람들에게 높은 에너지(고열량)를 제공하고 배고픔에 시달리지 않게 하는 음식물은 단맛이 나는 방향으로 진화했습니다. 실제로 고열량 식품들은 대부분 단맛이 나서 사람들이 좋아하죠. 다이어트를 하는 사람이라면 단맛이 나는 고열량 음식은 피해야 합니다.

이처럼 우리 인류는 음식을 구하기 어려웠던 과거에는 고열량의 음식을 선호하는 방향으로 진화한 덕분에 지금까지 이렇게 살아남을 수 있었습니다. 비록 우리는 지금 주위에 음식이 넘쳐나는 현대 사회에 살아가고 있지만, 우리는 여전히 단맛이 나는 음식을 좋아하죠. 이로 인해 단맛이 나는 음식을 너무 많이 먹게 되면서 비만이나 당뇨병과 같은 질병 문제가 생기기도 하고요.

새롭게 접하게 되는 음식들을 꺼리는 방향으로 진화하기도 했습니다. 아프리카에 사는 원주민들은 굼벵이를 쉽게 섭취하는데요. 우리나라 사람들은 그 모습을 보고 큰 거부감을 느끼죠. 단 한 번도 굼벵이를 섭취하는 경험을 해본 적이 없다가 섭취하는 모습을 보면서 본능적으로 느끼는 감정입니다. 어린아이들도 자신이 먹어본 적이 없는 새로운 음식은 거의 믹지 않으리고 하고 부모님이 권유했을 때 역시로 삼키는 모습을 볼 수 있지요. 새로운 음식은 독이 있는지 없는지를 알 수 없기에 거부하는 것입니다. 물론 현대 들어서 이런 걱정을 할 필요가 없어졌지만요.

굼벵이 드셔 보실래요?

심하게 상했거나 썩은 음식의 냄새를 맡아봅시다. 어떤 냄새가 나던가요? 심하게 고약한 냄새가 나는 경우는 있어도 좋은 냄새가 나지는 않습니다. 이처럼 사람은 상해서 해로운 음식은 구역질이 날 정도의 고약한 냄새나 메스꺼움을 느낄 수 있도록 진화하기도 했답니다.

여기서 한 가지 흥미로운 사실이 있는데요. 바로 남성보다 여성이 메스꺼움을 좀 더 과도하게 느끼고 상한 음식에 대한 위험성을 더욱 크게 느낀다는 것입니다. 왜 이런지 아세요? 여성이 남성보다 육아에 더욱 전념하기 때문입니다. 자녀에게 상한 음식을 먹이면 자녀의 생존에도 좋지 않거든요.

뱀은 무서운데 자동차는 안 무서워? 생존하기 위한 진화의 흔적들

현대 사회에서 사람이 목숨을 잃는 가장 큰 원인은 뭘까요? 질병에 걸려 죽거나 자동차 사고, 화재사고, 총격사고, 감전사고 등으로 인해 사망하는 경우가 대부분이 아닐까 싶습니다. 사나운 맹수들에 의해 죽는 경우

뱀

도 물론 가끔 있지만, 이렇게 죽을 확률은 사형당해 죽을 확률보다 낮다고 하죠. 그런데 사람들은 사망의 주요 원인인 자동차나 불, 전기 콘센트를 무서워하지 않습니다.

사람들은 오히려 호랑이나 사자, 뱀, 악어, 곤충들에게 큰 두려움을 느끼는 경우가 많습니다. 이 역시 우리 인류가 진화하는 과정에서 생겨난 심리입니다. 불과 몇백 년 전만 해도 자동차, 전기 콘센트와 같은 것들은 전혀 존재하지 않았고 가장 큰 위험 요소는 바로 짐승이나 맹수였으니까요. 실제로 동물에게 물려 사망한 것으로 추정되는 원시인의 잔해가 많이 발견되기도 하고요.

알고 보면 이런 두려움이란 감정은 위험 요소로부터 살아남는 데 큰 도움이 됩니다. 맹수와 대면했을 때 두려움을 느끼고 바싹 긴장해야 상황에 맞는 적절한 판단을 하고 도망치거나 맞서 싸울 수 있거든요. 우리가 시험을 치를 때 적절한 긴장감이 도움이 되는 것처럼 말이에요.

실제로 맹수의 위험성을 전혀 가르쳐주지 않은 어린아이에게 호랑이나 사자, 뱀을 보여주면 두려워하거나 우는 모습을 보입니다. 사람은 대체로 2살 이후부터 이런 위험한 짐승이나 맹수를 보면 두려움을 느낀다고 합니다.

그렇다면 자동차나 전기 콘센트 같은 것들은 어떤가요? 이런 것들은 원래 존재하지 않다가 과학기술의 발전으로 갑작스럽게 등장한 것들입니다. 우리 인류가 두려움을 느끼도록 진화하기에는 시간이 너무 부족했죠.

이처럼 현재 우리 인류는 큰 사망원인이 되는 것들을 오히려 두려워하지 않습니다. 우리는 자신을 현대인이라 생각하지만, 우리의 뇌와 본성은 아직도 맹수와 짐승의 위험이 도사리는 원시시대 수준에 머물러 있는 거지요.

자녀를 건강하게 낳아줄 여성을 원한다! 남성의 배우자 선택

사회에서는 유능한 배우자로서 인정받으며 큰 매력이 느껴지는 사람도 있고, 배우자로 같이 살기에는 꺼려져서 매력이 느껴지지 않는 사람도 있습니다. 그렇다면 매력이 있는 사람과 매력이 없는 사람의 기준은 도대체 무엇일까요? 이는 배우자를 잘 선택한 사람이 번식에 성공하는 일이 거듭 반복되면서 우리 인류가 특정 형질을 가진 배우자를 선호하는 방향으로 진화한 것과 관련이 있습니다.

동물 세계에서 배우자를 선택할 때 가장 중요하게 여겨지는 것은 역시 신체적 특징인데요. 사람에게도 선호하는 신체적 특징이 있습니다. 일단 남성은 자기보다 나이가 젊은 여성을 선호합니다. 여성은 20살을 넘기면 번식능력이 감퇴하는데요. 자기보다 나이가 어린 여성을 선택한 남성일수록 번식에 성공할 확률이 높아지면서 나이가 젊은 여성을 선호하는 방향으로 진화한 것입니다. 실제로 전 세계 부부들의 통계를 내 보면 대체로 여성보다 남성이 더 나이가 많습니다. 특히 문명화가 거의 이루어지지 않은 아프리카의 남성들은 자기보다 10~20살이나 어린 배우자를 선호하는 경향도 두드러지지요.

남성은 육체적으로 아름다우며, 얼굴이 여성스럽고 예쁜 여성을 선호

남성에게 이상적인 여성 배우자

하기도 합니다. 이러한 것들이 여성이 얼마나 건강한지를 보여준다고 하네요. 남성은 건강한 배우자를 선택해야 건강한 자녀를 출산할 수 있을 테니 아름답고 예쁜 여성을 선호하는 것입니다. 실제로 여성보다는 남성이 배우자의 외모를 중요하게 여기는 경향이 강합니다.

그런데 매력이 있다고 여겨지는 신체적 특징이 전 세계 모든 지역에서 같은 것은 아닙니다. 어떤 곳에서는 날씬한 여성이 매력적으로 느껴지기도 하고, 또 다른 곳에서는 뚱뚱한 여성이 매력적으로 느껴지기도 하거든요. 대체로 식량이 부족한 지역에서는 뚱뚱한 여성을 선호하는데요. 식량이 풍족한 지역에서는 날씬한 여성을 선호한다고 해요. 식량이 얼마나 풍족한 지역인지에 따라 체형이 연상시키는 여성의 건강 정도와 사회적 지위가 다르기 때문이라 보시면 될 것 같습니다.

한 가지 재미있는 점은 배란기가 온 여성과 배란기가 오지 않은 여성을 비교했을 때 배란기가 온 여성이 남성의 눈에는 더 매력적이라는 것입니다. 여성들은 배란기가 오면 피부에 광채가 나고 남성에게 매력을 주는 체취가 더 진해진다고 합니다. 여성들 역시 배란기 때 성욕이 절정에 이르다가 배란기가 끝난 후에는 성욕이 감퇴하는 경향을 보이죠.

왜 이러한 현상이 발생하는 걸까요? 배란기는 난자가 자궁으로 배란되어 임신이 가능한 시기인데요. 배란기의 여성을 남성에게 더 매력적으로 보이게 하고 성욕을 강하게 하면 임신할 확률을 더욱 높일 수 있기 때문입니다. 실제로 과학자들이 클럽에서 일하는 여성들을 대상으로 통계를 냈는데, 배란기일 때 평소보다 유독 많은 팁을 받았다고 합니다. 남성들이 매력적이라고 느껴지는 배란기의 여성에게 더욱 많은 팁을 줬기 때문에 이러한 현상이 나타난 것이죠.

자녀를 함께 잘 길러줄 남성을 원한다! 여성의 배우자 선택

여성은 남성과는 반대로 자기보다 나이가 좀 더 많은 배우자를 선호합니다. 나이가 많은 남성일수록 높은 지위에 올라있는 경우가 많거든요. 높은 지위에 있는 남편을 가진 아내일수록 더욱 안전한 환경에서 살 수 있고 육아에도 유리하니까요. 게다가 여성은 키가 크고 근육이 많은 남성을 매력적으로 느끼는 경향도 있는데요. 이런 남성이 배우자와 자녀를 각종 위험 요인으로부터 보호해 줄 만한 강한 힘을 가지고 있기 때문입니다.

또한, 여성은 재산이 많은 남성에게 더욱 끌리는 경향도 있습니다. 침팬지, 원숭이와 같은 영장류와 비교해도 사람에게 유독 두드러지는 현상 중 하나인데요. 이러한 현상은 우리 인류가 오래전부터 남성이 여성에게 일방적으로 식량을 제공해주는 생활사를 가지고 있었던 것과 관련이 있

여성에게 이상적인 남성 배우자

습니다. 많은 재산을 가진 남성을 만난 여성일수록 풍족하게 식량을 섭취하고 많은 자손을 낳을 수 있었을 테니까요. 실제로 현대 사회에서도 이러한 현상은 크게 바뀌지 않죠.

한편 남성에게는 자신의 재산을 여성들에게 보여주거나 과장하는 과시욕이 생겨나기도 했습니다. 많은 재산을 보유하고 있다는 것을 많은 사람 앞에서 최대한 보여줘야 여성들이 자신에게 매력을 느낄 테니까요. 실제로 여성이 남성 앞에서 재산을 과시하는 경우는 거의 없지만, 남성이 여성 앞에서 재산을 과시하는 경우는 쉽게 볼 수 있습니다.

그런데 여기서 한 가지 짚고 넘어가야 할 중요한 사실이 있습니다. 남성이 아무리 재산이 많아도 그것을 아내나 자식에게 투자하지 않는 사람이라면 여성의 선택을 받기 어려워질 수 있다는 것입니다. 실제로 여성은 남성보다 배우자가 될 사람이 태도를 더욱 세심하게 관찰하는 경향이 있는데요. 만약 배우자와 자식에게 헌신할 수 있는 사람이라는 것이 느껴지면 재산이 많지 않거나 키가 작고 근육량이 적은 남성에게도 결혼 상대로

남성의 허세는 진화의 산물!

큰 매력을 느낀다고 합니다.

특히 여성이 남성에게 꾸준히 사랑과 애정을 받고 있다고 느낄 때, 어려운 일이 있어서 도움을 받을 때, 정성 가득한 선물을 받았을 때 여성은 그러한 남성을 앞으로의 인생을 함께할 배우자로 여기게 됩니다. 남성의 이런 행동들이 여성에게는 배우자와 자녀에게 헌신할 사람으로 보이는 것이죠.

여성은 남성이 얼마나 다정다감한 사람인지도 중요하게 생각하는데요. 특히 여성이 남성의 다정다감함을 가장 강하게 느낄 때가 바로 남성이 아이들에게 호감을 보이는 모습을 접했을 때입니다. 어린이집에서 아이들과 함께 즐겁게 어울릴 때, 어려운 상황에 놓인 아이를 도와주었을 때 등이 대표적이겠네요. 여성들은 아이를 싫어하거나 함부로 대하는 남성에게 매력을 느끼기 어렵답니다. 이런 배우자와 결혼하면 남편의 도움 없이 혼자 자녀를 키워야 할 테니까요.

사람은 스스로 약해지는 길을 택했다!

사람의 자기 가축화

양 떼가 단결하면
사자도 배고픈 채로 잠을 자게 된다.
- 하우사족 속담 -

가축이란 사람들의 관심 아래 꾸준한 교배와 교잡을 통해 유전적으로 개량된 야생 동물들을 말합니다. 가축화된 동물은 생존에 유리한지 불리한지와는 전혀 상관없이 오직 사람들에게 필요한 부분만 개량되는데요. 이로 인해 야생에서는 살아가기 힘들어지고 오직 사람의 손이 닿는 곳에서만 살 수 있는 상태가 되어버리죠.

그렇다면 자기 가축화란 무엇일까요? 자기 가축화는 에곤 폰 아이크슈테트(Egon von Eickstedt)라는 독일의 인류학자가 사용하기 시작한 용어입니다. 사람이 인위적으로 개량을 시도하지 않았는데도 가축화된 동물에게 일어나는 현상이 동물에게 그대로 일어나는 것을 말하죠. 인류 또한 아주 오래전부터 가축에게서 일어나는 가축화와 비슷한 변화가 일어났으며 지금도 일어나고 있다고 알려져 있습니다. 이를 사람의 자기 가축화라고 부르지요.

우리 사람은 다른 동물들을 가축화해서 생활에 필요한 각종 자원을 얻는 고등한 생물입니다. 우리가 섭취하는 소고기, 닭고기, 돼지고기도 모두 가축화된 동물로부터 나온 것이니까요. 그런 사람이 가축화되고 있다는 사실은 매우 황당하게 느껴집니다. 다른 동물들을 가축화시킬 수 있는 유일한 동물인 사람이 가축화되고 있다니 말입니다. 우리 인류에게 무슨 일이 벌어지고 있는 걸까요.

사람에게 도움이 되는 방향으로만 진화! 가축화란 무엇일까?

인류가 야생 동물을 가축화시키기 시작한 것은 지금으로부터 약 1만 년 전입니다. 가축은 우리 인류 문명에 처음 등장한 이후부터 인류의 물질문명과 문화 발달에 지대한 영향을 주었습니다. 풍성한 고기를 제공하여 인류의 허기를 해결해주었고 가죽을 제공하여 겨울을 따뜻하게 보낼 수 있도록 해주었습니다. 소와 같은 일부 가축들은 사람들의 육체적 노동을 대신 해주기도 하면서 불의 사용과 함께 인류를 보다 진보된 사회로 이끄는 데 결정적인 역할을 했다는 평가를 받지요.

하지만 가축화는 어디까지나 우리 인류에게만 유리한 방향으로 변화를 이끌어왔을 뿐이었습니다. 오히려 다른 야생 동물들의 퇴보를 불러왔거든요. 야생 생물들은 원래부터 험난한 야생 환경에서 계속 살아왔기 때문에 혼자 힘으로 스스로 살아남을 수 있는 강한 생존력과 활동능력을 갖추고 있습니다. 반면 가축들은 태어날 때부터 사람으로부터 생존에 필요한 모든 것들을 공급받으며 살아왔기에 독립적인 활동능력을 갖추고 있지 않습니다.

이러한 현상이 여러 세대를 거쳐 오랜 세월 동안 계속되면 자연 상태에서는 도태되어야 할 생존에 불리한 유전 형질이 세대를 거칠수록 번성하는 현상이 일어나기도 합니다. 또한, 생존에 불리하더라도 가축을 키우는 사람들에게 꼭 필요한 유전 형질이라면 사라지지 않기도 하죠. 예를 들어 성질이 온순해진다거나, 살이 많아지고 체격이 대형화되는 것이 대표적입니다. 성질이 온순해질수록 사람들이 다루기 쉬워지고, 체격이 대형화될수록 더 많은 고기를 얻을 수 있을 테니까요.

　가축들이 생존에 필요한 모든 것들을 사람에게 의존하는 경향이 강할 수밖에 없는 이유가 바로 여기에 있습니다. 만약 가축들이 사람들의 품에서 벗어나 험난한 야생 환경으로 떨어지면 먹이도, 안식처도, 이성의 짝도 구하지 못하고 얼마 안 돼 죽습니다. 가축들을 야생 생물들과 같은 환경에서 경쟁시키면 생존경쟁에서 지는 쪽은 가축들일 수밖에 없거든요. 야생 동물들은 생존에 유리한 방향으로 진화했다면 가축들은 우리 사람들에게 도움이 되는 방향으로만 진화했기 때문이죠.

야생토끼들은 애완토끼를 싫어해

가축화가 이루어진 대표적인 동물이 바로 돼지와 소, 개입니다. 야생 돼지인 멧돼지는 체구는 다소 작지만, 털이 매우 길고 엄니가 날카로워 사냥에 유리합니다. 하지만 돼지고기 생산을 위해 길러지는 식용돼지는 가축화되었기 때문에 체구가 상당히 크고 먹을 수 있는 부위도 훨씬 많죠. 소의 조상인 오록스도 마찬가지인데요. 오록스는 코뿔소와 크기가 거의 비슷할 정도로 크기가 컸고 긴 다리와 날카로운 뿔을 가지고 있었다고 알려져 있습니다. 하지만 소고기 생산을 위해 길러지는 소는 사람이 다루기 적절한 크기를 갖고 있고, 사람에게 위협적일 만한 뿔과 긴 다리를 가지고 있지 않죠.

동물 중에서 사람들과 가장 좋은 관계를 형성하는 동물인 개도 알고 보면 늑대로부터 가축화된 동물입니다. 실제로 생물학적으로는 늑대와 개가 같은 종으로 분류되어 있죠. 늑대는 사람에게 굉장히 사납지만 개는 사람에게 의존적이고 때로는 협력한다는 점에서 상당히 다르다는 것을 알 수 있습니다.

전쟁과 다툼은 그만! 야생에서 일어나는 자기 가축화

우리 사람이 동물을 인위적으로 개량하는 행위를 가축화라고 합니다. 반면 인위적으로 개량을 시도하지 않았음에도 야생 상태에서 가축화된 동물에게 일어나는 현상과 비슷한 현상이 일어나는 것을 자기 가축화라고 합니다. 지금까지 연구된 바에 따르면, 자기 가축화가 일어난 동물들은 약 10여 종 정도입니다. 이 중 보노보, 점박이하이에나, 알락꼬리원숭이가 가장 유명하죠.

보노보

　보노보(Bonobo)는 침팬지와 외모가 거의 비슷한 유인원인데요. 자기 가축화 과정에서 온순해진 침팬지가 되었다고 보시면 될 것 같습니다. 침팬지는 우두머리 수컷이 암컷 여러 마리를 거느리는 계급 사회를 형성하여 살아갑니다. 침팬지 수컷들은 서로 우두머리 자리를 차지하기 위해 항상 목숨을 건 치열한 싸움을 벌이죠. 만약 우두머리 수컷이 다른 수컷에게 우두머리 자리를 빼앗기면 새롭게 우두머리의 자리를 차지한 수컷이 암컷이 키우던 새끼를 죽이는 일도 흔합니다. 이처럼 침팬지들은 공격성이 매우 높고 집단 내에서 전쟁이 끊이질 않습니다.

　반면 보노보는 침팬지와 생김새만 유사할 뿐 공격성은 매우 낮습니다. 자세히 관찰해보면 신체적인 차이도 있는데요. 침팬지보다 골격과 송곳니가 작고, 누개골의 용적량도 적은 편이라고 합니다. 대신 침팬지보다 훨씬 평화로운 사회를 형성하며 살아갑니다. 물론 서열이 존재하기는 하지만, 서열 싸움을 공격적이고 폭력적인 방법으로 해결하려 하지 않는답니다. 예를 들어, 먹이를 눈앞에 두고 서로 다툼이 벌어지면 이들은 서로 섹스를 해서 갈등을 끝내고 먹이를 사이좋게 나눠 먹는다고 합니다. 섹스의 상대가 이성이든 동성이든 상관없이 말이죠.

화해의 방법이 섹스라는 점이 상당히 특이하게 느껴질 수 있는데요. 침팬지처럼 갈등하는 과정에서 전쟁, 싸움이 일어나거나 개체가 사망하는 일이 발생하지 않는답니다. 암컷들은 어미를 잃은 새끼를 발견했을 경우 집단 내로 데려가서 지극정성으로 키우는 모습을 보이기도 하지요. 보살핌이 필요한 어린 보노보라면 자신의 유전자를 물려받지 않은 개체라도 키우는 겁니다. 게다가 공감 능력도 다른 유인원에 비해 월등하게 높아서 상대방의 고통이나 걱정을 잘 인지한다고 합니다.

보노보에게 이러한 현상이 일어난 이유는 무엇일까요? 오랜 진화를 거치면서 암컷들이 공격성이 낮은 수컷을 선호했기 때문입니다. 그렇게 공격성이 낮은 수컷일수록 번식할 확률이 높아지면서 공격성이 적은 새끼들이 태어나고 번식을 반복하여 지금에 이른 것입니다. 사람이 인위적으로 개량하려고 시도하지도 않았는데 공격성이 낮아진 대표적인 자기 가축화의 사례랍니다. 마치 늑대가 사람에 의해 개로 가축화되면서 공격성이 줄어든 것과 유사하죠.

높은 공격성과 튼튼한 골격보다 중요한 것은? 사람의 자기 가축화

미국 듀크대학교의 브라이언 헤어(Brian hare) 교수는 자기 가축화가 이루어진 동물에게서 나타나는 신체 변화와 행동 변화가 사람에게도 나타난다고 주장했습니다. 그리고 이를 사람의 자기 가축화 가설(Human

Self-Domestication Hypothesis)이라고 불렀죠. 자기 가축화 과정에서 공격성이 적고 평화로운 사회를 형성하게 된 보노보와 유사한 점이 많습니다.

그렇다면 자기 가축화가 일어나기 전후의 인류는 얼마나 차이가 있을까요? 300만 년 전부터 7만 년 전까지의 원시 인류들과 현대 인류를 비교했을 때 가장 두드러지게 보이는 차이점은 공격성과 골격입니다. 과학자들이 과거 인류들의 화석을 분석해본 결과, 과거 인류들은 현대 인류보다 남성호르몬인 안드로젠과 테스토스테론의 수치가 훨씬 높았다는 것이 밝혀졌습니다.

과거 인류의 화석으로부터 호르몬 수치를 어떻게 알 수 있냐고요? 화석의 생김새를 보면 됩니다. 태아는 모체의 자궁 속에 있을 때 남성호르몬의 영향을 많이 받았을수록 손가락의 검지가 약지보다 짧아지는 경향이 있는데요. 과거 인류의 화석을 살펴보면 현생 인류보다 검지가 더욱 짧습니다. 또한, 남성호르몬이 많이 분비되는 사람일수록 얼굴의 세로 길이가 짧아지고 눈 위쪽의 뼈가 튀어나오는데요. 과거 인류는 현대 인류보다 얼굴의 세로 길이가 짧고 눈 위쪽의 뼈가 튀어나왔답니다.

남성호르몬으로 공격성과 골격의 정도를 판단하는 이유는 남성호르몬의 분비량이 많은 사람일수록 근육량이 많고 골격이 튼튼하게 발달해 있으며, 골밀도가 높기 때문입니다. 생김새뿐 아니라 성격과 성향에도 영향을 미치는데요. 경쟁적인 성격을 띠게 하며, 무모하다 싶을 정도의 위험이나 고통, 공포에 대한 감수성을 줄인다고 합니다. 실제로 수컷 침팬지들에게 남성호르몬을 주입하면 자신의 서열 아래에 있는 침팬지들을 더

인류학자의 잘못된 처방

욱 공격적으로 대한다는 연구결과도 있답니다.

그렇다면 사람에게 왜 자기 가축화 현상이 일어났는지 궁금하실 것 같습니다. 이유는 보노보와 같아요. 보노보가 자기 가축화 과정에서 공격성이 줄어들고 평화로운 사회를 형성하게 된 것처럼 사람 또한 남성호르몬의 감소로 공격성이 줄어들고 사회성이 증가했습니다. 무엇보다도 공격성이 감소하면서 같은 사람들끼리 공격하거나 싸우는 일이 현저히 줄어들었죠. 대신 집단을 이루면서 서로 협력하며 사냥하기도 하고 어려운 일이 있으면 돕거나 음식을 나누어 먹기도 했습니다.

언뜻 봤을 때 높은 공격성과 튼튼한 골격을 갖추고 있다면 생존에 크게 도움이 되었을 것 같은데요. 생각보다 생존에 큰 도움이 되지 않았을 것으로 추정되고 있습니다. 공격성이 낮고 골격이 다소 덜 발달해도 높은 사회성을 가지고 협력하며 살아가는 것이 생존에 더 유리했을 것이라고 해요. 이게 우리 인류에게 자기 가축화 현상이 일어난 이유랍니다. 또한, 여성들이 공격성이 낮은 남성을 선호했고, 그 결과 공격성이 낮을수록 번식에 성공할 확률이 높았던 것도 인류의 자기 가축화에 영향을 미쳤을 것으로 추정되고 있습니다.

우리 인류의 생존과 번영에 있어 사회성이 얼마나 중요한 것인지 자기 가축화 현상을 통해 다시 한번 되새기게 되네요. 세상 어디에 떨어뜨려도 살아남을 수 있을 만한 튼튼한 몸 또는 서로 더불어 살아갈 수 있는 사회성. 사람은 진화 과정에서 이 두 가지 선택지 중 사회성을 선택했습니다. 만약 여러분이 둘 중에 오직 하나만을 선택할 수 있다면 무엇을 선택할 건가요?

천재의 뇌는 일반인과 다를까?

사람의 지능과 천재성

사람의 사고보다 활동적인 것은 없다.
왜냐하면 우주를 넘어 여행하기 때문이다.
- 탈레스 (그리스의 철학자) -

선천적으로 뛰어난 지능이나 재능을 가진 사람을 천재라고 부릅니다. 5살이라는 어린 나이에 곡을 작곡한 모차르트, 현대 물리학의 발전에 지대한 영향을 끼친 아인슈타인, 28살 때부터 그림 그리기를 시작해 37살에 요절하기까지 1200점의 그림을 그린 빈센트 반 고흐. 이들이 바로 천재라고 불리는 사람들이죠. 이런 사람들의 업적 덕분에 현재 인류는 과학, 기술, 문학, 예술, 철학과 같은 학문 분야를 발전시키고, 더욱 풍성하고 윤택한 삶을 누릴 수 있게 되었습니다.

천재까지는 아니더라도 특정 분야에 월등한 실력을 보이거나 암기력과 이해력이 남다른 사람들도 주위에서 쉽게 볼 수 있습니다. 다른 사람들보다 적은 노력을 하는 것 같은데도 높은 성과를 내는 이들을 볼 때마다, 많은 사람은 이들을 부러워하기 마련입니다. 그렇다면 이렇게 높은 지능을 가진 사람들은 그렇지 않은 사람들과 과연 무엇이 다른 것일까요?

똑똑할수록 머리가 크지는 않을걸! 예외를 살펴보자!

머리가 크면 지능이 높을 것이라 여기는 분들이 생각보다 많은 것 같습니다. 왜 그렇게 생각하냐고 물으면, 머리가 커서 그만큼 뇌의 물리적 용량이 클 거라고 답합니다.

실제로 인류의 진화 과정을 살펴보면 머리가 클수록 지능이 높다는 말은 사실처럼 보입니다. 오스트랄로피테쿠스는 뇌 용량이 현재 유인원보다 다소 많은 정도인 500cc에 불과했지만, 오스트랄로피테쿠스 다음으로 등장한 호모 하빌리스는 뇌 용량이 500~700cc까지 증가했고, 이후에 등장한 호모 에렉투스는 1000cc까지 뇌 용량이 증가해 현재와 같이 1350cc에 이른 것으로 알려져 있는데요. 이러한 진화 과정에서 인류의 문화와 생활 수준도 더불어 발전했거든요. 사냥 도구를 발명하여 정교하게 사용할 수 있게 되고, 불을 이용해 음식을 구워 먹기도 하고, 가축을 기르거나 움집을 짓는 식으로 말이죠.

여기까지만 보면 머리가 클수록 지능이 높은 사람이라는 것은 부정할 수 없는 사실인 것으로 보입니다. 하지만 2003년에 인도네시아의 플로레스 섬에서 호모 플로레시엔시스(Homo floresiensis)라고 불리는 구인류의 화석이 발견되면서 뇌 용량이 클수록 지능이 높다는 사실이 꼭 맞는 것은 아니라는 주장이 과학자들 사이에서 힘을 얻기 시작했습니다.

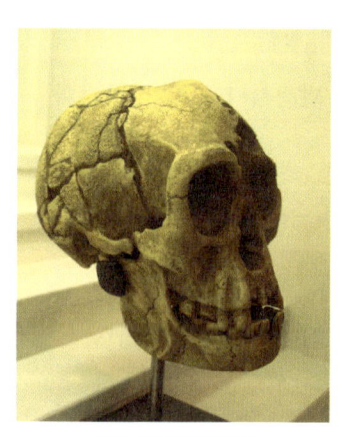

호모 플로레시엔시스

플로레스 섬에서 발견된 호모 플로레시엔

머리 크기와 성적은 별개!

시스는 침팬지와 비슷한 1m의 작은 체구에 뇌 용량 역시 침팬지와 거의 유사한 400cc에 불과합니다. 체구 대비 뇌 용량만 놓고 보면, 호모 플로레시엔스의 지능은 침팬지와 거의 비슷해야 하는데요. 놀랍게도 호모 플로레시엔스의 화석이 발견된 곳 주변에는 정교한 사냥 도구들이나 채집 도구들이 많이 발견되었다고 합니다. 현재 과학자들은 이러한 흔적들을 근거로 호모 플로레시엔스의 지능이 꽤 높았을 거라 주장합니다. 400cc의 매우 적은 뇌 용량에도 불구하고 말이죠.

아인슈타인의 뇌 용량도 현생인류 평균인 1350cc에 비해 적었던 1230cc였다는 사실이 밝혀졌는데요. 이 또한 머리의 크기와 지능은 비례하지 않음을 증명하는 사례입니다. 아인슈타인은 뇌 용량이 현생인류 평균에 미치지 못했고 머리 크기 역시 일반인보다 작은 편에 속했습니다. 하지만 아인슈타인은 모두가 알다시피 세계 최고의 천재이자 인류의 과학 발전에 무한한 가능성을 열어준 과학자로 잘 알려져 있죠.

물론 우리 인류의 지능은 뇌 용적량이 커지면서 지금에 다다른 것이기에 머리 크기와 지능의 관계를 아예 무시할 수는 없는데요. 호모 플로레시엔시스와 아인슈타인과 같은 예외적인 사례들이 있다는 것은 지능을 결정짓는 더욱 중요한 원인이 있다는 것을 의미했습니다.

대뇌피질이 지능을 결정한다! 아인슈타인이 천재였던 이유

아인슈타인의 업적이 워낙 위대하다 보니, 아인슈타인의 뇌는 과학자들에게 초미의 관심사 중 하나였습니다. 그래서 아인슈타인은 사후 자신의 뇌를 연구용으로 기증하기로 했습니다. 그렇게 아인슈타인이 사망한 이후, 프린스턴 병원의 병리학자인 토머스 하비는 아인슈타인의 뇌를 여러 조각으로 자르고 사진을 찍어 전 세계의 과학자들에게 배포했습니다. 아인슈타인 뇌 연구가 활발하게 이루어질 수 있도록 말이죠.

아인슈타인 뇌의 가장 큰 특징은 바로 많은 주름이 곳곳에 형성되어 있다는 것이었습니다. 특히 사람의 대뇌 바깥쪽에 위치하며 의식, 기억, 사고 등의 고차원적인 기능을 담당하는 대뇌피질에는 일반인에게서 거의 찾아보기 힘든 많은 양의 주름이 형성되어 있었다고 하는데요. 놀랍게도 아인슈타인이 다른 사람들보다 더욱 지능이 높았던 이유는 바로 이 주름 때문이었습니다. 그렇다면 아인슈타인의 대뇌피질 주름과 천재적인 지능 사이에는 무슨 관계가 있는 걸까요?

이것은 라면 사리를 예로 들면 이해하기 쉽습니다. 시중에 파는 라면 사리들을 보면 꼬불꼬불한 면발로 이루어져 있는 경우가 대부분이죠. 면발을 꼬불꼬불하게 하면 표면적이 넓어져서 한정된 공간에 더욱 많은 양의 면발을 담을 수 있거든요.

대뇌피질의 주름도 라면 사리와 같습니다. 대뇌피질에 주름이 많으면 많을수록 표면적이 그만큼 넓어질 텐데요. 이렇게 표면적이 넓어질수록 대뇌피질 층이 전체 대뇌에서 차지하는 양은 많아집니다. 대뇌피질이 의식, 기억, 사고와 같은 고차원적인 기능을 담당한다는 것을 생각해 보면, 대뇌피질 층이 전체 대뇌에서 차지하는 양이 많을수록 지능이 높아진다고 예상할 수 있겠죠.

아인슈타인

실제로 대뇌피질 층이 두꺼운 사람일수록 대체로 지능지수(IQ)가 높다고 알려져 있습니다. 물론 지능이라는 것은 워낙 복잡하고 다채로운 현상이기 때문에 지능지수 하나만으로 사람의 지능을 판단하긴 어려울 수도 있는데요. 과학자

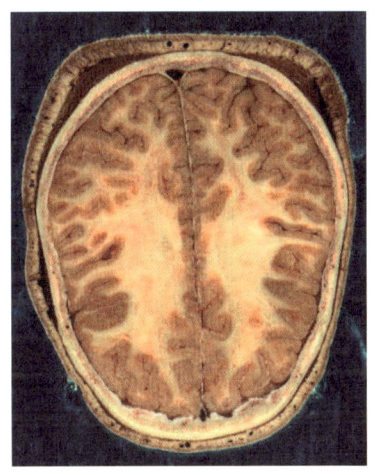

대뇌 피질 (붉은색 부분)

들은 아인슈타인의 대뇌피질에 있는 많은 양의 주름 덕분에 아인슈타인이 천재적인 재능을 발휘할 수 있었을 거라고 말합니다.

하지만 이러한 주장이 말도 안 된다고 주장하는 과학자들도 상당히 많습니다. 사람의 사고와 기억은 신경계의 정보전달이 얼마나 활발하냐에 따라 수준이 결정되는데, 단순히 대뇌피질의 물리적인 양이 많은 것과 두뇌가 뛰어난 것은 아무런 상관이 없다는 것입니다.

대뇌피질

대뇌의 바깥쪽에 위치하며, 고차원적인 사고를 담당하는 부위입니다. 전두엽, 후두엽, 두정엽, 측두엽으로 나뉘죠. 전두엽은 기억력과 사고력을, 두정엽은 공간 및 계산적 사고를, 후두엽은 시각적인 사고를, 측두엽은 청각적인 사고를 담당합니다. 아인슈타인은 대뇌피질 중에서도 공간 및 계산적 사고에 관여하는 두정엽이 일반인보다 15% 이상 넓었다고 합니다.

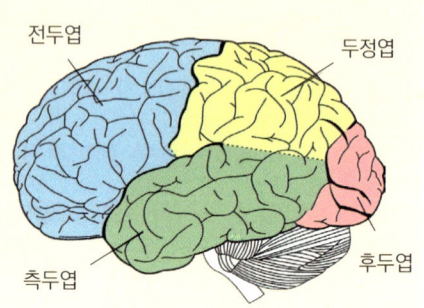

대뇌피질의 구조

이런 이유로, 아인슈타인의 뇌와 지능의 상관관계에 대한 논란은 지금까지도 계속되고 있습니다. 게다가 아인슈타인이 선천적으로 뛰어난 두뇌를 가졌던 덕분에 원래부터 지능이 높았던 것인지, 아니면 다양한 실험과 연구를 지속하는 과정에서 두뇌가 변해 지능이 높아진 것인지조차도 불확실합니다. 연구의 대상이 된 아인슈타인의 뇌는 아인슈타인이 젊었을 당시의 뇌가 아니라, 아인슈타인이 업적을 이루고 죽은 이후의 뇌이니까요.

이처럼 현재 과학자들은 뇌의 형태와 지능 사이의 관계를 아직 명확하게 설명하지 못하고 있습니다. 그냥 아인슈타인의 뇌가 일반인의 뇌와 다르게 주름이 많았다는 사실을 발견하고, 여기로부터 몇 가지 사실을 추측하고 있을 뿐이죠. 아인슈타인은 일정 이상의 높은 지능을 갖고 태어나서 꾸준한 공부와 연구를 통해 두뇌를 더욱 발전시켰을 것이라고 막연하게 예상해 보기도 하고요. 실제로 아인슈타인의 부모들은 아인슈타인의 교육에 굉장히 열정적이었다고 전해지고 있습니다.

중요한 것은 노력? 지능은 환경인가 유전인가에 대한 논쟁

사람의 지능 수준이나 천재성은 어떻게 만들어질까요? 환경적인 요인과 같이 후천적인 것들이 더 큰 영향을 미칠까요, 아니면 유전적인 요인과 같이 선천적인 것이 더 큰 영향을 미칠까요? 과학자들은 이와 관련된 연구를 오래전부터 진행해 왔습니다.

가장 대표적인 연구가 바로 일란성 쌍둥이 연구입니다. 일란성 쌍둥이의 유전자는 서로 100% 일치하기 때문에 서로 다른 환경에서 자란 일란성 쌍둥이를 비교하면 환경적인 요인이 얼마나 지능에 영향을 미치는지 추측해볼 수 있습니다. 실제로 이러한 연구를 했던 과학자들이 있는데요. 연구결과를 보니 놀랍게도 같은 일란성 쌍둥이들끼리는 대체로 학력과 지능이 비슷했다고 합니다.

하지만 모든 연구에서 유전적인 요인이 더 큰 영향을 미친다는 결과가 나왔던 것은 아닙니다. 현대인들의 평균적인 지능지수는 몇 년 전에 살았던 사람의 평균적인 지능지수보다 높은 경향이 있는데요. 과학자들은 이러한 이유로 공교육의 확대, 각종 매체에 의한 정보 교류의 활성화와 같은 환경적 요인을 꼽기도 합니다.

유전적인 요인을 주목하여 관련된 유전자를 찾아내는 연구를 진행 중인 연구소도 있습니다. 대표적인 곳이 바로 중국의 BGI(Beijing

사람의 지능은 미지의 세계

Genome Institute, 베이징 유전자 연구소)입니다. BGI의 연구진들은 2013년부터 IQ 상위 2%의 영재 2000여 명의 DNA를 분석하여 지능 유전자를 탐색하기 위해 활발한 연구를 해오고 있습니다. BGI의 슈퍼컴퓨터들은 지금까지도 수학 영재들의 DNA를 분석하느라 끊임없이 작동하고 있죠. 만약 연구가 성공한다면 태아의 지능을 조기에 예측해서 재능을 극대화할 수 있도록 돕고, 학습장애가 있는 아이들을 조기에 교정할 수 있을 거라고 합니다.

하지만 BGI의 프로젝트는 지금까지도 이렇다 할 성과를 내지 못하고 있습니다. 실제로 과학자들은 영재 2000명 정도의 DNA만으로는 지능에 관여하는 유전자를 찾아내는 것이 절대로 불가능하다고 주장합니다. 사람의 지능에 관여하는 유전자의 수가 워낙 많고 복잡할 것이라고 예상되기든요.

확실한 것은 단 하나뿐입니다. 환경적인 요인과 유전적인 요인 모두 지능에 중요하다는 것입니다. 실제로 어떤 연구에서는 유전적인 요인이 중요하다고 말하고, 다른 연구에서는 환경적인 요인이 중요하다고 말하니까요.

물론 유전적으로 지능이 높거나 천재적인 수준이면 지식을 다른 사람보다 훨씬 빠르게 습득할 수 있습니다. 하지만 아무리 지능이 뛰어나도 지식을 습득하려는 노력의 과정이 없으면 지능을 발휘할 수 없다는 것은 명백한 사실입니다. 이건 달리 말하면, 지능이 일반적인 수준이거나 조금 낮은 수준의 사람도 꾸준한 노력으로 높은 수준의 지능을 발휘할 수 있다는 의미이기도 합니다. 이는 많은 위인의 사례에서 충분히 증명됐죠. 모든 위인이 지능이 높았던 것은 아니니까요. 여러분의 지능이 유전적으로 뛰어나지 않다고 해서 좌절할 필요는 없다는 겁니다.

우리 사회에는 다양한 지능을 가진 사람들이 살아가고 있습니다. 천재라고 불리며 매우 높은 지능을 가진 사람에서부터 그렇지 못한 사람들까지 말이죠. 그렇다면 높은 지능을 가진 사람들과 이와 관련된 유전적인 요인에 집중하는 것보다는 이들 모두가 최적의 능력을 발휘할 방법, 즉 환경적 요인을 연구하는 것이 더 옳지 않을까요?

오늘날에는 유전적인 요인보다는 교육적 요인과 사회적 요인이 지능에 미치는 영향을 연구하는 것이 더 중요시되어야 한다고 생각합니다. 이를 통해 다양한 지능을 가진 사람들에게 적절한 환경과 교육을 제공해 줄 방법을 꾸준히 찾고 고민해야겠지요.

그럼에도 저는 당신을 사랑합니다!

사람의 동성애

여성과 동침을 하면 육신을 낳지만,
남성과 동침을 하면 마음의 생명을 낳는다.
- 플라톤 (그리스의 철학자) -

    자신과 같은 성을 가진 사람에게 사랑의 감정을 느끼는 사람들을 동성애자라고 합니다. 그리고 자신과 다른 성을 가진 사람에게 사랑을 느끼는 사람은 이성애자, 이성과 동성 모두에게 사랑을 느끼는 사람을 양성애자라고 부르지요. 우리 사회에는 이성애자가 가장 많은 비율을 차지하고 있어서 양성애자와 동성애자들을 성소수자 또는 한자 다를 이(異) 자를 써서 이반이라고 하지요. 그리고 남성 동성애자를 게이, 여성 동성애자들을 레즈비언이라고 합니다.

    오래전부터 동성애에 대한 사회의 시선은 그리 좋지 않았습니다. 특히 우리나라는 보수적인 생활관에 오랫동안 지배받으며 살아왔고, 성문화는 단지 자손을 번창시키기 위해 하는 것으로 여겨져 왔습니다. 남성과 여성의 성 역할 또한 극명하게 분리되어 있었으므로 동성끼리 서로 사랑하고 결혼까지 한다는 것은 아예 상상조차도 할 수 없었지요.

서구 국가들도 마찬가지였습니다. 동성애는 종족 번식과는 무관한 음란한 행위라는 인식이 다수였기에 혐오의 대상으로 여겨졌고 동성애자들을 사형시키기는 일도 흔했죠. 최근에 이르러서야 네덜란드를 시작으로 일부 국가들이 동성애자들을 사회에 수용하고 동성결혼을 합법화하고 있답니다.

그렇다면 생물학자들은 동성애를 어떠한 시선으로 바라보고 있을까요? 여러분은 동성애자들이 존재하는 생물학적인 이유가 무엇인가에 대해 생각해 본 적 있나요? 동성애자는 자녀를 낳는 것이 불가능하기에, 동성애자의 존재는 다소 아이러니하게 느껴집니다. 자연선택의 관점에서 보면 동성애자는 번식 참여가 어려우므로 동성애자 형질이 세대를 거쳐 사라질 수밖에 없는 것처럼 보이거든요. 생물학자들과 정신의학자들은 이와 관련된 연구를 비교적 최근 들어서야 하기 시작했답니다.

동성애는 자연스러운 현상! 동성애가 생겨나는 이유는?

여러분은 동성애가 오직 우리 사람들에게만 나타나는 현상이라고 생각하시나요? 그렇지 않습니다. 알고 보면 동성애는 동물의 세계에서도 매우 흔하게 볼 수 있는 현상이거든요.

동물의 동성애를 연구한 학자도 있는데요. 바로 미국의 동물학자 부르스 바게밀(Bruce Bagemihl) 입니다. 그는 갈매기, 고릴라, 펭귄, 양 등 470여 종 이상의 동물들이 동성애를 한다는 사실을 밝혀냈습니다. 심지어는 암컷과 수컷 상관없이, 나이도 상관없이 말이죠.

이 중 부르스 바게밀이 가장 비중 있게 연구했던 동물이 바로 서부갈매

서부갈매기

기입니다. 미국 캘리포니아주에 서식하는 갈매기의 일종인 서부갈매기는 무려 암컷의 14%가 레즈비언입니다. 서부갈매기들은 번식을 위해서 수컷과 짝짓기를 하고, 짝짓기를 마치고 나면 동성의 암컷과 둥지를 틀고 알과 새끼들을 돌본다고 알려져 있죠. 수컷의 수가 암컷의 수보다 적다 보니 모든 수컷이 암컷과 알과 새끼를 돌볼 수 없는 데다가, 암컷 혼자서는 알과 새끼를 돌보기 어려워서 다른 암컷과 둥지를 틀고 서로의 알과 새끼를 돌본다고 합니다.

갈매기와 더불어 동성애와 관련하여 가장 활발한 연구가 이루어진 동물 중 하나는 돌고래입니다. 돌고래들이 동성애를 하는 이유는 주로 수컷들 간에 돈독한 유대관계를 형성하기 위해서라고 알려져 있습니다. 수컷들이 서로 싸우지 않고 같은 집단 내에서 사이좋게 지내는 것이 개체 유지에 도움이 되거든요. 특히 아마존강돌고래의 경우 세 마리 이상의 수컷 돌고래들이 그룹을 지어 서로 섹스를 하는 독특한 생활사를 가지고 있습니다. 그룹에는 때때로 암컷 돌고래가 포함되는 경우도 쉽게 관찰할 수 있다고 해요.

사람과 유선석으로 가상 가깝고 유사하다고 알려진 유인원도 동성애를 합니다. 대표적인 종이 바로 보노보입니다. 보노보는 90%에 달하는 개체가 이성애와 함께 동성애를 하는 것으로 알려져 있습니다. 동성애를 하는 동물 중에서 가장 비율이 높죠.

보노보가 동성애를 하는 이유는 생활사와 관련이 있습니다. 보노보는 수컷의 경우 자신이 태어난 무리에 평생 속해서 살지만, 암컷은 어느 정도 성장하면 무리를 떠나 새로운 무리에서 살게 되는요. 암컷은 새로운 무리에 소속되기 위해 동성이든 이성이든 상관없이 새로운 무리에 있는 다른 보노보와 섹스를 해서 자신을 소개합니다.

여기서 다가 아닙니다. 보노보는 무리 내에서 다툼이 일어나도 다툰 상대와 섹스를 해서 갈등을 해소하고 화해하죠. 이처럼 보노보들은 번식을 위해서라기보다 새로운 집단에 소속되기 위해, 또는 집단 내 화해와 협력을 위해 섹스를 하는 경우가 더 많습니다. 실제로 섹스는 자주 하지만 임신은 약 5년에 한 번 정도만 한다고 하네요.

사람의 경우 확실하지는 않지만 약 5~8% 정도가 동성애자인 것으로 추정되고 있습니다. 동성애에 대해 우호적인 국가일수록, 나이가 젊을수록 본인이 동성애자라고 답하는 비율이 증가하는 양상을 보입니다. 최근 통계를 보면 유럽은 6%, 미국은 4.5% 정도인 것으로 알려져 있습니다. 아직 동성애에 대한 시선이 그렇게 좋은 편은 아니다 보니 자신의 성적 지향을 숨기는 경우가 많으므로 동성애자의 비율은 더 높을 것으로 추정되고 있습니다.

그렇다면 사람은 왜 동성애를 할까요? 이와 관련해서는 여러 가지 가설이 존재합니다. 2009년 네덜란드에서 진행되었던 동성애 관련 연구에 따르면 동성애자 남성이 있는 친척들이 동성애자 남성이 없는 친척보다 자녀의 수가 더 많다는 결과가 있습니다. 동성애자 남성이 있는 친척들은

게이 커플

레즈비언 커플

어머니가 평균적으로 2.7명의 자녀를 낳았고 동성애자 남성이 없는 친척들은 2.3명의 자녀를 낳았다고 합니다.

동성애자 남성이 있는 친척과 그렇지 않은 친척의 자녀 수 차이가 확연히 드러나죠. 이러한 현상이 발생한 이유는 남성의 동성애 형질 발현에 영향을 미치는 유전자가 여성의 출산율을 높이는 데에도 관여하기 때문일 거라 추정되고 있습니다. 이 유전자의 존재는 여성의 출산율을 높이는 결과를 낳기에 집단의 번성에 도움이 되었고, 그 결과 진화 과정에서 사라지지 않고 지금까지 이어져 온 것으로 보입니다.

위의 가설만 보면 동성애가 도움이 되어서 존재한다기보다 여성의 출산율을 높이는 유전자를 존속하기 위해 어쩔 수 없이 존재하는 것이 되기 문에 논란의 소지가 있는데요. 미국의 사회생물학자 에드워드 윌슨은 이 이유 하나만이 전부가 아니었을 것이라 주장합니다. 동성애가 집단과 사회에 도움이 되었을 거라는 거죠.

그렇다면 동성애가 어떻게 집단과 사회에 도움이 되었을까요? 이는 원

아내를 지키는 동성애자 친구

시시대 인류의 생활사와 관련이 있습니다. 원시시대 사회에서는 남성이 사냥을 떠나고 여성만 남는 일이 흔했는데요. 문제는 이렇게 남아있게 된 여성들이 맹수의 침입을 받아 모두 목숨을 잃을 위험이 있었다는 겁니다. 그러므로 남성 몇 명은 꼭 여성들의 곁에 남아서 여성들을 보호해야 했습니다.

그런데 여기서도 문제가 발생합니다. 남성들이 여성들과 함께 있으면 배우자가 있는 여성을 범할 수도 있거든요. 이 문제를 해결할 수 있는 유일한 방법은 바로 동성애자 남성들만 여성들과 함께 남아서 여성들을 맹수로부터 보호하는 것뿐이었습니다. 동성애자 남성들이 여성들과 있으면 배우자가 있는 여성을 범할 일도 없는 데다, 보호까지 받으니 사냥을 떠난 남성들은 안심하고 사냥에 전념할 수 있었겠죠.

그 결과, 동성애자 남성이 있는 집단일수록 집단이 안정적일 수밖에 없었습니다. 여성의 생존율이 높아지고, 남성이 배우자가 있는 여성을 범하는 일도 현저히 적었을 테니까요. 물론 이 가설을 뒷받침할 만한 근거는 아직 많이 부족하고 동성애자 여성에 대한 설명은 전혀 하지 못하고 있는데요. 과학자들 사이에서는 꽤 높은 설득력을 얻고 있습니다. 에드워드 윌슨은 동성애는 생물학적으로 정상이며 인류사회에서 꽤 중요한 역할을 해왔을 것이라고 주장하는 생물학자 중 한 명입니다.

그렇다면 동성애 형질에 영향을 미치는 유전자에 대해서도 짚고 넘어가야겠죠? 일부 과학자들은 일란성 쌍둥이 두 명이 모두 동성애자일 확률을 통계적으로 연구했는데요. 10%~50%의 높은 확률로 일치했다고 합니다. 일란성 쌍둥이 두 명이 모두 동성애자일 확률이 형제자매 두 명이 모두 동성애자일 확률보다 훨씬 높으므로 동성애 성향에 영향을 미치는 유전자는 확실히 존재하는 것으로 보입니다.

하지만 오직 유전자와 같은 선천적인 요인만이 동성애 형질에 영향을 미치는 것은 아닌 것으로 보입니다. 만약 그렇다면 일란성 쌍둥이 두 명이 모두 동성애자일 확률이 100%에 근접해야겠죠. 아마 선천적인 요인과 함께 환경과 같은 후천적인 요인이 복합적으로 작용하여 동성애 형질을 결정짓는 것이 아닐까 싶습니다.

차별이 아니라 포용을! 동성애에 대한 우리의 자세

많은 연구를 통해 동성애가 사람뿐 아니라 동물에게도 존재하는 자연스러운 현상이라는 사실이 입증되었습니다. 또한, 사람에게 동성애가 존재하는 다양한 유전학적, 진화론적 근거들이 나오기도 했습니다. 하지만 아직도 동성애가 정신병이고, 이 사회에서 사라져야 한다고 주장하는 사람들이 많이 있는 것 같습니다.

HIV가 침입할 수가 없다!

　동성애를 반대하는 사람들이 동성애가 사라져야 한다고 주장하는 가장 큰 과학적 근거는 동성애자 남성들의 에이즈(AIDS) 감염률이 높다는 것입니다. 에이즈는 성관계 혹은 상처로 바이러스의 일종인 HIV가 다른 사람으로부터 전염되는 질병입니다. 이성 간의 성관계를 통해 HIV가 전염될 확률은 1% 이하이지만 상처를 통해 HIV가 전염될 확률은 훨씬 높다고 알려져 있죠.

　그렇다면 동성애자 남성들이 에이즈(AIDS) 감염률이 높은 이유는 무엇일까요? 이는 동성애자 남성들의 섹스와 관련이 있습니다. 남성 동성애자들은 성기를 항문으로 삽입하는 애널섹스를 하는데요. 문제는 항문 내벽에서 점액을 분비하지 않는다는 겁니다. 그러므로 섹스를 하는 과정에서 상처가 생기기 쉽습니다. 이렇게 생겨나는 상처 때문에 더욱 높은 확률로 HIV 감염이 일어날 수밖에 없었던 것이죠.

　하지만 청결한 상태에서 섹스하고, 피임기구인 콘돔을 사용한다면 에이즈 발병률은 현저히 감소합니다. 실제로 현대 들어 동성애자 남성의 콘

돔 사용으로 동성애자 남성들의 에이즈 감염 비율이 현저히 줄은 상태죠. 최근 들어서는 의학의 발달로 에이즈가 꾸준한 치료로 충분히 개선이 가능한 질병이 되기도 했고요.

그런데 동성애를 반대하는 사람들의 주장은 에이즈뿐이 아닙니다. 동성 부부 사이에서 자란 양아들이나 수양딸이 동성애자가 되기 쉽고, 자아 정체성에도 혼란을 겪게 될 것이라고 주장하는 사람들도 있습니다. 그런데 이는 동성 부부에게 길러진 자녀들이 그렇지 않은 자녀들과 아무런 차이 없이 잘 자란다는 것이 입증되면서 천천히 설득력을 잃어가고 있습니다. 친구들과의 교우관계에서도 이성 부부 사이에서 태어난 자녀와 차이를 보이지 않았다고 해요.

우리는 그동안 남녀끼리 사랑을 하고 결혼을 해서 자녀를 낳아 가족을 꾸리는 것을 당연하게 여기며 살아왔습니다. 아직도 많은 사회 구성원이 다양한 이유와 근거를 들어가면서 동성애를 반대하고 있는데요. 동성애를 받아들이기 어려워하는 가장 큰 이유는 바로 여기에 있다고 생각합니다. 쉽게 말해, 부자연스럽다고 느끼는 거죠. 게다가 이성애자보다 동성애자의 수가 훨씬 적고, 무엇보다 자녀를 낳아 기르는 것이 불가능하기도 하고요.

하지만 우리는 자녀를 낳아서 자신의 유전자를 후대에 전달하기 위해 살아가는 번식 기계가 아닙니다. 남녀 간의 사랑은 숭고한 생명을 탄생시키므로 신성한 사랑이고, 동성애는 그렇지 못하다고 해서 사랑이 아니라고 결론지어버릴 수는 없다고 생각합니다.

전 세계의 과학자들은 이미 동성애와 양성애를 이성애, 범성애, 무성애

등과 함께 사람이 가지는 성적 지향 중의 하나로 결론 내렸습니다. 아마 앞으로도 이와 관련된 많은 연구가 이루어지겠지요. 그렇다면 독자 여러분의 생각은 어떠신가요? 동성애자를 사회 구성원으로 받아들여야 할까요, 아니면 동성애를 반대해야 할까요?

5장

아프면 어떻게? 병원으로!

질병의
원인을 찾고
치료하는 의학

많은 사람들을 질병의 위협으로부터 구하다!

인류를 구한 백신 기술

**나는 언젠가 천연두가
더 이상 존재하지 않게 될 날이 오기를 희망한다.
- 에드워드 제너 (영국의 의사) -**

인류 역사상 가장 위대한 발견 중 하나가 바로 백신(Vaccine)입니다. 1796년에 에드워드 제너(Edward Jenner)가 최초의 백신을 개발한 이후, 지금도 여전히 사람의 목숨을 위협하는 각종 질병을 예방하는 데에 쓰이고 있죠. 일본뇌염, 파상풍, B형간염, BCG 등이 대표적인 예입니다. 특히 2020년 이후로 전 세계를 팬데믹의 공포로 몰고 갔던 코로나19의 극복에도 백신이 지대한 역할을 했습니다.

이뿐만이 아닙니다. 결핵과 천연두는 불과 몇십 년 전만 해도 가장 많은 사람의 목숨을 앗아가던 무서운 질병이었는데요. 백신의 발명 이후로 수많은 사람의 목숨을 구할 수 있게 되었지요. BCG 백신 덕분에 결핵 환자들이 엄청나게 줄어들었고, 우두 백신 덕분에 1980년에 천연두가 지구상에서 완전히 사라졌거든요.

이처럼 백신의 발견은 단순히 질병으로부터 인류를 보호한 것을 넘어,

면역 시스템 vs 병원체

인류의 수명을 연장하고 삶의 질을 크게 상승시켰다고 평가받고 있습니다. 아마 앞으로도 계속 인류의 삶에 기여할 비중 있는 과학기술이 될 것으로 전망되고 있고요.

면역 시스템을 활용한 획기적인 기술, 백신의 원리

우리는 병을 일으키는 병원체로부터 몸을 보호하기 위해 매우 복잡한 면역 시스템을 구성하고 있습니다. 제일 먼저 입이나 코처럼 몸속으로 속하는 통로의 내벽에는 점막이라고 부르는 부드러운 조직이 있습니다. 점막은 점액이라고 불리는 끈적끈적한 액체를 분비하는데요. 점액이 병원균을 움직이지 못하게 붙잡아서 병원체의 침입을 막아주죠. 침이나 가래, 콧물 등이 점막에서 분비되는 대표적인 점액입니다.

그런데 여기서 다가 아닙니다. 일부의 병원체가 점액으로부터 걸러지지 못하고 몸속으로 들어갈 수도 있거든요. 이때 우리 몸은 병원체를 잡아먹는 대식세포 등의 면역세포들을 출동시켜 병원체를 퇴치합니다. 동

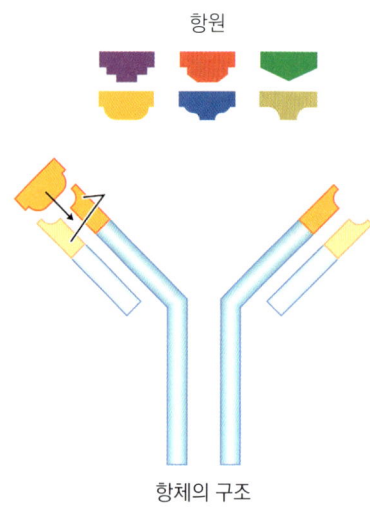

항체의 구조

물이라면 모두 이러한 면역 체계를 갖추고 있죠.

그런데 어류, 양서류, 파충류, 조류, 포유류 등과 같이 사람을 포함한 척추동물들은 면역세포가 병원체를 퇴치하는 것으로 면역반응을 끝내지 않습니다. 고등한 기능의 면역반응을 한 번 더 일으키거든요. 바로 몸에서 항체(antibody)라고 불리는 물질을 생산하는 것입니다.

항체는 병원체에 붙어 있는 항원에 대항하기 위해 만들어진 단백질입니다. 항체와 항원은 서로 접합이 가능한 구조로 되어 있는데요. 덕분에 항체는 병원체의 항원에 붙어서 병원체의 이동을 마비시키고 제 기능을 발휘하지 못하도록 할 수 있지요.

이렇게 병원체를 잡아두는 데 성공한 항체는 대식세포 등의 다른 면역세포에 신호를 보냅니다. 신호를 인식한 대식세포는 병원체를 잡아먹지요. 이러한 면역반응이 계속 발생하며 항체가 충분해지고 병원체를 제거하는 속도가 병원체가 번식하는 속도보다 빨라지면 우리의 몸은 병으로부터 치유된답니다. 이러한 일련의 과정을 1차 면역반응이라고 부르지요.

1차 면역반응이 일어나려면 일단 항체가 만들어져야 하는데요. 항체는 B림프구라고 불리는 백혈구가 만듭니다. 외부로부터 병원체가 침입하면 병원체의 항원을 T림프구가 인식하고, T림프구는 항원에 대한 정보를 B림프구라 불리는 또 다른 백혈구에 전달하는데요. B림프구는 정보를 받자마자 형질세포로 바뀌어 그 항원에 알맞은 항체를 만든답니다.

이렇게 1차 면역반응으로 병원체와의 싸움에서 승리하고 나면 B림프구의 일부는 기억세포의 형태로 저장되어 체내에 남습니다. 기억세포는 한 번 침입했던 항원을 기억해 두었다가 같은 항원이 다시 침입하면 바로 형질세포로 바뀌어 항체를 형성하는데요. 이전의 1차 면역반응 때보다 빠르고 신속하게 다량의 항체를 만들어낼 수 있어서 병원체와의 싸움에서도 쉽고 빠르게 승리할 수 있답니다. 즉, 우리 몸은 1차 면역반응이 일어난 후 그 병원체에 대한 면역력을 갖추게 된다는 의미입니다.

문제는 우리 몸에 항원이 처음으로 침입했을 때 일어나는 1차 면역반응입니다. 1차 면역반응만 무사히 잘 넘긴다면 그 항원에 대한 면역력을 갖추게 되므로 아무런 문제가 없는데요. 1차 면역반응을 무사히 넘기는 것이 쉬운 일이 아니거든요. 1차 면역반응에서는 기억세포가 관여하지 않으므로 항체가 만들어지는 속도가 느리고 만들어지는 항체의 수도 적습니다. 병원체를 이길 만큼의 항체를 생산하기 전에 병원체가 너무 많아져서 목숨을 잃을 수도 있다는 것입니다.

이러한 문제를 해결하기 위한 기술이 바로 백신입니다. 백신은 우리 몸에 항원을 미리 주사하여 1차 면역반응을 일으킵니다. 덕분에 나중에 병원체가 침입해도 빠르게 다량의 항체를 만들 수 있죠. 물론 병원성을 제거했거나 약화한 병원체, 죽은 병원체를 체내에 주입합니다. 그래야 병에는 감염되지 않으면서 1차 면역반응만 일어날 수 있을 테니까요.

농촌 사람들은 이미 알고 있었다? 백신의 역사

18세기경 유럽의 농촌에는 천연두보다 사망률이 훨씬 낮은 우두(소의 천연두)에 감염되는 일이 흔했는데요. 한 가지 재미있는 것은 우두에 감염된 사람이 다시는 천연두에 걸리지 않는다는 것이었습니다. 농촌 사람들 사이에서도 널리 알려진 사실이었죠. 농촌에서 의사로 활동하던 에드워드 제너는 1788년경에 이 사실을 직접 접했는데요. 제너는 우두를 잘 이용하면 천연두를 예방할 수 있을 거라 생각했습니다.

그래서 제너는 농촌에 거주하는 사람들에게 우두 환자의 고름을 접종하고 어느 정도 시간이 지나서 천연두 고름을 접종하는 실험을 시행했습니다. 우두에 감염된 사람이 정말 천연두에도 감염되지 않는 것인지 실험으로 확인하고 싶었던 거죠. 실험 결과들을 살펴보니, 우두 환자의 고름을 접종하고 우두에 감염되었던 사람들은 이후 천연두 고름을 접종해도 천연두에 감염되지 않았습니다.

제너는 본인의 실험 결과들을 바탕으로 우두 접종으로 천연두를 예방할 수 있다는 내용의 논문을 출판합니다. 그리고 우두 접종을 대중들에게 널리 전파하기 위해 노력했죠. 초반에는 소의 병원체를 접종한다는 사실 때문에 많은 사람과 의사들이 접종에 참여하는 것을 거부했는데요. 어느 정도 시간이 지나고 점점 많은 의사가 우두 접종에 참여하면서 접종의 효과가 입증되기

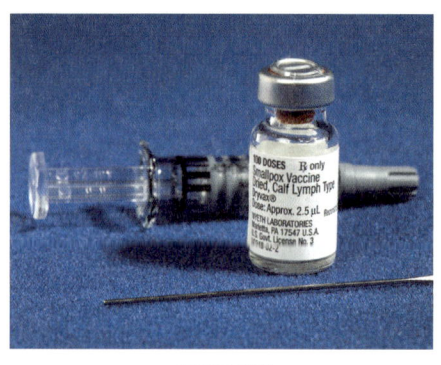

천연두 백신

천연두

두창바이러스에 의해 발병되는 전염병입니다. 전염되면 온몸에 둥글고 팽팽한 형태의 물집과 고름 물집들이 잡히죠. 비록 지금은 사라졌지만, 불과 백 년 전만 해도 수많은 사망자가 발생했던 공포의 전염병이었습니다. 사망률이 무려 20%에 달했거든요.

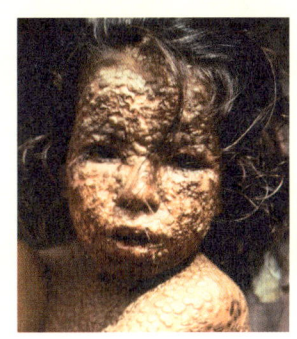

천연두 환자

시작했습니다. 이게 바로 세계 최초의 백신이라고 평가받는 종두법입니다.

제너 이후로 백신 기술은 엄청난 속도로 발전하기 시작했는데요. 제너 직후로 백신을 가장 크게 발전시킨 사람은 미생물학의 아버지라고 불리는 파스퇴르였습니다. 그런데 그는 원래 백신을 개발할 목적으로 연구를 시작했던 것은 아니었습니다.

파스퇴르가 닭 콜레라 배양균을 공기에 노출된 채로 한 달 동안 내버려 두었던 적이 있습니다. 파스퇴르는 이 닭 콜레라 배양균을 닭에게 주사했는데요. 원래대로라면 닭들이 닭 콜레라에 감염당해 죽어야 했는데 죽지 않았다고 합니다. 심지어는 그 닭들에게 본래 상태의 콜레라 배양균을 주사해도 죽지 않았죠.

왜 이런 현상이 발생했던 걸까요? 닭 콜레라 배양균이 너무 오랫동안 공기에 노출되어 약화하면서 백신 역할을 했기 때문입니다. 파스퇴르는

루이 파스퇴르

이 모습을 보고 에드워드 제너의 우두 접종과 같은 원리라는 것을 깨달았습니다. 그리고 이렇게 약화한 닭 콜레라 배양균을 이용해서 닭 콜레라 백신을 만들었습니다.

이 일 이후로 파스퇴르는 병원체를 공기에 노출하거나 건조하는 등의 행위를 하면 병원체의 병원성이 약해질 수도 있다는 사실을 깨달았습니다. 덕분에 그는 이러한 원리로 탄저병과 광견병의 백신도 개발했죠.

파스퇴르의 백신은 제너의 백신과 비교했을 때 한 단계 더 진보했다는 평가를 받습니다. 제너는 자연 상태에서 이미 병원성이 약해진 병원체를 백신으로 사용했는데요. 파스퇴르는 조작을 통해 병원성이 약해진 병원체를 직접 만들었거든요. 덕분에 병원체를 약화할 수 있다면 앞으로도 많은 백신을 개발할 수 있다는 가능성이 열렸습니다.

파스퇴르가 개발한 닭 콜레라, 탄저병, 광견병 백신은 모국인 프랑스에도 엄청난 영향을 미쳤습니다. 탄저병과 광견병으로 고통받던 프랑스인들을 병의 고통과 죽음으로부터 살렸기 때문이죠. 이건 달리 말하면 프랑스의 노동생산력이 전보다 극대화될 기반이 마련되었다는 의미이기도 했습니다.

파스퇴르의 백신은 사람들만 살린 것이 아닙니다. 가축들의 사망률이 엄청나게 감소하면서 프랑스의 가축 생산량이 극대화되기도 했거든요. 나중에는 이 백신들이 해외에서도 사용되고, 파스퇴르의 백신 원리를 기

파스퇴르는 가축들에게도 위인?

반으로 수많은 백신이 개발되기도 하면서 전 세계 전염병 예방과 공중보건에 큰 영향을 주었죠.

지금도 인류를 위해 꾸준히 발전 중! 현대 백신 기술

현대의 백신은 파스퇴르의 백신에서 한 단계 더 진보했다는 평가를 받습니다. 과거의 백신은 병원성이 약화한 병원체를 접종하는 방식 위주라면, 현대의 백신은 주로 병원체의 유전자를 접종하는 방식 위주로 이루어져요. 이를 유전자 백신이라고 부르죠. 병원체를 접종하는 백신보다 더욱 안전한 것으로 알려져 있습니다.

유전자 백신의 일종인 DNA 백신은 병원체로부터 항원 생성에 관여하는 DNA의 유전자 부분을 추출하고 플라스미드(plasmid)에 끼워 넣어 체내에 주입하는 원리입니다. 체내에 주입된 플라스미드는 세포 내로 들어가 mRNA를 생산하고, mRNA가 항원 단백질을 만듭니다. 그 결과 면역 체계가 발동되어 항원에 적절한 항체가 생산되고 1차 면역반응이 일어나죠. DNA는 안정적인 구조이기에 쉽게 변형되지 않아서 안정성이 높다는 장점이 있지만, 기존 백신보다 1차 면역반응이 느리고 약하게 일어난다는 한계점이 있습니다.

DNA 백신의 한계점을 극복한 것이 바로 DNA 대신에 mRNA를 체내에 주입하는 RNA 백신입니다. RNA 백신도 마찬가지로 유전자 백신이죠. DNA를 체내에 주입하면 mRNA를 거쳐 항원 단백질이 생성되기에 1차 면역반응이 느리게 일어날 수밖에 없는데요. mRNA를 체내에 주입하면 항원 단백질이 바로 만들어지기에 1차 면역반응이 좀 더 빠르게 일어난다는 장점이 있어요.

사실 유전자 백신은 얼마 전만 해도 차세대 백신 기술로 주목받고 있다는 이야기만 많았을 뿐 실제로 상용화된 백신들은 많지 않았는데요. 코로나19 팬데믹을 계기로 유전자 백신 기술이 눈에 띄게 발전했다는 평가를 받습니다. 팬데믹 때 사용되었던 백신들이 바로 RNA 백신이거든요. 아마 앞으로는 RNA 백신이 대부분 국가에서 주력 백신으로 사용될 것입니다.

그리고 앞으로는 입으로 먹는 형태의 백신인 경구백신이 주력 백신이 될 가능성이 있습니다. 항원 생성에 관여하는 유전자를 식물 유전자에 끼워 넣어서 식물이 항원 단백질을 생산할 수 있도록 하고, 이 식물을 섭취해서 1차 면역반응이 일어나는 원리지요. 상용화된 경구백신으로는 소아마비 백신과 콜레라 백신이 있는데요. 현재 소아마비 경구백신은 부작용으로 인해 우리나라를 포함한 많은 선진국에서 생산 및 판매가 금지되어 있습니다.

만약 경구백신의 부작용 문제가 해결된다면 백신의 보관 및 접종이 어려운 후진국에 큰 도움이 될 것입니다. 주사기에 큰 거부감을 보이는 아이들도 어려움 없이 백신 효과를 볼 수 있겠죠. 게다가 주사기를 맞을 필요 없이 가정에서도 쉽게 할 수 있으므로 백신 접종에 필요한 인력이나 비용도 절감될 것입니다.

병을 예방하는 의학, 백신의 역할과 중요성

2009년에 멕시코를 시작으로 전 세계에 신종플루가 퍼졌던 적이 있습니다. 그리고 2019년에는 중국 우한 지역을 시작으로 전 세계에 코로나19 바이러스가 퍼졌죠. 걷잡을 수 없는 속도로 전염이 되는 바람에 많은 국가는 비상사태에 돌입했고 사망자까지 속출했습니다.

2009년의 신종플루 팬데믹과 2019년의 코로나19 팬데믹을 극복하는 데 가장 일조했던 과학기술은 역시 백신이었습니다. 실제로 백신을 다국적 제약회사로부터 대량으로 구매할 수 있는 경제력을 갖춘 국가일수록, 그리고 접종률이 높은 국가일수록 팬데믹의 경제적 위기로부터 빨리 벗어났고 일상으로 돌아갈 수 있었죠. 많은 선진국이 백신의 개발과 생산에 박차를 가하는 이유가 두 번의 팬데믹을 거치면서 확연하게 드러난 셈입니다.

최근에는 의학기술이 치료보다는 예방에 더 비중을 두는 방향으로 차차 변화하고 있는데요. 이로 인해 백신이 전체 의료산업에서 차지하는 비중이 점점 커질 것으로 전망되고 있습니다. 게다가 앞으로는 전염병뿐 아니라 암이나 당뇨병 같은 난치병과 불치병의 예방에도 백신 도입이 차차

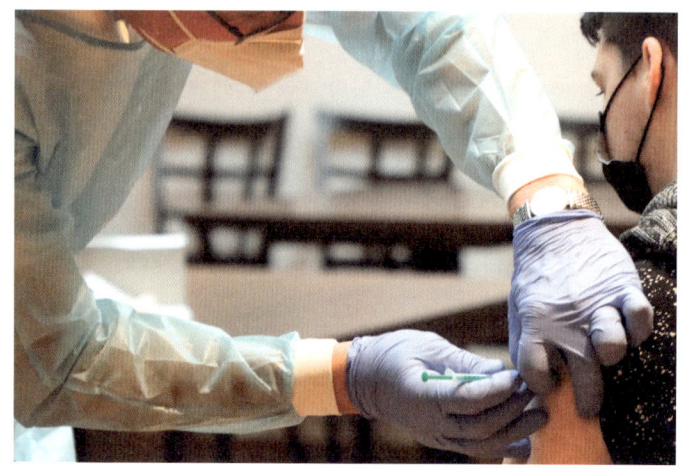
코로나19 백신

늘어날 가능성이 있고요.

　이러한 추세를 더욱 빠르게 만든 계기가 바로 코로나19 팬데믹입니다. 코로나19 팬데믹을 계기로 유전자 백신 기술이 엄청나게 발전했고, 인류 전체가 백신의 수혜를 입었거든요. 전 세계 사람들이 백신 기술이 얼마나 중요하고 파급력이 큰 기술인지 절실하게 느끼기도 했고요. 특히 우리나라는 백신을 잘 활용해서 어떤 나라보다 팬데믹 상황을 잘 극복했던 나라이기도 하니까요.

　백신 기술의 중요성은 앞으로 더욱 커지면 커졌지 줄어들지는 않을 것입니다. 코로나19 이후에도 더욱 위험한 전염병이 우리 인류를 덮칠 가능성은 얼마든지 있으니까요. 무엇보다 각종 질병의 위험으로부터 인류를 구할 가장 획기적이고 확실한 방법은 백신뿐이기도 하고요.

한국인 사망 원인 1위!

현대인의 무서운 질병 암

**불치병이란 것은 없다.
다만 불치의 사람이 있을 뿐이다.
– 버니 시겔 (예일대학교 의과대학 교수) –**

몇 년 전에 조부모님께서 돌아가신 적이 있습니다. 원인은 암이었죠. 요즘 암으로 생을 마감하는 사람들이 정말 많은 것 같습니다. 아마 이 책을 읽는 분 중 꽤 많은 분이 주위 사람이 암에 의해 목숨을 잃는 경험을 해보셨을 거라 생각합니다. 암은 그만큼 치료하기 어렵고, 지금 이 순간에도 수많은 사람을 죽음으로 몰고 가는 무서운 질병입니다. 그러다 보니 '암이 정복된다면 사람들의 수명도 지금보다 훨씬 늘어나지 않을까?'라는 생각도 듭니다.

그런데 불과 몇 년 전만 해도 암은 그렇게까지 위험한 병은 아니었습니다. 암으로 죽는 사람들도 거의 없었고요. 그런데 암으로 죽는 사람들이 이렇게 갑자기 증가한 이유는 아이러니하게도 의학기술이 너무 발전했기 때문입니다. 암은 나이가 많을수록 발병률이 늘어나는데요. 의학기술의 발전으로 인해 수명이 늘어났고 그에 따라 고령화가 빠르게 진행되었거든요. 과거에는 암에 걸리기 전에 다른 질병에 걸려 죽는 경우가 많았던 거죠. 그렇다면 암이란 무슨 질병일까요? 왜 나이가 든 분들에게 잘 걸리고, 어떻게 사람을 죽음에 이르게 하는 걸까요? 이번에는 암에 대해서 알아보도록 합시다.

손상된 세포의 실수! 암이란 무엇인가?

사람은 50조~100조 개나 되는 엄청난 수의 세포로 이루어져 있습니다. 그리고 이 세포 속 핵의 염색체에 들어 있는 DNA는 신체의 항상성 유지에 관여하는 수많은 유전 정보들을 저장하고 있죠. 하지만 이들 유전 정보가 항상 안정적인 형태로 보존되는 것은 아닙니다. 외부로부터의 자극이나 담배와 같은 수많은 발암원에 노출되며 DNA의 유전 정보가 변이되거나 손상되는 일이 일어나거든요.

그렇다면 이렇게 DNA 유전 정보에 문제가 생긴 세포는 어떠한 조치를 할까요? 복구 시스템을 가동해서 원래의 정상적인 상태로 돌아갑니다. 만약 복구 시스템 가동에도 문제가 발생했다면 스스로 파괴되기도 해요. 이러한 현상을 아포토시스(apoptosis)라고 부르지요.

그런데 아포토시스 기능에도 문제가 생기면서 스스로 파괴되어야 하는데도 파괴되지 못하는 세포가 발생합니다. 그 결과, 세포는 손상된 DNA를 가진 채로

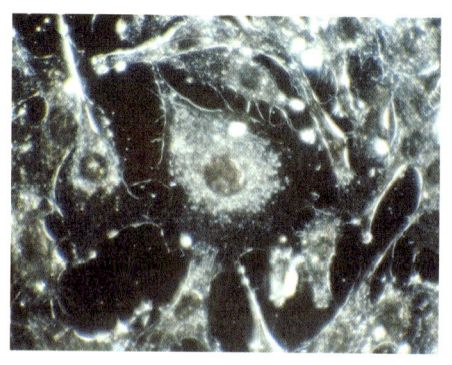

암세포

아포토시스(Apoptosis)

세포가 필요 없어지거나 문제가 생겼을 때 세포가 스스로 파괴되는 현상을 말합니다. 올챙이의 꼬리가 없어지는 과정, 손가락과 발가락 형성 과정, DNA에 문제가 생긴 세포의 파괴 등이 대표적인 예입니다. 세포는 스스로가 파괴되어야겠다고 판단하면, 세포파괴물질을 만들어 냅니다. 이 과정에서 세포가 점점 쪼그라들며 조각조각 분해되고, 분해 산물은 식균세포에 의해 먹혀 사라지게 되지요.

체내에 정상 세포들과 함께 공존하며 계속 변이를 일으키는데요. 이러한 변이가 계속 축적되면서 생겨나는 세포가 바로 암세포입니다. 대체로 하나의 세포에서 몇 년에서 몇십 년 동안 변이가 일어나면 암세포가 되는데요. 나이가 많아질수록 암 환자가 증가하는 이유가 바로 여기에 있답니다.

암세포들은 비정상적인 기능을 하기에 우리 몸에 굉장히 해롭습니다. 일반적으로 정상 세포는 딱 필요한 상황에서만 성장하고 증식하는데요. 암세포는 이러한 통제 범위 밖에 있습니다. 멈추지 않고 성장과 증식을 계속하죠. 사람의 몸에는 하루에 암세포가 1000~5000개 정도 생겨난다고 알려져 있는데요. 대부분은 면역세포에 먹히거나 체내의 항암물질에 의해 파괴됩니다.

하지만 우리 몸은 언제까지나 완벽하게 암세포를 파괴하지 못합니다. 특히 신체 면역기능이 저하되거나 갑작스럽게 너무 많은 양의 암세포가 생기면 암세포가 갑작스럽게 증식하기도 하는데요. 이렇게 증식한 암세

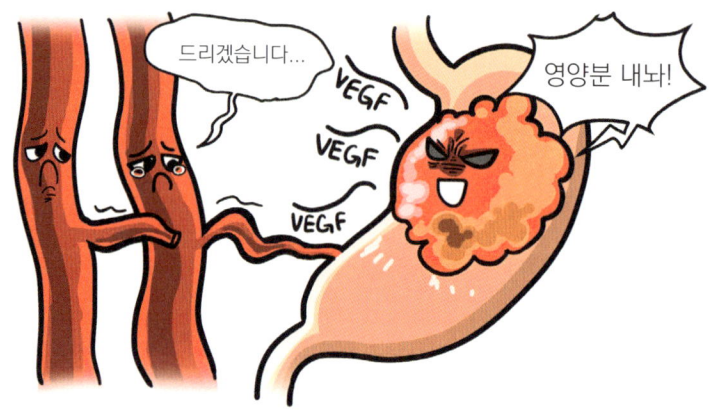

영양분을 빼앗는 암 덩어리

포들이 거대한 덩어리를 형성하며 장기에 침투하기도 합니다. 이 덩어리를 바로 암 덩어리(악성종양)라고 부르지요. 이때부터 암에 걸렸다고 표현하고요.

암 덩어리가 무서운 이유는 우리 몸의 영양소를 빼앗기 때문입니다. 암세포는 VEGF(혈관내피세포증식인자)를 분비하여 주변에 새로운 혈관을 만들고, 이 혈관으로부터 영양분을 공급받습니다. 암세포는 공급받은 영양분으로 더 빠르게 증식하면서 정상 세포에 필요할 영양분을 빼앗죠. 이렇게 정상 세포에 공급되어야 할 영양소들이 거의 암세포에 공급되면 암 덩어리가 침투한 장기는 점점 기능을 상실합니다. 영양실조에 걸리기도 하고요. 그렇게 환자는 서서히 죽음에 이르죠.

여기서 다가 아닙니다. 암 덩어리에 있는 일부 암세포는 혈관을 통해 다른 장기로 이동하거든요. VEGF(혈관내피세포증시인자)로 암세포 주변에 많은 혈관이 만들어졌기 때문에 다른 장기로 이동하기 매우 좋은 환경이 된답니다.

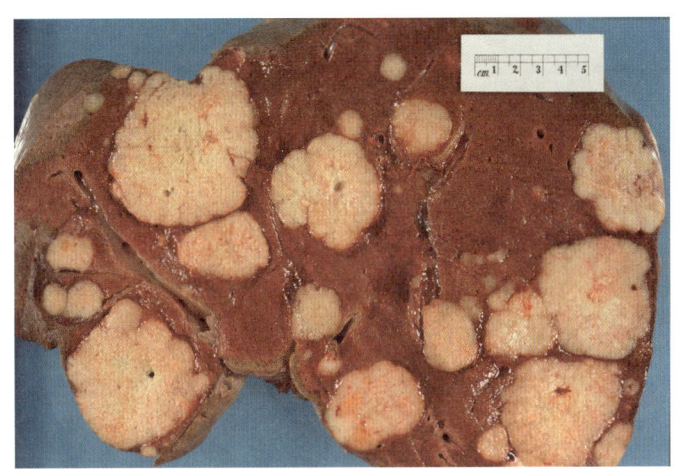

간암 환자의 간 단면

　이렇게 이동에 성공한 암세포들은 새로운 곳에 자리를 잡아 증식하면서 다른 조직이나 장기에 암 덩어리를 형성합니다. 이 현상을 전이라고 하죠. 그 결과, 암 덩어리가 새롭게 침투해 사리 잡은 장기도 점점 제 기능을 상실하면서 환자를 더욱 빨리 죽음으로 몰고 가는데요. 이때쯤 되면 환자는 암 말기 판정을 받고, 치료하기 매우 어려운 상태가 됩니다.

암을 발생시키는 요인들! 발암원의 종류

　정상 세포는 그냥 아무 이유도 없이 암세포가 되지 않습니다. 우리가 살아가는 곳 주변에는 정상 세포에 각종 변이와 손상을 일으키고 암세포로 만드는 다양한 요인들이 있는데요. 이러한 요인들을 발암원 또는 발암물질이라고 합니다. 그렇다면 우리 주변에는 어떠한 종류의 발암원들이 있을까요?

　발암원을 말하는데 담배를 빼놓을 수는 없을 것 같습니다. 이미 많은

술

연구를 통해 흡연은 암 발생 원인의 20%, 암 사망 원인의 30%라는 사실이 밝혀졌는데요. 실제로 담배의 구성성분을 살펴보면 유해성분과 발암원이 무려 4000가지가 넘는다고 합니다. 타르, 벤조피렌, 석면, 페놀 등이 대표적이죠. 많은 국가에서는 이 사실을 인지하고 담배 가격 인상, 미디어의 금연 홍보, 금연치료 활성화 등의 다양한 정책을 내놓고 있답니다.

음식에 포함된 성분 중에서도 발암원이 있습니다. 대표적인 경우가 바로 술입니다. 술의 주성분인 에탄올은 입 속의 침과 간세포에 의해 아세트알데히드라는 물질로 분해되는데요. 이 아세트알데히드가 문제가 됩니다. 에탄올 분해 과정에서 생겨난 아세트알데히드 일부는 간세포에 남거나 간 외의 체내 다른 부위에 남는데요. 이렇게 남은 아세트알데히드가 정상 세포들에 변이를 일으키거든요.

술 외에도 불에 구운 육류나 탄 음식에 함유된 성분도 발암원입니다. 사람들이 탄 부분이 있는 고기를 잘 먹지 않으려는 이유가 바로 여기에 있지요. 그런데 술이나 담배만큼 위험하지는 않은 것 같습니다. 발암원으로 작용하기 전에 위에서 빠르게 분해되고 소화되기 때문이죠.

많은 분이 잘 모르는 사실인데요. 외부로부터의 지속적인 자극도 발암원입니다. 강한 자극으로 세포기 손상되어 암세포기 되기도 하고, 자극으로 약해진 부위에 발암원이 침투하기도 하거든요. 실제로 이빨로 씹는 방식의 담배인 구트카(gutka)를 즐기는 인도인들은 구강암 발병률이 높다고 하는데요. 구트카를 씹으면서 구강 내 세포가 손상되어 암세포로 변형되거나 자극으로 약해진 구강 내 부위에 발암원이 침투하기 때문이라고 합니다.

스트레스도 마찬가지로 발암원으로 작용합니다. 스트레스가 어떠한 원리로 의해 암을 발생시키는지는 아직 구체적으로 밝혀지지는 않았는데요. 많은 과학자는 스트레스를 암세포를 발생시키는 가장 큰 원인 중의 하나로 꼽습니다. 실제로 스트레스가 신경계나 호르몬 분비, 면역체계에 큰 영향을 준다는 연구결과가 여럿 발표되었죠. 그 외에도, 스트레스를 받으면 담배를 피우거나 술을 마시는 빈도가 늘어난다는 사실도 관련이 있을 것으로 보입니다.

특정한 유전자의 존재나 결함에 의해 암이 발생하기도 합니다. 최근 들어 유전학 연구가 활발해지면서 주목받는 발암원이죠. 실제로 부모가 암에 걸렸다면, 자녀 또한 암에 걸릴 확률이 굉장히 높습니다. 아마 앞으로는 이러한 암 유전자 연구가 더욱 활발하게 일어날 것으로 보입니다.

암과 유전자의 관계를 잘 설명하는 대표적인 유전자가 바로 p53입니다. p53 유전자는 세포의 과도한 증식이나 변이를 막고 암세포의 파괴를 돕는 중요한 유전자인데요. 만약 p53 유전자에 선천적인 결함이 발생하면 리-프라우메니증후군(Li-Fraumeni syndrome)을 앓게 되고, 생애 동안 암에 걸릴 확률도 굉장히 높습니다.

고통스럽고 치명적인 치료 부작용! 암 치료 방법

암을 치료하는 방법은 어떠한 암에 걸렸는지, 암이 얼마나 진전되었는지에 따라 다르고 다양한데요. 대체로 3가지로 나뉩니다. 첫 번째 치료 방법은 바로 수술입니다. 신체 내 조직이나 장기에 있는 암 덩어리들을 떼어내고 암 덩어리 주변의 정상 조직들을 일부분 함께 절제해서 미세하게나마 전이되어 있을 암세포들을 제거하는 방법이지요.

두 번째 치료 방법은 화학치료입니다. 대체로 항암치료라 하면 바로 이 화학치료를 의미해요. 화학물질을 체내로 투여하고 암세포의 대사를 차단해서 암세포가 죽게 하거나 증식하지 못하게 하는 것이지요. 현재까지 약 100여 종류 이상의 화학물질이 개발되어 치료에 사용되고 있지요. 그러나 현재까지 개발된 화학물질들은 암세포뿐 아니라 정상 세포도 함께 죽이기 때문에 부작용이 심하다는 문제점이 있습니다.

정상 세포를 왜 죽이냐고요? 항암치료에 사용하는 화학물질은 암세포처럼 빠르게 증식하는 세포에 더 강하게 작용하는 특성이 있습니다. 이로 인해 증식 속도가 빠른 머리카락 세포, 손톱 및 발톱 세포, 구강 및 위장 세포도 함께 손상될 수밖에 없어요.

실제로 화학치료를 받는 환자들의 상태를 잘 살펴보면 머리카락이 빠지는 것은 기본이고요. 전신 쇠약, 구토, 입 내부 헐음, 설사, 손톱 및 발톱 빠짐 등의 다양한 부작용이 생깁니다. 만약 부작용이 일상생활이 어려울 정도로 너무 심해지면 화학물질을 다른 물질로 바꾸거나 화학치료를 중단하기도 해요.

세 번째 치료 방법은 방사선 치료입니다. 세포에 방사선이 조사되면 세포가 파괴되는 원리를 이용한 거죠. 정상 세포는 방사선에 조사되어도 시간이 지나면 회복하지만, 암세포는 복원이 거의 불가능해서 효과적인 암세포의 제거가 가능하답니다.

그러나 방사선도 정상 세포에 부정적인 영향을 아예 안 미치는 것은 아닙니다. 화학 치료와 거의 유사한 형태의 부작용이 발생해요. 그래서 의사들은 방사선을 조사할 때 정상 세포가 최대한 방사선의 영향을 받지 않도록 섬세하게 조사하여 부작용을 줄인답니다.

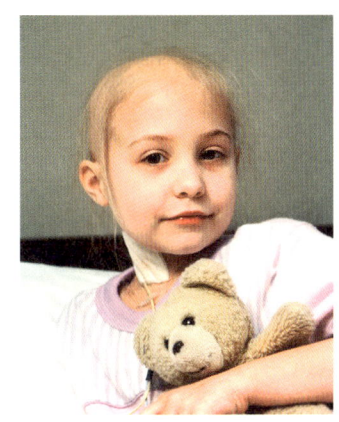

부작용에 시달리는 아이

계속 싸울 것인가, 정복될 것인가, 암의 전망

우리 주변에 발암원이 수없이 존재하고 체내에 암세포가 계속 생겨나는 이상, 암을 완전히 정복하는 것은 거의 불가능에 가깝습니다. 이건 달리 말하면, 인류에게 암은 앞으로도 계속될 것이고 완전히 없앨 수 없다는 의미이기도 하죠. 그래서 현재 과학자들은 좀 더 확실하고 획기적인 암 치료법과 예방법을 개발하는 연구에 박차를 가하고 있습니다.

현재 가장 활발하게 진행되고 있는 연구가 바로 표적치료제의 개발입니다. 화학치료와 방사선 치료는 정상 세포에도 악영향을 끼쳐 많은 부작용을 유발해서 장기적인 치료가 불가능하니까 오직 암세포에만 작용하는 표적치료제를 개발해서 부작용을 없애겠다는 것이죠.

이와 관련된 대표적인 연구로는 NK세포 연구가 있습니다. NK세포는 우리 몸 안에 존재하는 세포로, 암세포만을 선택적으로 선별해서 죽이는 기능이 있는데요. 현재 NK세포가 어떠한 원리로 정상 세포와 암세포를

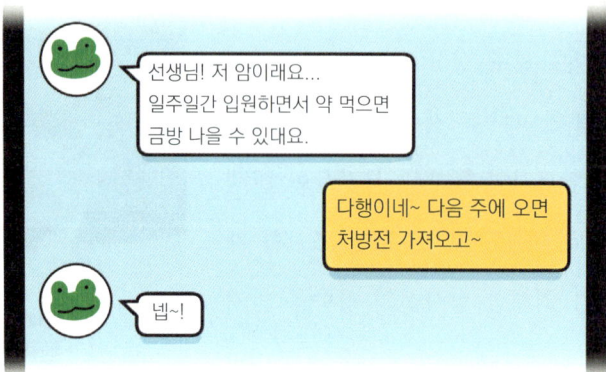

암을 정복한 시대의 깨톡

구별하고, 어떠한 작용으로 암세포를 죽이는지를 중점으로 연구가 활발하게 진행 중입니다. 이러한 연구를 통해 표적치료제가 개발되면 화학치료나 방사선 치료로 발생하는 환자의 고통을 덜어주고, 장기적인 치료도 가능해질 것으로 보입니다. 암 치료가 훨씬 수월해지겠죠.

모노클로널 항체(monoclonal antibody)를 이용하는 방법도 있습니다. 여기서 모노클로널 항체란 오직 한 가지 항원에만 결합하는 항체를 의미하는데요. 만약 암세포 표면에 있는 수용체에 결합하는 모노클로널 항체를 만든다면 암세포만 선택적으로 선별해서 죽이는 것이 가능합니다. 대식세포가 암세포에 결합한 항체를 인색해서 암세포를 잡아먹을 수도 있고, 모노클로널 항체가 직접 수용체의 작용을 억제해서 암세포를 죽일 수도 있죠.

이뿐만이 아닙니다. 암 백신을 이용한 암 예방법 연구도 이루어지고 있거든요. 백신으로 암세포를 파괴하는 면역 시스템을 강화하여 암 발병률을 낮추는 원리죠. 백신 개발이 꾸준히 이루어져 암을 백신으로 예방하는 것이 가능해진다면 암의 발병률을 지금보다 훨씬 더 줄일 수 있을 것입니다.

이처럼 우리나라를 포함한 전 세계의 암 분야 과학자들은 암과의 전쟁에서 승리하기 위해 열심히 연구하고 있습니다. 어쩌면 먼 미래가 되면 가벼운 치료와 함께 약을 투여한 것만으로도 암을 낫게 할 수 있는 영화 같은 상황이 실제로 벌어지게 될지도 모를 일입니다. 그 날이 올 수 있을지, 만약 온다면 언제 올지 누구도 알 수 없지만요.

먹을 게 많아져도 문제다!

풍족함이 낳은 질병 비만

아침은 황제처럼, 점심은 평민처럼,
저녁은 거지처럼 먹어라.
- 독일의 속담 -

비만은 1980년에는 전 세계 인구의 1/4, 현재는 전 세계 인구의 1/3의 비율로 빠르게 증가했고, 지금도 점점 비율이 늘어나고 있는 무서운 질병입니다. 전 세계적으로 다이어트 열풍이 불고 있는 것도 이것 때문이죠.

실제로 서점에는 어느 순간부터 다이어트 관련 책들이 수북이 쌓여 있고, 인터넷에는 수많은 다이어트 비법들이 쏟아져 나옵니다. 미디어 매체에는 날씬하고 예쁜 몸매의 연예인들이 출연하기 마련인데요. 우리는 이런 연예인들의 모습을 볼 때마다 비만을 벗어나고 싶다는 생각을 하게 됩니다.

도대체 살이 왜 찌는 것인지 억울함 섞인 의문을 가져본 분들도 많을 거라 생각합니다. 살은 우리의 외모를 형편없게 만들어서 외모 스트레스의 원인이 될 뿐, 고혈압이라든가 심근경색 등의 질병들만 유발하는 골칫

거니까요. 하지만 우리 몸에 살이 찌는 데에는 다 그럴 만한 이유가 있답니다.

인류는 원래 음식이 부족한 환경에서 살아왔다? 살이 찌는 이유

사실 다이어트 열풍이 불기 시작한 지는 인류의 역사에서 그리 길지 않습니다. 이 사실을 증명하는 유물이 바로 1909년 오스트리아에서 발견된 빌렌도르프 비너스상입니다.

빌렌도르프 비너스상은 약 2만 3천 년쯤 만들어진 조각상입니다. 겉으로 보기에는 비만 여성으로밖에 안 보이는데요. 이 유물에는 항상 미의 여신인 비너스라는 이름이 붙는답니다. 이는 기원전 2~3만 년 전 인류의 미의 기준이 지금과는 달랐음을 의미합니다. 당시 인류는 지금처럼 풍족한 생활을 누리지 못했거든요. 당시 사람들은 배부르게 먹고 자손을 많이 낳는 것이 가장 큰 바람이었습니다. 그래서 지금과는 달리 살이 많은 여성이 그 당시 가장 이상적인 여성상이었죠.

인류는 지구에 발을 내딛기 시작한 후부터 식량이 부족한 환경에서 살아남아야만 했습니다. 언제 식량이 부족해질지 알 수 없었고, 특히 겨울은 식량이 절대적으로 부족한 시기였죠. 그 결과, 인류는 식량을 섭취하면 체내에 에너지를 저장해서 차후 음식이 부족할 때를 대비할 수 있도록 진화했습니다.

빌렌도르프 비너스상

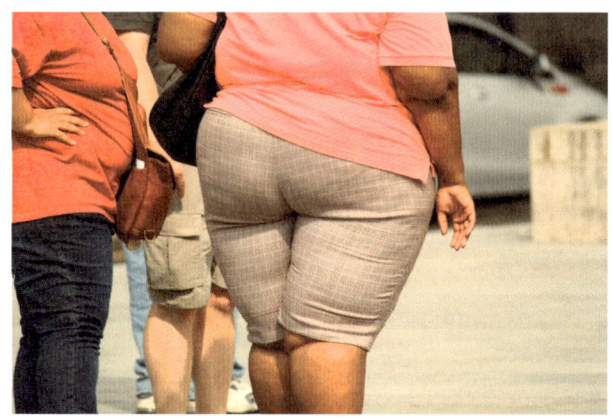
비만 여성

그렇다면 하필 많은 에너지원 중에서도 하필 지방이 에너지 저장원이 된 것일까요? 탄수화물과 단백질은 1g당 4kcal의 에너지를 내지만 지방은 1g당 9kcal의 에너지를 방출할 만큼 에너지 효율이 높기 때문입니다. 한정된 육체 안에서 최대한 많은 에너지를 저장하기에는 지방만큼 효율이 좋은 물질이 없었던 거죠.

지방의 에너지 효율이 어느 정도인지 아세요? 성인의 표준적인 체지방량인 15kg을 킬로칼로리(kcal)로 환산하면 무려 15000g x 9kcal = 135000kcal의 에너지가 발생합니다. 성인이 하루에 섭취하는 평균 에너지양이 약 2500~3000kcal 정도니까 엄청난 양의 에너지가 지방의 형태로 체내에 저장되어 있는 거죠.

그런데 지방의 존재 목적은 에너지 저장뿐이 아닙니다. 체온유지에도 중요하거든요. 사람의 체온은 36.5도로 유지되어야 정상적인 대사기 일어납니다. 체온에 약간의 변화라도 일어나면 바로 대사에 문제가 생겨서 심하면 죽음에 이르기도 하죠. 이때, 지방은 몸을 감싸 주위로부터의 열손실을 막고 체온을 유지해 준답니다.

이처럼 지방은 생존을 위해 반드시 있어야 할 물질이었습니다. 그런데 현대 사회 들어 과학기술이 발달하고 사람의 노동력이 기계로 대체되면서 인류는 갑작스럽게 풍족한 생활을 누리게 됩니다. 음식도 전혀 부족하지 않을 만큼 생산되었고, 고된 육체노동을 하며 많은 에너지를 소모할 일도 줄어들었죠. 체내로 들어오는 에너지는 늘어나고, 체내에서 소모되는 에너지는 감소한 것입니다.

그러나 지방을 체내에 저장하려는 특성을 가진 인류의 몸은 바뀌지 않았습니다. 과학기술의 발달로 인류가 풍족한 삶을 누린 지는 약 100년 정도 지났지만, 인류는 500만 년 전부터 지구상에서 살았으니까요. 현대 들어 비만 문제가 갑작스럽게 대두된 이유가 바로 이것입니다.

생존을 위해서 오랫동안 진화해온 특성이 현대 들어 불필요해지면서 인류의 건강을 위협하고 있는 거라고 보면 이해하기 쉽답니다. 만약 인류가 오래전부터 먹을 것이 풍족하고 고된 육체노동이 적은 환경에서 살았

겨울 대비를 위한 살 찌우기

다면 체내에 지방이 저장되도록 진화하지는 않았을 겁니다. 소비하고 남은 에너지는 바로 배출하도록 진화했겠죠. 지금처럼 비만 때문에 걱정할 필요도 아예 없었을 것이고요.

외모 문제부터 건강 문제까지, 비만의 문제점

우리 사회는 외모가 사람의 성공과 실패를 좌지우지할 정도로 상당히 큰 비중을 차지합니다. 회사에 취직하기 위해서는 지적인 능력을 높이는 것보다 성형수술을 한다거나 다이어트를 하는 게 훨씬 낫다는 사람들도 있을 정도지요. 그러다 보니 비만이 심한 사람일수록 직장을 갖지 못해 삶의 질이 낮고, 우울증이나 심한 스트레스를 앓기도 합니다. 이처럼 비만은 외모 문제에 큰 영향을 미치며, 사회로부터 소외되고 심리적으로 위축되는 원인이 되기도 합니다.

비만의 문제점은 이뿐만이 아닙니다. 더 큰 문제점은 바로 비만이 일으키는 질병들입니다. 심혈관계 질환, 당뇨병, 지방간, 관절염 등이 대표적인 예이죠. 오죽하면 비만은 만병의 근원이라는 말까지 사람들 사이에서 오갈 정도입니다.

그렇다면 비만은 어떻게 다른 질병을 일으킬까요? 일단 심혈관계 질환부터 살펴봅시다. 체중이 늘어나 몸이 커지면 인체에는 더욱 많은 혈액이 흐릅니다. 그러므로 비만 환자의 심장은 비만이 아닌 사람의 심장보다 훨씬 많은 혈액을 온몸으로 순환시켜야 합니다. 비만 환자라고 해서 심장의 크기가 더 큰 것은 아닌데, 순환해야 하는 혈액량은 늘어나니 심장에 무리가 가죠.

비만은 심장뿐 아니라 혈액에도 악영향을 끼칩니다. 비만 환자는 혈액 속에 많은 지방을 함유하는데요. 이로 인해 혈액의 점성이 강해지고, 지방이 혈관 속에 쌓이기도 하거든요. 이렇게 심장과 혈액에 문제가 발생하면서 생기는 질병들이 바로 심장병이나 고혈압, 동맥경화증, 심근경색 등의 심혈관계 질환입니다.

실제로 비만 환자들은 고혈압을 앓는 경우가 많습니다. 지방에 혈관 속에 쌓이면서 혈관이 좁아지고, 그 결과 혈압이 높아지는 거죠. 고혈압이 계속되면 혈관이 탄력을 상실해서 동맥경화가 생기고 심하면 혈관이 완전히 막혀버립니다. 혈관이 막히면 심장 세포나 다른 조직이 괴사하기도 하는데요. 이때 발병하는 질병이 바로 심근경색입니다. 만약 막힌 혈관이 뇌에 있는 뇌혈관이었다면 뇌졸중이 발생하기도 하죠.

비만 환자는 지방간도 쉽게 생깁니다. 간에 필요 이상의 지방이 축적되었을 때 발생하는 질병이 바로 지방간입니다. 만약 지방간이 많이 진행되면 간세포에 문제가 생기거나 염증이 생겨서 간 기능이 약해지는 간경변이나 만성 간염으로 발전하게 됩니다. 나중에 나이가 들어서 간암이 생길 가능성도 있고요.

그리고 많은 분이 잘 모르는 사실인데요. 관절염도 비만 환자에게 더욱 잘 찾아옵니다. 심지어는 젊은 나이에 말이죠. 왜냐고요? 비만 환자의 관절은 일반인의 관절보다 더욱 높은 체중을 감당해야 하므로 무리가 갈 수밖에 없기 때문입니다. 신체 내 관절 중에서도 체중을 지탱해주는 무릎관절이나 척추관절에 관절염이 잘 생깁니다.

비만 환자들에게 가장 문제가 되는 질병은 당뇨병입니다. 비만 환자는

관절염 걸리기 일보 직전

음식 섭취량이 많다 보니 당 섭취량 또한 높아서 혈당을 낮추는 호르몬인 인슐린이 많이 분비되거든요. 인슐린이 많이 분비되면 분비될수록 몸은 인슐린의 자극에 점점 둔감해지는데요. 이게 계속되면 인슐린이 분비되어도 인슐린이 몸에서 제 기능을 할 수 없습니다. 혈당이 낮아져야 하는 상황에서 혈당이 낮아지지 않는 거죠. 이러한 상태를 바로 당뇨병이라고 부릅니다.

만약 인슐린이 분비되지 않아서 생긴 당뇨병이라면 인슐린을 주사하면 되기에 큰 문제가 되지 않는데요. 비만으로 인한 당뇨병은 인슐린 주사의 효과가 크지 않아서 더욱 심각합니다. 당뇨병이 무수히 많은 합병증을 유발하기도 하고요.

먹는 음식은 줄이고, 소비되는 에너지는 늘리고! 비만 극복하기

사실 비만을 극복하는 방법은 이론적으로는 간단합니다. 체내로 들어오는 에너지보다 체내에서 소비되는 에너지가 더 많도록 조절하면 되거든요.

실제로 다이어트를 하는 사람들을 보면 음식을 조금 먹거나, 운동을 열심히 하죠. 음식을 꾸준히 조금 먹으면서 체내로 들어오는 에너지를 줄이고, 꾸준한 운동으로 소비되는 에너지를 늘리는 것입니다. 아침 식사를 많이 하고, 저녁 식사를 적게 하는 것도 좋은 방법입니다. 사람은 낮에 가장 활발한 활동을 하기에 아침 식사로 섭취한 에너지는 대부분 소비할 수 있는데요. 저녁 이후에는 활동이 거의 없고 잠을 자기에 저녁 식사로 섭취한 에너지는 대부분 지방으로 저장되기 때문이죠.

하지만 원래 먹었던 양보다 음식 섭취량을 줄이고, 운동량을 늘리는 것은 쉽지 않습니다. 특히 사회에서의 스트레스를 맛있는 음식으로 풀고, 운동할 시간이 부족한 현대인들에게는 더더욱 그렇죠. 이런 분들은 주로 다이어트약을 활용합니다. 올리스탯(Orlistat)과 시부트라민(sibutramine)과 같은 것들이 대표적이죠.

올리스탯은 스위스의 로슈 제약회사가 개발한 비만 치료제입니다. 세계 최초로 미국식품의약국(FDA)에서 승인을 받았죠. 라이페이스(lipase)라는 소화효소의 기능을 억제하는 원리입니다. 여기서 라이페이스란 이자액, 장액 위액에서 분비되고, 지방을 지방산과 글리세롤로 분해하는 소화효소를 말합니다.

몸으로 들어온 지방은 반드시 지방산과 글리세롤로 분해되어야 몸에서 흡수할 수 있습니다. 그런데 올리스탯이 라이페이스의 기능을 억제하면 우리 몸은 지방을 원활하게 분해하지 못하고, 지방을 흡수하지도 못합니다. 실제로 올리스탯을 투여하면 섭취한 지방의 30%가 흡수되지 않고 밖

운동만큼 훌륭한 다이어트 방법은 없답니다.

으로 배출된다고 해요.

하지만 올리스탯이 마냥 좋은 약은 아닙니다. 한국인처럼 지방 섭취량이 적고 탄수화물 섭취량이 많으면 올리스탯을 투여해도 제대로 된 다이어트 효과를 보기 어렵거든요. 탄수화물도 우리 몸에서 에너지로 쓰고 남으면 지방으로 저장되기 때문이죠.

그렇다면 시부트라민은 어떨까요? 시부트라민은 포만감을 일으키는 식욕 억제 호르몬인 세로토닌과 노르아드레날린의 흡수를 막는 원리입니다. 그래서 시부트라민을 투여하면 체내에 더 많은 양의 세로토닌과 노르아드레날린이 남아있게 되고, 그 결과 포만감을 더욱 빨리 느낄 수 있지요.

시부트라민은 지방 섭취량이 적고 탄수화물 섭취량이 많은 한국인에게도 효과가 있을 것이기에 꽤 혁신적인 다이어트약처럼 보이는데요. 심근경색, 흉통, 뇌졸중, 수면장애 등의 심각한 부작용이 꾸준히 발생하면서

2010년에 미국식품의약국(FDA)과 국내 식약청에서 판매중지 처분을 내렸습니다. 이로 인해 전 세계 다이어트약 시장이 많이 위축됐죠.

그래도 다이어트 신약은 제약회사들 사이에서 꾸준히 개발될 것으로 보입니다. 전 세계 사람들 상당수가 비만으로 고통받고 있고, 만약 혁신적인 다이어트 신약을 개발한다면 엄청난 경제적 수혜를 누릴 수 있을 테니까요.

그렇다면 다이어트약 외의 다른 방법은 없을까요? 수술이 있기는 합니다. 하지만 오직 초고도비만 환자만 의사의 처방으로 수술을 받을 수 있어요. 이런 환자들은 대체로 선천적으로 지방이 체내에 잘 축적되는 체질을 가진 경우가 많죠. 수술 한 번으로 살을 뺄 수 있기에 언뜻 보면 좋은 방법으로 보이지만, 부작용이나 합병증이 굉장히 심하다는 문제점이 있습니다. 수술 이후의 재수술 위험도 크고요. 비만으로 극심한 고통을 받는 사람들의 최후의 수단이라고 보시면 될 것 같습니다.

그렇다면 어떤 사람들이 수술을 받을까요? 대체로 BMI(체질량지수)가 35 이상이면서 비만으로 인한 질병으로 고통받고 있거나, BMI가 40 이상인 비만 환자들이 여기에 해당합니다. BMI가 40이면 키가 170cm라 가정했을 때 몸무게가 무려 120kg에 달하죠. 이 정도 몸무게면 아무리 젊은 나이라도 건강을 장담할 수 없습니다.

수술 방법도 여러 가지입니다. 위의 윗부분을 밴드로 약간 조여서 위의 용적량을 줄여 포만감을 빨리 느끼게 하는 위 밴드 수술이 가장 대표적이고요. 위의 불룩한 부분을 잘라내는 위 소매 절제술, 위 일부를 잘라내고 위를 소장의 중간 부분부터 연결해서 영양소의 흡수를 줄이는 담도 췌장

우회술도 있습니다. 특정 신체 부위를 절개한 후에 지방세포를 뽑아내는 지방흡입술도 방법 중 하나인데요. 지방흡입술은 비만 환자보다는 특정 부위에 지방이 너무 모여 있어 불균형적인 몸매를 가진 사람에게 주로 쓰입니다.

비만을 극복할 방법을 다양하게 살펴보았습니다. 어떠신가요? 다이어트약은 마땅한 게 없고, 수술은 최후의 수단이라고 하니 아직까진 획기적인 다이어트 방법이 딱히 없는 듯합니다. 지금으로서는 꾸준히 음식 섭취량을 조절하고, 꾸준히 운동하면서 몸을 건강하게 관리하는 것이 가장 확실하고 훌륭한 다이어트 방법입니다. 명심하세요. 모두가 부러워하는 멋지고 날씬한 몸은 오직 노력하는 자들의 것이라는 사실을요.

잊을만 하면 찾아오는 불청객!

전염성이 높은 인플루엔자

특정한 전염으로 발병된 질병을 제외하면

병의 원인은 일상생활 속에 있다.

- 후나하시 도시히코 (일본의 의사) -

　인플루엔자는 한 번 전염이 시작되면 무지막지한 규모로 퍼져나가기로 유명한 질병입니다. 감기보다 증상이 심하다고 해서 독감(독한 감기)이라고도 하지요. 사람 외에 다른 동물에게도 흔히 발생하는데요. 가축들이 대량 폐사했다면 대부분 원인은 바로 이 인플루엔자 때문이죠.

　인플루엔자는 역사적으로도 정말 많은 사람의 목숨을 앗아갔던 질병으로도 유명합니다. 지금으로부터 그리 멀지 않은 20세기의 역사만 보아도 1920년경에 스페인 독감으로 5000만 명이나 되는 어마어마한 사람들이 목숨을 잃었고, 50년대에 아시아 독감으로 100~200만 명, 1960년대에는 홍콩 독감으로 100만 명이 목숨을 잃었죠. 그리고 2009년에는 멕시코를 시작으로 신종플루라고 불리는 신종 인플루엔자가 전 세계를 덮쳐 약 1만 2400명이 목숨을 잃기도 했습니다.

　그나마 다행인 점은, 백신과 약의 개발로 과거보다 사망자가 많이 줄어들었다는 겁니다. 최근에는 코로나19 바이러스가 전 세계적으로 위세를 떨치면서 과거보다 존재감이 많이 줄어들은 것 같다고 말씀하시는 분들도 계시죠. 그러나 인플루엔자의 위험은 여전히 우리 주변에 도사리고 있습니다. 인플루엔자는 도대체 무엇이길래 우리를 계속 이렇게 위협하는 것일까요?

끊임없이 변화를 거듭하는 바이러스! 인플루엔자란 무엇일까?

인플루엔자는 감기와 증상이 비슷해서 감기와 같은 병원체에 의해 감염되는 질병이라고 생각하는 분들이 많은데요. 인플루엔자는 사실 감기와는 전혀 다른 질병입니다. 감기는 리노 바이러스와 코로나 바이러스라고 불리는 병원체에 의해 감염되는데요. 인플루엔자는 A형, B형, C형의 3가지로 분류되는 인플루엔자 바이러스에 의해 감염되거든요.

A, B, C형 3가지 종류의 인플루엔자 바이러스 중에서 가장 위험한 것은 A형입니다. 감염 속도가 가장 빠른 데다, 독성도 제일 강하거든요. B형과 C형도 사람에게 감염되는 인플루엔자 바이러스이지만 잘 감염되지도 않으며, 감염되어도 가벼운 증상을 나타내다가 쉽게 호전된답니다.

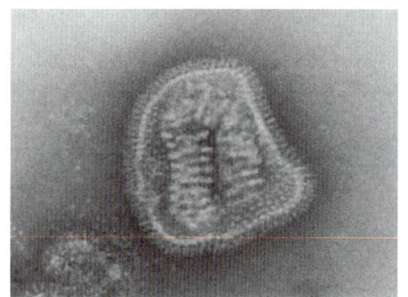

인플루엔자 바이러스

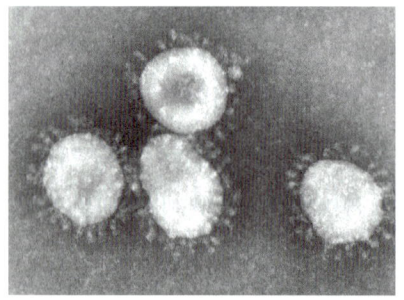

코로나 바이러스

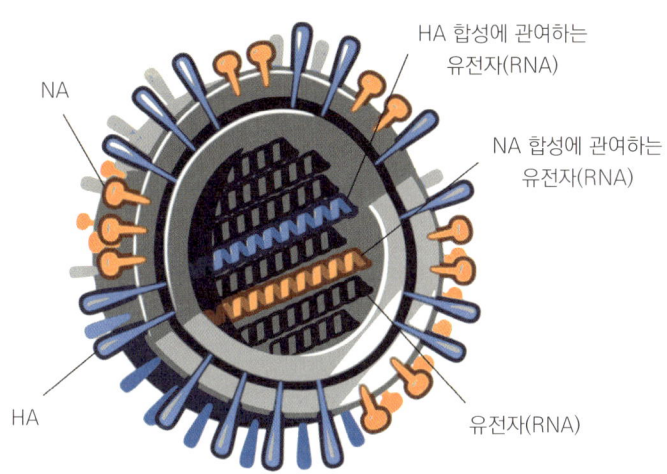

인플루엔자 바이러스의 구조

아무런 증상이 없이 조용히 지나가는 경우도 많죠. 20세기를 뒤흔들던 스페인 독감, 아시아 독감, 홍콩 독감도 모두 A형 인플루엔자 바이러스에 의해 생겨난 것이었습니다.

그렇다면 우리를 인플루엔자의 감염시키는 주범, 인플루엔자 바이러스는 어떻게 생겼을까요? 7~8개로 분리된 RNA가 약 10가지 종류의 단백질이 둥글게 둘러싸고 있답니다. 다른 생물들에 비해 상당히 단순한 구조인데요. 여기서 RNA가 바로 바이러스를 구성하는 단백질들에 관한 정보를 담겨 있는 유전물질입니다. RNA 하나에 1개 또는 2개 정도의 단백질 정보를 담고 있지요.

독성과 전염성이 가장 강한 A형의 경우를 예로 들어볼까요? A형은 11개의 단백질로 구성되어 있고, 유전자 또한 11개가 있는데요. 이들 11개의 유전자를 8개의 분리된 RNA에 1개 또는 2개씩 저장하고 있답니다. 여기서 주목해야 할 단백질이 2개가 있는데, 바로 HA(헤마글루티닌)와

NA(뉴라미니데이스)입니다.

HA와 NA는 인플루엔자 바이러스의 바깥 부분을 구성하는 단백질입니다. 이 단백질이 중요한 이유는 인플루엔자 바이러스의 생활사에 없어서는 안 되는 물질이기 때문입니다. HA는 바이러스가 세포 내로 침입할 때 사용하고, NA는 기생하는 세포 내에서 복제된 후 세포 밖으로 빠져나갈 때 사용하는데요. 이 두 개의 단백질이 반드시 있어야만 세포를 감염시키거나 번식을 할 수 있거든요. 우리를 인플루엔자 바이러스에 감염시키는 주범이 바로 이 HA와 NA인 겁니다.

그렇다면 HA와 NA로 세포로 침입한 인플루엔자 바이러스들이 왜 문제가 될까요? 우리의 몸을 구성하는 세포를 파괴하기 때문입니다. 세포 속으로 침입한 인플루엔자 바이러스들은 자신의 RNA를 복제해서 자신과 똑같은 인플루엔자 바이러스를 계속 만드는데요. 문제는 인플루엔자 바이러스들이 계속 한 세포에만 머무르지 않는 데에 있습니다. 갓 태어난 인플루엔자 바이러스들은 세포막을 뚫고 빠져나와 다른 세포로 장소를 옮기는데요. 장소를 옮기는 과정에서 세포가 터져 죽어버립니다. 인플루엔자 바이러스가 계속 번식하면 할수록 이러한 현상이 가속화되고, 신체 조직을 망가뜨리는 거죠.

그래서 우리 몸은 면역 시스템을 가동하여 인플루엔자 바이러스와 전쟁을 벌입니다. NA와 HA를 항원으로 인식하고 그에 맞는 항체도 생성하는데요. 과학자들은 바로 이 점을 활용해서 인플루엔자 백신을 개발합니다. NA와 HA를 주사하여 1차 면역반응을 일으키는 것이죠. 하지만 HA와 NA 둘 다 변이가 쉽게 발생하기 때문에 백신의 효과가 그리 오래 가

인플루엔자 바이러스의 정체성 혼란

지 않는답니다.

이처럼 HA와 NA는 인플루엔자 바이러스의 핵심이 되는 물질이고, 백신 연구에도 필수적이기에 활발한 연구가 이루어지고 있습니다. 인플루엔자 바이러스 A형의 아형을 구분할 때도 HA와 NA가 가장 중요한 기준이 되지요.

여러분은 혹시 인플루엔자 바이러스와 관련된 기사 글이나 뉴스 매체 등을 접할 때 H1N2와 같은 기호들을 본 적이 있으신가요? 이 기호가 바로 인플루엔자 바이러스 A형의 아형을 구분하는 구분 수단입니다. 여기서 H는 HA를, N은 NA를 의미하며, 숫자는 각각 H와 N의 종류를 의미합니다. H는 16종류, N은 9종류나 되지요.

이들 두 단백질에 의해 인플루엔자 바이러스 A형은 총 9 x 16 = 144개의 아형으로 구분되는데요. 여기서 H1, H2, H3와 N1, N2가 바로 우리 사람에게 인플루엔자를 감염시키는 아형이랍니다. 1920년경에 5000만 명의 사망자를 냈던 스페인 독감의 아형은 H1N1, 아시아 독감의 아형은 H2N2, 홍콩 독감의 아형은 H3N2였습니다. 사람을 감염시키는 아형 외에 가축을 감염시키는 아형도 빼놓을 수 없는데요. 조류 인플루엔자의 아형은 H5N1, H5N8 등이 있지요.

인류는 지금 인플루엔자와 전쟁 중! 인플루엔자 예방과 치료

그렇다면 인플루엔자는 어떻게 예방해야 할까요? 인플루엔자 바이러스는 감염된 사람의 재채기나 기침 등에 의해 전염되는 경우가 가장 많고, 손잡이나 책 등에 묻어 있다가 전염되기도 합니다. 인플루엔자 바이러스는 금속이나 플라스틱 표면에서는 하루에서 이틀 동안 생존하고, 종이에서는 약 15분, 피부에서는 약 5분 동안 생존할 정도로 생명력이 강합니다. 그러므로 손을 항상 깨끗이 씻고, 기침이나 재채기를 할 때는 코와 입을 가리고, 외출 후 돌아와서 손발을 씻는 등의 습관을 기르면 충분히 예방할 수 있답니다.

가장 효과적인 예방 방법은 역시 백신 접종이 아닐까 싶습니다. 전 세계에서는 매년 계절성 인플루엔자가 유행하는데요. 이런 이유로 WHO에서는 내년에 유행할 인플루엔자 바이러스의 아형을 예측하고, 전 세계 예방접종 계획을 수립합니다. 주로 인플루엔자 감염에 취약한 노인이나 어린이가 이 백신을 맞죠. 아마 나중에 인플루엔자로 인한 팬데믹이 발생했을 때도, 코로나19 팬데믹 때와 마찬가지로 백신이 큰 역할을 하게 될 겁니다.

여기서 재미있는 점은 WHO가 내년에 유행할 인플루엔자 바이러스 아형을 예측하는 방법입니다. 지구는 북반구가 겨울일 때 남반구는 여름이고, 북반구가 여름일 때 남반구는 겨울이죠. 계절성 인플루엔자는 주로 겨울철에 유행하는데요. 남반구의 겨울에 검출된 인플루엔자를 분석해 다가올 북반구의 겨울에 유행할 인플루엔자를 예상하고, 북반구의 겨울에 검출된 인플루엔자를 분석해 다가올 남반구의 겨울에 유행할 인플루엔자를 예상합니다.

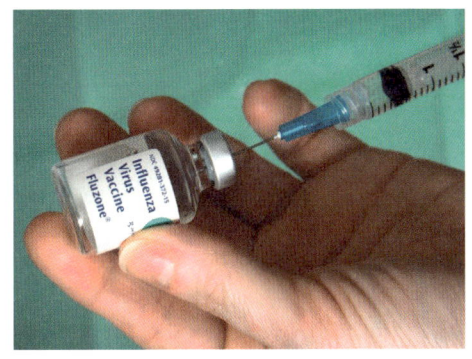

인플루엔자 백신

이러한 예상이 가능한 이유는 계절성 인플루엔자를 일으키는 바이러스가 남반구에서 북반구로, 그리고 다시 북반구에서 남반구로 전파가 계속 이루어지기 때문입니다. 물론 전파 과정에서 크고 작은 변이가 일어나는 등의 변수가 워낙 많다 보니 WHO의 예상이 언제나 맞아떨어지지는 않는답니다.

백신이 만들어지는 과정도 빼놓을 수 없겠죠? 백신은 병아리 태아가 자라고 있는 달걀에 인플루엔자 바이러스를 주입해서 배양합니다. 인플루엔자 바이러스를 배양하기에 최적의 환경을 갖춘 곳이 바로 알 속에 있는 병아리 태아의 허파거든요. 이렇게 배양된 인플루엔자 바이러스들을 달걀 밖으로 빼면 백신으로 사용할 수 있답니다.

하지만 이 백신을 모두에게 접종할 수 있는 것은 아닙니다. 백신의 제조 과정에서 달걀이 사용되기 때문에 중증의 달걀 알러지가 있는 사람에게는 접종할 수 없거든요. 백신에 소량 포함된 달걀 단백질이 체내로 주입되어 극심한 알러지 반응을 일으킬 수도 있기 때문입니다.

달걀로 만드는 백신의 문제는 이뿐만이 아닙니다. 만들어지기까지 너무 많은 시간이 필요하다는 것도 꽤 큰 문제입니다. 이 문제는 신종 인플루엔자가 갑작스럽게 퍼졌을 때 더욱 심각해지죠. 신종 인플루엔자는 엄청난 속도로 전 세계 사람들에게 퍼져나갈 텐데, 과학자들은 달걀에 인플루엔자 바이러스를 배양하며 기다리는 것 외에는 할 수 있는 것이 없을 테니까요.

달걀 백신의 문제점을 보완한 백신이 바로 세포배양 백신입니다. 달걀 대신에 동물이나 사람의 세포 속에다가 인플루엔자 바이러스를 배양하는 거죠. 세포배양 백신은 기존의 달걀 백신보다 만드는 데 걸리는 시간이 짧아서 신종 인플루엔자가 발생했을 때 빠르게, 대량으로 공급할 수 있다는 장점이 있습니다. 달걀 알러지 환자에게 부작용을 일으킬 일도 없고요. 여기에 더해, 코로나19 팬데믹을 계기로 유전자 백신 기술이 엄청 발달했기 때문에 유전자 백신 기술을 이용한 인플루엔자 백신도 꾸준히 만들어질 것으로 보입니다.

하지만 백신을 접종해도 인플루엔자 감염 가능성이 없는 것은 아니지요. 만약 인플루엔자 감염 시에는 어떻게 해야 할까요? 항바이러스제를 섭취하는 것이 가장 확실한 방법입니다. 인플루엔자를 치료하는 대표적인 항바이러스제가 바로 NA의 기능을 억제하는 타미플루랍니다. 스위스의 로슈 제약회사가 개발했고, 2009년 신종플루 때 엄청난 존재감을 뽐냈죠.

아마 신약개발 연구도 백신 연구와 더불어 꾸준히 이루어질 것으로 보입니다. 인플루엔자 바이러스에 계속 변이가 발생하다 보니, 지금보다 더욱 많은 항바이러스제가 확보되어야 할 필요성이 계속 부각 되고 있거든요. 아마 인플루엔자 바이러스는 기존 약에 내성을 가지도록 계속 변이를 일으킬 것이고, 인류는 효과적이고 변이에 강한 신약을 계속 개발하면서 서로 끊임없이 경쟁할 것입니다.

인플루엔자가 전 세계를 덮치다! 인플루엔자 팬데믹

지금 이 순간에도 인플루엔자 바이러스의 HA와 NA에는 계속 변이가 일어나고 있습니다. 한 번 인플루엔자 바이러스에 감염된 사람이라면 이미 1차 면역반응이 일어났기에 다음에 또 인플루엔자 바이러스가 침투해도 쉽게 이겨내야 정상인데요. 얼마 지나지 않아 또 감염되어 버리고 마는 이유는 바로 변이 때문이죠.

그나마 다행인 점은 HA와 NA의 변이가 대체로 그리 큰 폭으로 일어나지 않는다는 겁니다. 그래서 감염이 일어났다 하더라도 기존의 인플루엔자 바이러스에 익숙해져 있는 면역 시스템이 쉽게 이겨내는 경우가 대부분입니다. 대부분 약한 감기 증상이 나타났다가 금방 치유되지요. 거의 한해마다 주기적으로 발생하는 계절성 인플루엔자가 바로 이거랍니다. 백신으로도 충분히 예방할 수 있어서 사람들 사이에서 그렇게 심각하게 여겨지지도 않죠.

하지만 간혹 인플루엔자로 인해 전 세계 인류가 공포에 떠는 팬데믹이 발생하는 경우가 있습니다. 이런 인플루엔자 팬데믹은 어떻게 발생하는 걸까요? 주로 서로 다른 인플루엔자 바이러스 사이에서 유전자 재조합이

넌 갑자기 어디서 나타난 거야?!

일어났을 때 발생합니다.

유전자 재조합은 어떻게 발생하냐고요? 한 가지 예를 들어 드릴게요. 어떤 동물에게 사람 인플루엔자 바이러스와 동물 인플루엔자 바이러스가 동시에 감염되었다고 가정해 봅시다. 이 두 바이러스가 서로 영향을 주지 않았다면 다행인데요. 이 두 바이러스가 간혹 서로 만나 섞이고, 유전자 재조합이 일어나는 경우가 있습니다.

이렇게 유전자 재조합이 일어나면 기존의 것과는 완전히 다른 HA나 NA를 가진 신종 인플루엔자가 탄생합니다. 사람들은 이런 인플루엔자 바이러스에 속수무책으로 감염됩니다. 특히 감염이 시작되는 초기에는 도저히 손을 쓸 수가 없을 정도로 급속도로 전 세계로 퍼져나가죠. 기존 사람들의 면역 시스템이 한 번도 맞서 싸워본 적이 없는 새로운 형태의 바이러스이기 때문입니다.

계절성 인플루엔자가 1년 주기로 일어난다면, 유전자 재조합에 의한 인플루엔자 팬데믹은 몇십 년 주기로 일어나는데요. 당장 내년에 인플루엔자 팬데믹이 발생해도 전혀 이상하지 않을 정도로 우리는 인플루엔자 팬데믹의 위험에 계속 노출되어 있답니다.

2009년에 전 세계를 타격해 사람들을 공포로 몰아넣었던 신종플루도 서로 다른 인플루엔자 바이러스 간에 유전자 재조합이 일어나면서 발생한 것입니다. 전염 확산 속도가 엄청나게 빨랐던 것도 완전히 다른 새로운 형태를 가진 항원 때문이었죠. 코로나19 팬데믹도 마찬가지입니다. 비록 인플루엔자 바이러스가 아닌 코로나 바이러스에 의해서 발생한 팬데믹이었지만, 코로나19 팬데믹 또한 유전자 재조합으로 발생했을 것으로 추정되고 있지요.

지금까지 그래왔듯, 앞으로도 신종 인플루엔자로 인해 팬데믹이 발생할 가능성은 충분히 있습니다. 해외여행이나 국가 간 교류가 활발하게 이루어지고 있는 현대 사회에서는 더욱 그렇죠. 그러므로 우리 인류는 항상 언제 발생할지 모르는 팬데믹을 대비하고 있어야 합니다. 백신 개발과 신약개발이 지금으로써는 가장 확실한 방법이겠지요.

결핵의 전성기는 지금도 진행 중?

인류를 뒤흔들던 질병 결핵

건강은 이를 데 없이

값비싸고 잃기 쉽다.

- 쇼보 드 보센 (프랑스의 의사) -

결핵은 인류 역사상 가장 많은 사람의 목숨을 앗아간 전염병입니다. 고대 그리스의 의사이자 현대의학의 아버지라고 불리는 히포크라테스는 사람에게 가장 위험한 병을 '프티시스'라고 불렀다고 하는데요. 현대 과학자들은 프티시스가 결핵을 의미했을 것으로 예상하고 있답니다. 역사에 한 획을 그었던 수많은 지도자도 대부분 결핵으로 인해 목숨을 잃곤 했습니다. 역사를 가장 크게 뒤바꾼 질병을 하나 꼽으라면 암도 아니고, 인플루엔자로 아니고 당연히 결핵을 첫 번째로 꼽을 정도지요.

그런데 현재 사람들 사이에서는 결핵이 이제 옛날 병이라는 인식이 있는 것 같습니다. 과거에는 무서운 질병이었지만, 지금은 그리 무서운 질병은 아니라는 것이죠. 이것은 잘못된 생각입니다. 결핵은 지금 이 순간에도 인류를 위협하며 수많은 사람의 목숨을 앗아가고 있는 무서운 질병입니다.

실제로 WHO(세계보건기구)도 전 세계 인류 3명 중 1명은 결핵균에 감염되어 있다는 결과를 발표하기도 했지요. 우리 주변에 있는 사람들의 30% 이상이 결핵균에 감염되어 있는 셈인데요. WHO는 인류 상당수가 결핵균에 감염되어 있지만 단지 증상이 없고 발병되지 않았을 뿐이라고 말합니다.

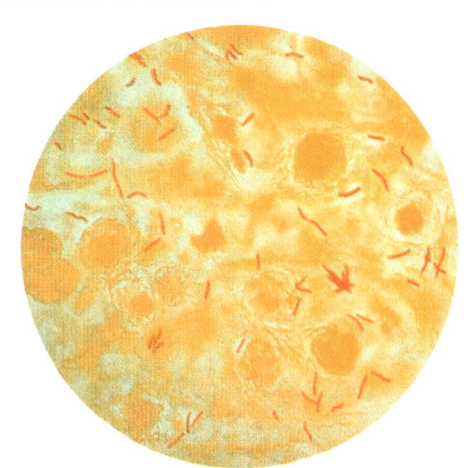

가래 속의 결핵균 (빨간색)

우리나라도 예외는 없습니다. 우리나라에서는 1930년 이후로 결핵 환자가 급격하게 증가하기 시작해서, 60년대까지 몇십만 명 이상의 목숨을 앗아간 무서운 질병이었습니다. 문학가로 이름을 떨쳤던 김유정이나 이효석, 이상도 결핵에 의해 역사의 저편으로 사라졌죠.

지금은 결핵 환자의 수가 그리 많지는 않은데요. 결핵 환자의 수가 감소하기 시작한 것은 60년대 이후입니다. 정부에서 결핵 퇴치 사업을 시행했던 덕분이지요. 그렇다고 해서 방심해서는 안 됩니다. 지금 이 순간에도 꽤 많은 사람이 결핵을 목숨을 잃고 있거든요.

최근 들어서는 거의 사라진 줄만 알았던 결핵이 전보다 더욱 강한 병원성을 갖추고 다시 고개를 들어 인류를 위협하고 있다는 보고도 있습니다. 결핵은 대체 어떤 질병이기에 인류에게 이런 무서운 위협을 가하는 것일까요?

대식세포마저도 이기는 결핵균! 결핵이란 무엇일까?

결핵은 결핵균(Mycobacterium tuberculosis)에 의해 발병하는 전염병입니다. 공기 중에 떠다니는 결핵균 보균자의 기침, 콧물 등의 분비물 방울이 코와 입을 거쳐 체내로 들어가 감염을 일으키죠.

다행히도 사람의 몸속으로 침입한 결핵균 대부분은 기도 속의 가래에 의해 걸러져서 체내로 못 들어가는데요. 간혹 결핵균이 이를 뚫고 들어가는 경우가 있습니다. 산소를 좋아하는 호기성 세균이라 코와 입을 거쳐 폐에 주로 자리를 잡죠. 그리고 이렇게 폐에 결핵균이 자리를 잡았을 때, 결핵이 발병했다고 합니다. 정확히는 폐결핵이죠. 매우 소수이지만 소화기관이나 생식기관 등의 다른 기관에 자리 잡기도 한답니다.

폐에 자리를 잡은 결핵균은 세포 속으로 들어가 기생하기 시작합니다. 폐에 결핵균이 침입했다는 사실을 파악한 면역 시스템은 염증반응을 일으키고 대식세포를 출동시키지요. 이렇게 출동한 대식세포는 결핵균을 잡아먹어야 하는데요. 문제는 결핵균이 대식세포의 공격으로는 쉽게 죽지 않는다는 겁니다. 대식세포가 운 좋게 결핵균을 공격해 잡아먹었다 하더라도, 대식세포 안으로 들어간 결핵균은 소화되지 않고 대식세포에 기생하죠.

우리 몸의 면역 시스템은 대식세포만으로는 결핵균을 퇴치할 수 없다는 것을 깨닫고 세포독성 T세포를 출동시킵니다. 하지만 세포독성 T세포도 문제를 해결하지 못합니다. 세포독성 T세포가 결핵균을 퇴치하기는커녕 오히려 같은 편인 대식세포를 공격하거든요. 정확히는 결핵균이 기생하고 있는 대식세포를 말이죠. 왜냐고요? 세포독성 T세포가 결핵균이 기

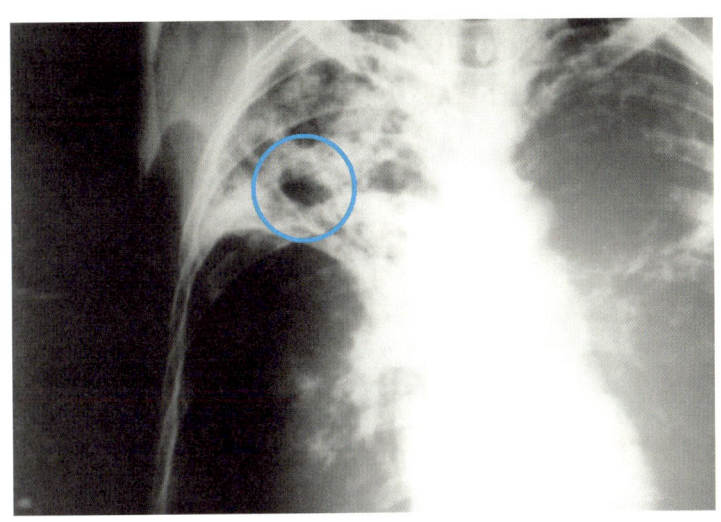

결핵 환자의 육아종

생하고 있는 대식세포를 결핵균으로 착각하기 때문입니다.

여기서 다가 아닙니다. 세포독성 T세포는 대식세포와 함께 우리 몸을 구성하는 다른 체세포도 함께 공격합니다. 정확히는 결핵균이 기생하고 있는 체세포를 공격하죠. 이렇게 체세포와 함께 결핵균이 죽으면 그나마 다행인데요. 문제는 체세포만 죽고, 결핵균은 죽지 않는다는 겁니다. 그리고 이렇게 죽지 않고 살아남은 결핵균은 또 다른 대식세포나 체세포로 들어가 기생을 시작합니다.

만약 이 과정이 반복되면 어떻게 될까요? 우리 몸이, 특히 폐를 구성하는 세포와 조직들이 계속 파괴될 것이라 예상할 수 있죠. 폐결핵에 발병했을 때 폐에 커다란 구멍이 뚫리는 이유가 바로 이것 때문입니다. 다른 부위에 결핵균이 감염되어도 마찬가지고요.

결핵균 때문에 염증반응이 계속 발생하다 보면 폐에 '육아종'이라는 염증이 만들어지는데요. 육아종이 호흡관을 막으면서 호흡곤란 등의 증상이 나타나고 가래를 토할 때 피가 섞여 나오기도 하죠. 폐 이외에 다른 기관에 감염되면 체중 감소, 식욕감퇴, 식은땀 등의 다양한 증상이 발생합니다. 그래서 결핵이 의심되는 환자들은 가슴 부위를 방사선 촬영하여 육아종이 있는지 확인하고, 가래에 결핵균이 있는지 검사하는 절차를 밟게 되지요.

인류를 뒤흔들고 공포로 몰아넣은 질병, 결핵의 역사

그렇다면 결핵은 도대체 언제부터 우리 인류를 이렇게 괴롭히기 시작할까요? 결핵균과 인류 간 악연의 시작은 지금으로부터 17000년 전으로 거슬러 올라갑니다.

지금으로부터 17000년 전만 해도 인류에게는 결핵균이 감염되지 않았습니다. 결핵균의 숙주는 사람이 아닌 소였죠. 그런데 인류가 소를 가축으로 키우기 시작하고, 소에게만 감염되던 결핵균에 우연히 변종이 생겨나면서 사람에게도 감염이 가능해지기 시작했습니다. 실제로 기원전 15000년 이후로 발견되는 사람의 화석이나 미라를 잘 관찰해보면 결핵의 흔적을 쉽게 발견할 수 있습니다.

결핵이 이렇게 갑작스럽게 인류를 덮친 데에는 인류의 생활사 변화와 관련이 있습니다. 인류는 원래 수렵 생활과 채집 생활을 하던 종이었는데요. 어느 정도 시간이 지나고 문명을 이루게 되면서, 크고 작은 도시를 형성하게 되었습니다. 특히 고대 그리스나 로마 제국에서 이런 현상이 두드러졌죠. 문제는 사람들이 도시 지역에만 과도하게 밀집해 살게 되었다는

사람이 결핵이 감염된 건 소 때문이라고?

겁니다. 전염병이 퍼지기에는 최적의 환경이 조성된 것이죠.

 그렇다고 해서 결핵이 전 세계적으로 항상 유행했던 질병은 아닙니다. 결핵은 당시 사람들의 생활사와 밀접한 관련이 있었기 때문이죠. 예를 들어, 우리나라를 포함한 동양 국가들은 서양 국가들에 비해 큰 도시를 이루며 밀집해 사는 경우가 많지 않았는데요. 이런 이유로, 동양에서는 결핵으로 죽는 비율이 적은 편이었습니다.

 서양 국가에서도 결핵이 덜 유행했던 적이 있습니다. 바로 중세시대입니다. 중세시대는 주민들이 외부와의 접촉이 거의 불가능했던 폐쇄적인 사회였기 때문입니다. 결핵 감염이 일어나도 가족 내에서만 일어날 수밖에 없었던 것이죠. 그래서 이때만큼은 서양 국가의 결핵 환자 비율이 동양 국가들과 거의 비슷했습니다.

 그런데 우리 인류에게 생활사에 큰 변화가 생기며 본격적으로 심각한 사회문제로 떠오르게 되는데요. 이때가 바로 유럽이 산업사회로 접어들기 시작할 즈음입니다. 농촌 인구의 대부분이 대도시로 몰리기 시작했거든요. 여기에 더해, 도시로 몰린 노동자들이 대부분 고된 노동과 비위생적이고 좁은 주거 공간, 말도 안 되게 적은 임금으로 영양실조에 시달렸습니다. 지금까지 인류의 역사에서 단 한 번도 없었던, 전염병이 퍼지기에 너무나도 좋은 환경이 조성된 것입니다.

그 결과, 1800년부터 2000년까지 전 세계에서 약 10억 명 이상이 결핵에 의해 목숨을 잃고 말았습니다. 1900년경에는 세계인구가 16억 명이었고 1950년에는 25억 명 정도밖에 되지 않았다고 하는데요. 정말 많은 사람이 결핵에 의해 목숨을 잃었고 당시 상황이 얼마나 절망적이었는지 알 수 있지요. 인류는 결핵과의 전쟁에서 승리할 방법을 도저히 찾을 수 없을 것처럼 보였습니다.

그렇다면 당시 우리나라는 어땠을까요? 우리나라도 예외는 아니어서 일제 강점기에 접어들며 결핵 환자가 빠른 속도로 증가했다는 기록이 남아 있습니다. 실제로 일제 강점기는 한반도에 본격적으로 도시화가 이루어진 시기이고, 전국 각지에 분포하던 인구가 도시로 몰리기 시작했던 시기입니다.

이처럼 당시는 결핵으로 정말 많은 사람이 목숨을 잃었던 시기인데요. 한편으로는 결핵에 저항하기 위한 움직임이 활발하게 발생했던 시기이기도 합니다. 이러한 움직임을 주도했던 대표적인 과학자가 바로 독일의 미생물학자 로베르트 코흐(Robert Koch)입니다. 그는 1882년에 세게 최초로 결핵을 일으키는 막대 모양의 균인 결핵균(Mycobacterium tuberculosis)을 발견하여 결핵 연구의 초석을 다졌습니다. 1905년에 노벨생리의학상도 받고요.

이제 결핵균의 정체를 발견했으니 결핵균을 예방하고 퇴치하기 위한 연구가 이루어져야겠죠? 로베르트 코흐의 연구를 바탕으로 알베르 칼메트(Albert Calmette)와 카미유 게랭(Camille Guérin)은 소에게 걸리는 결핵을 활용해 BCG라고 불리는 백신을 개발했습니다.

로베르트 코흐

백신이 개발되기까지의 과정이 흥미로운데요. 원래부터 백신 개발을 목적으로 했던 것은 아니었다고 합니다. 게다가 그들의 연구 대상은 사람을 감염시키는 결핵이 아니라, 소를 감염시키는 우형 결핵균이었습니다. 연구 도중, 우형 결핵균을 글리세린, 쓸개즙, 감자의 혼합물에 넣으면 병원성이 약한 우형 결핵균이 생겨난다는 것을 우연히 알아냈다고 해요.

칼메트와 게랭은 이 현상을 보고, 같은 방식으로 사람을 감염시키는 결핵균의 병원성을 약하게 만들면 백신이 탄생할 수도 있을 거라고 판단했습니다. 그리고 무려 15년 동안 237대에 걸쳐 글리세린, 쓸개즙, 감자 혼합물에 결핵균을 배양했죠. 그 결과, 병원성을 거의 상실한 결핵균 배양액을 만들어내는 데 성공했답니다.

완치되거나, 아니면 슈퍼결핵이 되거나! 결핵의 치료

결핵을 예방하는 백신은 꽤 빨리 개발이 이루어졌지만, 이와 별개로 결핵을 치료하는 약은 상당히 늦게 개발되었습니다. 1900년대 초반만 해도

셀먼 왁스먼

결핵은 백신으로 예방만 가능했을 뿐 치료가 불가능했어요. 결핵에 발병된 환자는 요양 외에 취할 수 있는 조치가 전혀 없었던 것입니다. 그래서 당시에는 결핵에 발병된 환자의 폐를 꺼내 공기로부터 차단하는 등의 황당한 시술법들이 유행했습니다. 그만큼 결핵 치료가 절실했던 시기였다는 의미겠지요.

결핵 치료가 가능해지기 시작한 시기는 1946년부터입니다. 이때 미국의 미생물학자 셀먼 왁스먼(Selman Waksman)이 최초의 결핵약인 스트렙토마이신(streptomycin)이라는 물질을 발견했고, 이 물질이 결핵균에 치명적이라는 사실을 발견했거든요. 이 사실이 발견되기까지의 과정도 꽤 흥미롭습니다. 셀먼 왁스먼은 사실 결핵균과는 거리가 먼 토양미생물을 연구하던 과학자였거든요.

그렇다면 셀먼 왁스먼은 어쩌다 스트렙토마이신을 발견했을까요? 병원균이 들은 용액에 흙을 넣었을 때 병원균이 죽는다는 사실을 관찰하면서 발견하게 되었다고 알려져 있습니다. 그는 흙 속의 미생물이 병원균을 죽인 것이라 여기고 이 미생물이 무엇인지 밝혀내고 싶어 했는데요. 그렇게 밝혀낸 미생물이 바로 스트렙토마이신을 분비하는 스트렙토미세스 그리세우스였다고 해요. 셀먼 왁스먼은 이렇게 스트렙토마이신을 발견한 공로를 인정받아 1952년에 노벨생리의학상을 받았습니다.

결핵약의 발견은 스트렙토마이신으로 그치지 않았습니다. 이후에도 많은 과학자에 의해 리팜피신, 이소니아지드 등의 다양한 결핵약이 개발되었죠. 이 약들을 1차 치료제라고 부르는데요. 지금까지도 결핵 치료에 사용되고 있습니다. 부작용이 적고 약값도 싼 데다, 6개월 동안 꾸준히 복용하면 완치가 가능한 것으로 알려져 있답니다.

대다수의 결핵 환자들은 1차 치료제만으로 충분히 결핵을 치료하는데요. 모든 환자가 그런 것은 아닙니다. 특히, 치료 도중 결핵 증상이 전혀 발현되지 않아서 결핵이 완치되었다고 잘못 판단한 환자가 약 복용을 중단하면 문제가 생깁니다. 체내에 결핵균이 남아 있음에도 약을 먹지 않으면서 결핵균이 1차 치료제에 내성을 갖게 되거든요.

만약 결핵균이 1차 치료제에 내성을 갖게 되면 1차 치료제는 치료 효과가 거의 없게 됩니다. 이 상태의 결핵을 다제내성 결핵이라고 부르죠. 다제내성 결핵 환자는 2차 치료제를 복용합니다. 카나마이신, 사이클로세린, 시프로플록사신 등이 대표적인 예이죠. 1차 치료제와는 달리 값이 꽤 비싸고 부작용도 심합니다. 치료 기간도 최소 18개월~24개월이나 되지요. 심하면 폐를 절단하기도 하는데요. 환자의 25%가 치료 과정에서 사망합니다.

다제내성 결핵보다 더 심각한 수준에 다다르기도 합니다. 2차 치료제에도 내성을 갖는 거죠. 이때의 결핵을 광범위 내성 결핵 또는 슈퍼결핵이라고 합니다. 치료를 위해서는 2차 치료제 중에서 내성을 가지지 않는 것으로 추정되는 치료제를 몇 가지 복용해야 합니다. 치료가 어려워서 환자의 사망률이 매우 높죠.

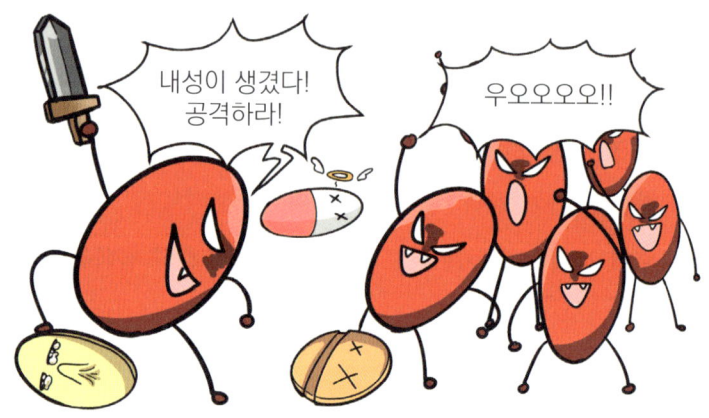

결핵균의 반격이 시작됐다!

옛날 병이라고 생각하면 오산! 결핵의 전망은?

현재 결핵 치료의 가장 큰 문제점은 2차 치료제입니다. 부작용이 심하고 치료 기간이 긴 데다, 완치율이 매우 낮거든요. 비용 문제도 무시할 수 없는 수준이고요. 게다가 최근에는 처음부터 다제내성 결핵 또는 슈퍼결핵에 발병하여 2차 치료제가 필요한 환자의 비율이 계속 증가하고 있어서 더 문제가 되고 있습니다. 곧 사라질 것 같았던 결핵균이 더욱 강해진 모습으로 우리 앞에 모습을 드러내고 있는 거죠.

다른 질병들도 마찬가지겠지만, 결핵균도 인류와 전쟁을 지속해야 할 운명이 아닐까 싶습니다. 새로운 약을 개발해도, 더욱 혁신적인 백신 기술을 개발해도 결핵균은 얼마 지나지 않아 그에 맞는 내성을 가지게 될 테니까요.

현새 과학자들은 2차 치료제의 단점을 보완할 수 있는 새로운 약의 개발에 힘쓰고 있습니다. 기존의 2차 치료제와는 달리, 부작용이 적어야 하고, 치료 기간이 짧아야 하고, 완치율이 높아야겠죠. 또, 1차 치료제만큼 값이 싸야 가난한 국가의 사람들도 경제적인 어려움 없이 슈퍼결핵을 치료할 수 있을 것입니다.

   그리고 중요한 사실이 하나 있습니다. 사람들이 지금보다 결핵에 관심을 가져야 한다는 것입니다. 여전히 많은 분이 결핵을 옛날 병으로 여기는데요. 완전히 잘못된 생각입니다. 결핵은 이 시대를 살아가는 사람이라면 누구든지 발병할 수 있으며, 사망률도 높은 무서운 질병이라는 사실을 꼭 잊지 마시기 바랍니다.

6장

미래를 이끌 첨단 과학기술!

생명체를 활용하는 기술 생명공학

유전자를 자르고 붙이고!

유전자 재조합 기술

**유전공학이 발달하면서
모든 인류가 충분히 먹을 수 있는 세상이 올 것이다.
- 앨빈 토플러 (미국의 미래학자) -**

우리가 즐겨 먹는 옥수수가 원래 멕시코 중부에서 자랐던 잡초 '테오신테(teosinte)'였다는 것을 알고 계시나요? 테오신테는 불과 1만 년 전만 해도 알맹이는 쌀알만 하고 10개도 채 달리지 않아서 식량으로 쓰기에 부적절한 식물이었습니다. 하지만 사람들이 사는 곳 주변에는 늘 테오신테가 자라고 있었고, 여러 유형의 돌연변이가 있었죠. 돌연변이 중에서는 알맹이의 개수가 많고 크기가 커서 먹을 수 있는 부위가 많은 돌연변이도 있었습니다.

사람들은 돌연변이 테오신테를 그냥 두지 않고 돌연변이끼리 서로 교배시켜 돌연변이가 더욱 잘 발현될 수 있도록 육종했고, 그 결과 지금의 옥수수가 탄생했습니다. 무려 1만 년의 시간이 걸렸죠. 그런데 이제는 육종을 위해 1만 년이나 시간을 들일 필요가 없어졌습니다. 생명체의 유전자를 재조합하는 기술이 개발되었거든요.

유전자 재조합 기술이란, 특정 생명체의 유전자 중 유용한 유전자를 다른 생물체에 삽입해서 유용한 성질이 나타나도록 하는 기술을 말합니다. 이 기술을 이용하면 병충해나 제초제에 잘 죽지 않는 농작물이나 식용할 수 있는 부분이 더 많은 농작물을 만들 수 있답니다.

플라스미드를 자르고 붙이고! 유전자 재조합 기술

왓슨과 크릭이 DNA의 구조를 밝혀내면서 DNA를 조작하거나 다룰 수 있는 다양한 기술들이 개발되기 시작했는데요. 대표적인 기술이 바로 DNA의 특정 부분을 자르는 제한효소(restriction enzyme), 잘라진 DNA를 서로 붙여주는 라이게이스(ligase)입니다. 이 두 기술 덕분에 생명체의 DNA를 원하는 대로 자르고 붙이는 유전자 재조합 연구가 가능해졌죠.

그러나 제한효소와 라이게이스만으로 DNA를 다루기란 쉽지 않았습니다. 특히 동물이나 식물처럼 복잡한 형태를 가진 생명체의 DNA일수록 더더욱 그랬죠. 이런 상황에서 주목받은 것이 바로 세균이 가지고 있는 원 모양의 DNA인 플라스미드(Plasmid)입니다. 플라스미드는 약 30~40개 정도밖에 안 되는 적은 유전자를 가지고 있어서 동식물 유전자보다 다루기 쉬웠습니다. 게다가 세균 몸속으로 넣거나 빼는 게 쉽다는 것도 장점이었죠.

그리고 1972년에는 스탠포드 대학의 한 연구팀이 플라스미드를 이용

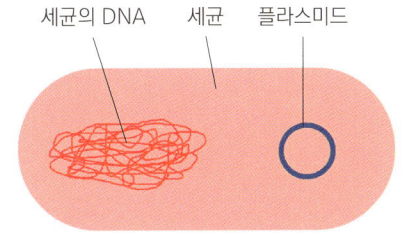

세균과 플라스미드

두 개의 플라스미드가 하나로!

해서 세계 최초로 유전자 재조합에 성공했답니다. 대장균으로부터 2개의 플라스미드를 꺼내서 제한효소로 자른 다음에 라이게이스로 연결해서 한 개의 플라스미드를 만들었거든요.

그리고 다음 해 스탠포드 대학에서는 두꺼비의 DNA 조각 일부를 플라스미드에 끼워 넣어 재조합하고 대장균에 몸속에 넣는 실험에 성공했습니다. 이 실험은 서로 다른 종의 DNA 사이에 유전자의 재조합이 일어날 수 있다는 것을 증명한 중요한 실험이었습니다. 서로 다른 종의 DNA를 재조합하면 새로운 형질을 가진 생물을 만들 수 있을 것이라는 가능성이 열렸으니까요.

스탠포드 대학에서 이루어진 이 두 개의 실험 덕분에 본격적으로 유전자 재조합의 시대가 도래할 수 있었답니다. 과학자들이 이때부터 본격적으로 유전자 재조합 기술을 어떻게 활용할 수 있을지 고민하기 시작했거든요.

작은 세균을 이렇게 유용하게? 세균 유전자 재조합 기술의 활용

유전자 재조합 연구 초기에 쓰였던 DNA는 세균의 플라스미드였습니다. 고작 세균으로 무슨 일을 할 수 있을까 싶은데요. 세균을 이용한 유전자 재조합 기술은 당뇨병 치료의 패러다임을 완전히 바꾸어 놓았다는 평가를 받고 있습니다. 당뇨병 환자에게 필요한 호르몬인 인슐린을 대량으로 생산하는 것이 가능해졌기 때문이죠.

세균으로 인슐린을 생산하는 원리는 간단합니다. 일단 대장균으로부터 플라스미드를 추출하고 제한효소로 한쪽을 자릅니다. 그리고 사람의 DNA로부터 인슐린 합성에 관여하는 유전자를 추출합니다. 그 후 한쪽이 잘린 플라스미드와 사람의 인슐린 유전자를 라이게이스로 서로 연결합니다. 그러면 인슐린 합성에 관여하는 유전자가 포함된 재조합 플라스미드

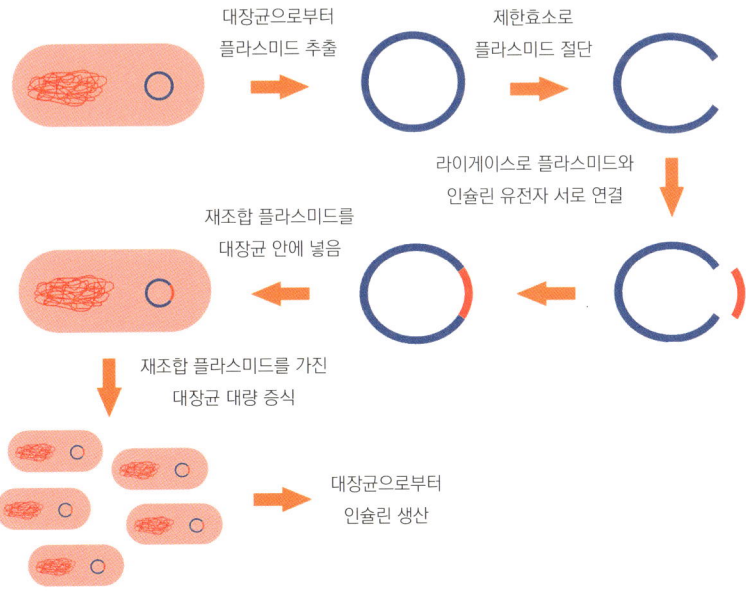

대장균으로 인슐린을 생산하는 과정

가 탄생하죠.

이 재조합 플라스미드를 대장균 안에 넣으면 어떻게 되는지 아세요? 인슐린 생산 능력이 전혀 없었던 대장균이 인슐린 생산 능력을 갖추게 되는데요. 이들 대장균을 대량으로 증식시키면 대량의 인슐린을 얻을 수 있습니다. 인슐린을 대장균으로부터 분리 추출하여 정제하면 당뇨병 환자에게 투여할 수 있지요.

인슐린을 대량생산할 수 있게 된 것이 왜 그렇게 대단한 것인지 의문이 드실 수도 있을 것 같습니다. 비록 지금은 인슐린을 구하는 것이 전혀 어렵지 않지만, 사실 유전자 재조합 기술이 생겨나기 전에는 인슐린을 구할 방법은 소나 돼지로부터 추출하는 것뿐이었습니다. 그나마도 양이 너무 적어서 많은 동물의 희생이 필요했죠. 사람의 인슐린과 화학적 구조가 달라서 부작용이 발생하기도 했고요.

하지만 유전자 재조합 기술 덕분에 동물의 인슐린이 아닌 사람 인슐린을, 그것도 소량이 아니라 대량으로 생산할 수 있게 되면서 당뇨병 치료 기술이 더욱 발전할 수 있었습니다. 인슐린을 생산했던 방법과 같은 방법으로 성장 호르몬, 인터페론, 항암제 등의 대량생산도 가능해졌고요. 정말 대단한 일이 아닐 수 없습니다.

그러나 이 연구들은 분명한 한계가 있었습니다. 동물이나 식물의 유전자를 조작한 연구가 아니라, 세균의 유전자를 조작한 연구에 불과했기 때문이죠. 무엇보다 세균의 유전자 재조합으로 만들어진 물질은 사람이 생산하는 물질과 차이를 보이는 경우도 많았습니다. 그래서 사람과 거의 유사한 성질을 갖는 동물 유전자의 조작이 꼭 이루어져야 했죠. 식물도 마

기껏 만들었는데 필요가 없다?

찬가지고요. 그래서 과학자들은 이제 동물과 식물의 유전자를 조작하기 위한 도전을 시작했습니다.

세균은 한계점이 많아! 동식물 유전자 재조합 기술의 활용

과학자들은 세균의 유전자 재조합 연구를 통해 얻은 지식을 바탕으로 세균 외의 다른 생물들의 유전자로 눈길을 돌렸습니다. 세균 다음의 첫 번째 유전자 재조합 대상은 효모였답니다. 효모는 빵, 맥주, 막걸리 등을 만들 때 사용되는 미생물의 일종인데요. 세균은 아니지만, 플라스미드를 가지고 있어 유전자 재조합 연구에 적합했습니다.

그러나 여전히 유전자 재조합 기술을 동물과 식물에 적용하기엔 무리였습니다. 동식물의 유전자는 세균이나 효모보다 훨씬 커서 다루기 힘든 데다, 무엇보다 결정적으로 플라스미드가 없었거든요. 특히 식물세포는 두꺼운 세포벽에 둘러싸여 있어서 세포 내의 유전자 조작이 더욱 어려울 수밖에 없었습니다. 동식물의 유전자 재조합을 위해서는 세균과 효모 유전자 재조합 과정에서 사용된 적 없는 새로운 유전자 재조합 기술이 개발될 필요가 있었지요.

그리하여 과학자들은 동식물의 유전자 재조합을 위한 새로운 기술의 개발을 시작했습니다. 긴 연구 끝에 동식물의 유전자 재조합을 위한 다양한 방법들이 수 있었지요. 대표적인 기술들이 바로 핵 치환 기술과 세포융합 기술입니다.

핵 치환 기술이란 정자와 난자가 만나 수정란이 된 배아의 핵을 제거한 후 다른 세포의 핵을 넣는 기술을 말합니다. 핵 치환 기술 연구는 1952년 북아메리카의 표범개구리를 재료로 하여 실험에 성공한 것을 시작으로 다양한 동물들을 대상으로 활발히 이루어졌습니다. 1966년 영국의 생물학자인 존 거든(John gurdon) 박사는 개구리의 수정란의 핵을 제거하고 다른 개구리의 세포로부터 추출한 핵으로 치환하는 데 성공하기도 했죠. 영국에서는 아예 핵 치환 기술을 이용해서 복제 양 돌리를 탄생시키기도 했답니다.

그렇다면 세포융합 기술은 어떨까요? 세포융합 기술이란 서로 다른 종의 두 세포를 융합하여 두 세포의 기능을 동시에 갖는 세포를 만드는 것을 말합니다. 원래 몇십 년 전만 해도 세포가 서로 융합한다는 것은 불가능하다고 여겨졌는데요. 바이러스의 일종인 센다이 바이러스(Sendai virus)가 발견되면서 세포를 서로 융합시킬 수 있게 되었습니다. 센다이 바이러스는 특이하게도 동물 세포를 서로 융합시키는 세포융합 촉진작용이 있거든요. 배양액에 두 세포를 섞어 넣고 센다이 바이러스를 감염시키면 세포융합이 이루어지는 것으로 알려져 있습니다.

센다이 바이러스가 발견된 지 몇 년이 지난 후에는 폴리에틸렌 글리콜(Polyethylene glycol, PEG)이라 불리는 새로운 세포융합 촉진제가 발견되기도 했습니다. 센다이 바이러스와 비교했을 때 더욱 많은 세포에 사용할 수 있고 조작이 간단해서 널리 쓰이고 있죠. 감자 세포와 토마토 세포를 융합해 만든 포메이토도 폴리에틸렌 글리콜로 만들어진 것이랍니다.

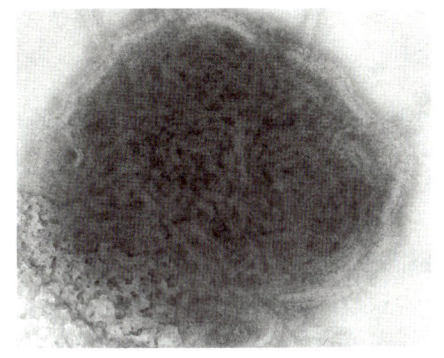
센다이 바이러스의 일종 (멈프스 바이러스)

하지만 핵 치환 기술과 세포융합 기술은 혁신적인 기술이라는 평가를 받지는 못합니다. 세균의 유전자 재조합 기술처럼 유전자 자체를 조작하는 기술이 아니라, 핵 또는 세포 수준에서의 기술이거든요. 그러다 보니 유전자 재조합처럼 생명체에 한 가지의 새로운 기능을 추가하거나 제거하는 방식의 섬세하고 정밀한 유전자 조작이 어렵습니다.

즉, 핵 치환 기술과 세포융합 기술은 유전자 재조합 기술이 아닙니다. 동식물의 유전자 자체를 조작할 수 있어야 진정한 의미의 유전자 재조합 기술이라고 할 수 있죠. 그리하여 과학자들은 동식물 유전자 조작의 방법으로 다시 플라스미드를 수면 위로 등장시켰습니다.

식물에 기생하는 여러 세균 중에서 혹시 뿌리혹박테리아라고 들어보신 적이 있나요? 다른 세균들과 마찬가지로 플라스미드를 가지고 있고, 콩과식물의 뿌리에 상처가 생기면 이 상처를 통해 식물의 조직으로 들어가 감염시키는 특징이 있죠. 여기서 주목할 점이 있는데요. 바로 뿌리혹박테

뿌리혹박테리아가 기생하는 모습

리아에 감염된 식물세포의 유전자에 뿌리혹박테리아의 플라스미드가 삽입된다는 겁니다.

식물 유전자의 조작은 바로 이 뿌리혹박테리아의 특징을 활용합니다. 뿌리혹박테리아의 플라스미드에 유용한 유전자를 연결해서 재조합한 후, 이렇게 만들어진 재조합 플라스미드를 뿌리혹박테리아를 이용해 식물세포의 유전자에 삽입시키는 거죠. 그러면 식물세포는 재조합 플라스미드의 영향을 받아 유용한 유전자를 갖게 됩니다.

식물 개체 하나도 아니고 식물세포 하나가 유용한 유전자를 가지는 게 무슨 의미가 있냐고요? 식물은 세포가 하나만 있어도 적절한 조건에서 잘 배양시키면 완전한 형태의 개체로 성장할 수 있습니다. 그러므로 유용한 유전자를 가진 식물세포를 잘 배양하면 유용한 유전자를 가진 식물 개체를 얻을 수 있지요.

이렇게 만들어진 대표적인 유전자 재조합 식물이 바로 미국의 생명공학 회사 칼진(Calgene)이 개발한 무르지 않은 토마토 '플라브르 사브르(Flavr Savr)'입니다. 토마토의 숙성을 막는 유전자를 삽입한 원리죠. 하지만 맛이 너무 없어서 시장에서 금방 사라졌답니다.

이 기술을 어떻게 유용하게 사용할 수 있을까요? 제초제나 병충해에 내성을 갖거나, 염도가 높은 곳에서도 잘 자라거나, 기후변화에 적응할 수 있는 작물을 만들 수 있을 것입니다. 관련 유전자들을 작물의 식물세포에 삽입하는 방식으로요. 이렇게 시중에 판매되는 유전자 재조합 식품을 GMO(Genetically Modified Organism)라고 한답니다.

식물에 뿌리혹박테리아를 사용한다면, 동물에게는 뭘 사용할 수 있을까요? 동물은 유용한 유전자를 미세한 유리 도구로 수정란에 주입하는 방법이 쓰입니다. 생각보다 간단하죠. 이렇게 만들어진 대표적인 유전자 재조합 동물이 바로 슈퍼마우스(Super mouse)입니다. 성장에 관여하는 유전자를 쥐의 수정란에 주입하고 자궁에 키워 탄생했는데요. 보통 쥐보다 몸집이 2배 정도 더 크답니다.

우리가 먹어도 괜찮은 거야? 유전자 재조합 기술의 문제점

유전자 재조합 기술 덕분에 인슐린 대량생산이 가능해지면서 당뇨병으로 고통받는 사람들이 좀 더 쉽게 치료를 받을 수 있게 되었습니다. 이뿐만이 아닙니다. 제초제나 병해충에 내성을 가진 작물도 많이 탄생했죠. 소 성장 호르몬을 대량생산해서 젖소에게 주사해서 우유의 생산량을 늘리는 결과를 낳기도 했습니다. 현재 가축의 사료로 쓰이는 옥수수와 콩, 시중에서 쉽게 볼 수 있는 카놀라유와 설탕의 원료인 사탕무도 대부분 GMO입니다.

이처럼 유전자 재조합 기술은 인류의 삶을 보다 풍족하게 만들었다는 평가를 받는데요. 그만큼의 논란도 있습니다. 특히 GMO는 인류가 지금까지 먹어본 적 없는 새로운 식품이죠. 그러다 보니 인류가 수만 년 동안 먹어오면서 검증이 이루어진 다른 식품들과는 달리 위험성이 있을 것이라 주장하는 사람들이 있습니다.

GMO 논란은 여기서 다가 아닙니다. GMO 작물의 유전자가 생태계에 전이되어 제초제에 내성을 가지는 슈퍼잡초가 나타날 가능성도 충분히 있거든요. 실제로 GMO를 재배하는 일부 농장에서 제초제에 내성을 가진 잡초들이 등장하며 농장들이 큰 타격을 입기도 했습니다.

정치적인 논란도 있습니다. 생명공학 기업들은 GMO 연구 초기만 하더라도 GMO가 전 세계의 빈곤 문제를 해결할 수 있을 것이라고 주장했는데요. 정작 GMO가 전 세계로 퍼진 이후에는 GMO가 식량부족 문제를 전혀 해결해주지 못하고 있습니다. GMO로 생산량이 증가한 작물이 빈곤으로 고통받는 후진국으로 가지 않고, 가축의 사료로 쓰이고 있기 때문이죠.

이처럼 현재 유전자 재조합 기술은 여러 문제로 인해 찬반이 극명하게 갈리는데요. 그렇다고 해서 GMO의 미래를 비관적으로 볼 필요는 없다는 것이 과학자들의 주장입니다. 무엇보다 GMO가 논란이 되는 가장 큰 이유는 위험성이 있을 수도 있다는 이유 때문인데, GMO가 위험하다는 근거는 그 어디에서도 찾아볼 수 없거든요.

새로 개발된 신기술들은 항상 여러 검증과 논란의 과정을 거치는 과정에서 발전합니다. 현재 유전자 재조합 기술은 그러한 일련의 과정에 놓여 있습니다. 단지 다른 신기술들보다 검증의 과정이 오래 걸릴 뿐이죠.

원하는 유전자 부위만 싹둑!

유전자가위 기술

회사에서 당신의 미래를 알 수 있다.
진짜 이력서는 내 핏속에 있었다.
- 영화 〈가타카〉의 빈센트 -

제한효소는 DNA의 특정한 부분을 잘라내는 유전자가위로, 유전자 재조합 기술에 반드시 있어야 하는 중요한 물질입니다. 원래는 세균 내에 있는 효소의 일종인데요. 외부로부터 침입한 바이러스의 유전체를 잘라서 바이러스를 무력화시키는 역할을 하죠.

물론 제한효소가 DNA의 아무 부분이나 자르는 것은 아닙니다. 제한효소는 DNA에서 특정한 4~8개의 연속적인 염기서열을 가진 부분만 선택적으로 인식하고, 그 부분만을 자르거든요. 그런데 유전자가위로서의 제한효소의 한계는 바로 여기에서 드러납니다. 사람의 유전체는 무려 32억 쌍이나 되는 많은 염기로 구성되어 있는데요. 확률적으로 4~8개의 연속적인 염기서열이 완전히 같은 곳이 얼마나 많이 있겠어요.

이런 이유로 사람 유전체에 제한효소를 사용하는 것은 불가능하답니다. 만약 사람의 유전체에 제한효소를 사용한다면 원래 잘라야 하는 부분

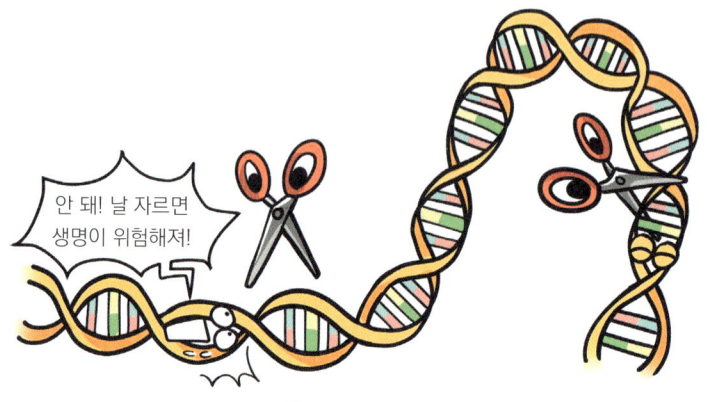

제한효소의 엄청난 실수

과 함께 일치하는 4~8개의 염기서열 부분 여러 곳도 모두 잘라버릴 테니까요.

예를 들어볼까요? TGAGT로 이루어진 연속되는 6개의 염기서열을 자르는 제한효소를 사람의 유전체에 사용한다고 가정해 봅시다. 그러면 사람 DNA에 있는 TGAGT 염기서열 부분을 모두 잘라버리겠죠. 잘리면 안 되는 중요한 유전자의 염기서열도 함께 잘려 생명에 심각한 문제를 초래할 것입니다.

이런 이유로, 제한효소는 플라스미드와 같이 염기서열이 수천 개 내외에 불과한 작은 유전체에만 사용합니다. 플라스미드는 염기서열의 수가 워낙 적다 보니, 일치하는 4~8개의 염기서열이 여러 개 있을 확률이 낮거든요.

제한효소의 한계를 잘 알고 있던 과학자들은 DNA의 원하는 부분만을 자르는 유전자가위를 개발하기 위해 오랫동안 연구를 해왔는데요. 그렇게 탄생한 첫 번째 유전자가위가 바로 징크 핑거 뉴클레이즈(Zinc finger nuclease, ZFNs)입니다. 이후에도 탈렌(TALENs)이 개발되었고, 연이어 크리스퍼 캐스나인(CRISPR/cas9)까지 개발되며 유전자를 쉽게 편집할 수 있는 시대가 도래했죠.

처음부터 완벽하지는 않았다! 유전자가위의 발전

아프리카 발톱개구리의 DNA를 연구하던 과학자들은 독특한 모양의 단백질이 DNA에 결합해 있다는 것을 발견했습니다. 과학자들은 이 단백질의 구조를 분석했죠. 분석 결과, 기다란 손가락 모양의 고리가 DNA를 움켜쥐고 있었고 고리의 중심에는 아연 이온이 결합해 있었답니다. 연속되는 염기서열 3개를 인식해서 DNA에 결합하는 단백질이었지요. 과학자들은 이 단백질에 아연(Zinc)과 손가락(Finger) 두 단어를 결합하며 징크 핑거라는 이름을 붙였습니다.

이후 미국 존스 홉킨스 대학 연구팀은 6개의 징크 핑거를 이어 붙이는 실험을 진행했습니다. 징크 핑거 1개는 연속되는 염기서열 3개를 인식해서 DNA에 결합하니까, 6개를 이어 붙이면 3 x 6 = 18개의 연속되는 DNA 염기서열 부위에 결합할 수 있는데요. 여기에 제한효소인 Foki를 연결했습니다. 그러면 어떻게 될까요? 징크 핑거가 18개의 DNA 염기서열 부분에 결합하고, 제한효소가 그 부분을 잘랐습니다. 이러한 원리로 만들어진 유전자가위가 바로 징크 핑거 뉴클레이즈(Zinc finger nuclease, ZFNs)입니다.

징크 핑거 뉴클레이즈는 무려 18개의 연속되는 염기서열을 인식하기 때문에 제한효소보다는 다른 염기서열을 자를 확률이 낮은데요. 사람의 유전체는 32억 쌍이나 되는 염기로 구성되어 있어서 여전히 다른 염기서열을 자를 가능성이 존재한다는 문제점이 있었습니다. 무엇보다도 염기서열을 한 번 자를 때마다 3000만 원에 달하는 엄청난 비용이 들었다는 게 가장 큰 문제였습니다.

그 결과, 당시 과학자들은 징크 핑거와 더불어 DNA에 결합하는 단백질인 탈렌(TALENs)에 눈을 돌렸습니다. 탈렌에는 17개의 연속되는 아미노산 부분이 존재하는데요. 이 부분이 서로 부합하는 17개의 DNA 염기서열에 결합하는 원리입니다. 결합 후에는 Foki가 그 DNA 염기서열 부분을 잘라내죠.

탈렌은 징크 핑거 뉴클레이즈에 비해서는 제작 방법이 간단하고, 비용이 저렴하다는 장점이 있었는데요. 사실 탈렌도 완벽했던 것은 아닙니다. 무엇보다도 17개의 염기서열을 인식하기 때문에 여전히 다른 염기서열을 자를 확률이 높았습니다. 징크 핑거 뉴클레이즈와 비교했을 때의 장점이라고는 비용이 좀 더 저렴하다는 것 하나뿐이었죠. 하지만 2013년에 징크핑거 뉴클레이즈와 탈렌이 가지는 단점을 모두 보완하는 획기적인 유전자가위인 크리스퍼 캐스나인(CRISPR/cas9)이 등장하며 모든 문제가 해결되었습니다.

혁신적인 유전자가위의 등장! 크리스퍼 캐스나인

지금까지 개발한 유전자가위 중 가상 혁신적인 유전자가위로 평가받는 크리스퍼 캐스나인에 대해서 알려면 일단 크리스퍼(CRISPR)의 발견부터 되짚어 보아야 합니다. 징크 핑거가 발견되었던 즈음, 지구상의 또 다른 지역에서는 대장균으로부터 크리스퍼가 발견되었습니다. 발견 당시에는 특정 염기서열이 반복되는 대장균 DNA의 일부로만 인식되어 있었을 뿐이었고, 이 부분이 왜 존재하는지조차 알 수 없었습니다. 물론 이름도 지어지지 않았죠.

그렇게 약 30년 정도의 시간이 흐르고, 이 부위는 대장균의 면역 시스템에 관여하는 유전자였다는 사실이 밝혀졌습니다. 이 부위가 있는 세균은 바이러스에 내성이 있었고, 이 부위를 더하거나 제거하면 세균의 내성이 바뀌었거든요. 그리하여 과학자들은 이 부위를 크리스퍼(CRISPR)라고 이름 붙였습니다.

그렇다면 크리스퍼는 어떻게 면역 시스템으로 기능하는 걸까요? 생각보다 단순한 원리입니다. 대장균은 한 번 침입했던 바이러스의 DNA를 크리스퍼로 저장합니다. 그리고 만약 같은 바이러스가 또 침입하면 크리스퍼로부터 RNA를 만들고, RNA는 침입한 바이러스의 DNA에 결합하는데요. 이때 효소 cas9(캐스나인)이 RNA가 결합한 바이러스 DNA를 잘라서 바이러스를 무력화한답니다.

RNA가 잘라내야 할 DNA 부위를 지정하면 cas9이 지정된 부위를 자르는 식인데요. 이는 즉, 자르기를 원하는 DNA 염기서열 부위를 인식하는 RNA를 인공적으로 제작하면 cas9으로 원하는 DNA 부위를 자를 수 있다는 의미이기도 합니다. 이처럼 자르고자 하는 부위를 인식하고 cas9의 작용을 유도하

제니퍼 다우드나

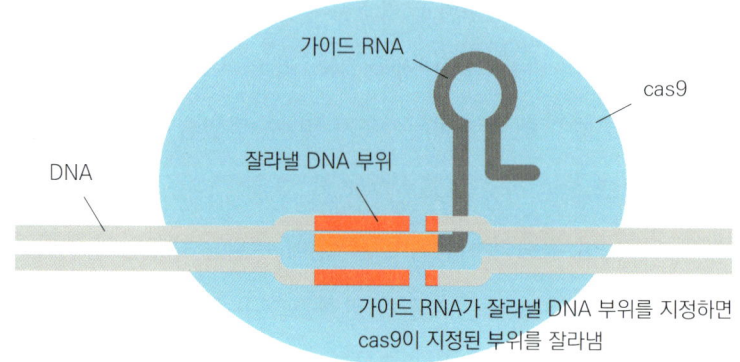

크리스퍼 캐스나인 작동 원리

는 인공 RNA를 가이드 RNA(gRNA)라고 하는데요. 가이드 RNA를 제작하여 크리스퍼 캐스나인을 개발한 사람이 바로 캘리포니아대학의 교수 제니퍼 다우드나(Jennifer Doudna)입니다.

크리스퍼 캐스나인이 획기적인 이유는 가이드 RNA를 만드는 법이 매우 쉽기 때문입니다. RNA는 단백질보다 구조가 단순하기 때문이죠. 하지만 징크 핑거 뉴클레이즈와 탈렌은 단백질, 그중에서도 매우 복잡한 구조를 가진 단백질이라서 원하는 유전자가위를 만드는 것이 매우 어렵습니다.

실제로 크리스퍼 캐스나인은 모든 연구실에서 누구나 손쉽게 만들 수 있는 데다, 비용도 매우 적게 듭니다. 게다가 가이드 RNA의 염기서열이 20여 개에 달하기 때문에 다른 염기서열을 자를 가능성도 없고, 구조가 단순해서 세포 안으로 주입하기도 쉽죠. 덕분에 염기서열을 한 번 자를 때마다 드는 비용이 3~5만 원밖에 들지 않습니다. 3000만 원에 달하는 징크 핑거 뉴클레이즈와 비교하면 엄청난 거죠.

크리스퍼 캐스나인을 활용한 유전자가위 기술은 개발되자마자 전 세계의 엄청난 주목을 받았습니다. 2015년 세계적인 학술지 '사이언스(Science)' 에서는 최고 혁신기술로 선정하기도 했죠. 그리고 같은 해에는 cas9보다 높은 정확도를 가지는 cpf1이 개발되면서 한층 더 발전을 이루는 데 성공합니다.

양날의 검과도 같은 기술, 유전자가위가 가져다줄 미래

크리스퍼 캐스나인 기술 하나로 할 수 있는 일은 정말 많습니다. 몇 가지 예시를 들어볼까요? 절단하고자 하는 DNA 부분을 절단한 후 그 부분에 다른 유전자를 삽입하면 새로운 형질을 가진 동식물을 만들 수 있습니다. 세균 플라스미드를 사용할 필요가 없는 거죠.

없애고 싶은 유전 형질을 없애는 것도 가능합니다. 유전자가위 2개를 동시에 사용하면 DNA의 두 군데를 모두 절단해서 그 사이의 염기서열 모두 제거할 수 있거든요. 이렇게 특정 유전자 부분을 제거하고 나서, 제거하지 않는 개체를 서로 비교하면 그 유전자 부분이 어떠한 유전 형질을 발현하는지도 파악할 수 있습니다.

이뿐만이 아닙니다. 유전자를 조작하여 사람의 몸에 이식해도 거부반응을 일으키지 않는 장기를 가진 돼지를 생산하거나 가뭄에 저항력이 높은 작물, 맛과 영양성분이 개선된 작물을 만들 수도 있습니다. 유전병을 일으키는 유전자를 제거해 유전병을 치료하거나, 사람을 물지 않는 해충을 만들 수도 있죠. 이처럼 유전자가위 기술은 유전자를 더욱 쉽고 자유롭게 편집할 수 있는 시대를 도래하게 했습니다. 인류의 삶을 송두리째 바꾸어 놓을 수 있는 어마어마한 기술인 것입니다.

하지만 크리스퍼 캐스나인이 우리에게 밝은 미래만을 가져다줄지는 아직 알 수 없습니다. 2015년 중국의 과학자들은 원숭이의 배아에 크리스퍼 캐스나인을 이용하여 자폐증 유전자를 주입해 자폐증에 걸린 원숭이를 만들었는데요. 사람들은 기술이 원숭이에게도 사용되었기에 곧 우리 사람에게도 사용될 것이라며 우려했습니다. 그리고 우려는 얼마 지나지 않아 금방 현실이 되었죠. 같은 해 중국의 과학자들이 크리스퍼 캐스나인으로 사람의 배아 유전자를 조작했거든요.

물론 사람의 유전자를 조작하는 것이 꼭 그렇게 나쁜 것만은 아닙니다. 특히 유전병 환자에게는 오히려 희망이 될 수도 있습니다. 유전병 유전자를 가지고 있는 배아 유전자를 조작하여 유전병 형질이 발현되지 않도록 할 수 있으니까요. 이게 실현된다면 유전병으로 아이 낳기를 망설이는 사람들도 큰 걱정 없이 아이를 낳을 수 있겠죠.

문제는 사람 배아의 지능이 높아지도록, 얼굴이 예쁘도록, 골격이나 근지구력이 뛰어나도록 유전자를 조작하는 맞춤형 아기를 낳는 시대가 올 수도 있다는 것입니다. 만약 이게 실현된다면 유전자 조작을 통해 얼마나 우월한 유전자를 가졌느냐에 따라 사람들 계급이 나뉠 수도 있겠죠. 회사에서 신입사원을 선발할 때도 유전자를 검사하거나, 유전자 조작 없이 태어난 사람은 회사에서의 업무수행 능력이 떨어진다고 판단하고 차별하게 될 가능성도 충분히 있습니다.

맞춤형 아기를 법으로 금지하면 되는 거 아니냐고요? 법으로 금지된 이후에도 의사를 매수하는 등의 시도를 통해 맞춤형 아기를 낳으려는 시

미래의 면접에서는 유전자를 본다?

도가 있을 것입니다. 어떤 부모든 똑똑하고, 얼굴이 예쁘고, 건강한 아이가 태어나기를 바랄 테니까요.

  이 기술이 인류에게 장밋빛 미래를 가져다줄지, 암울한 미래를 가져다줄지는 우리 인류가 기술을 얼마나 지혜롭게 사용하느냐에 달려 있습니다. 지금 인류는 유전자가위 기술이 사회에 미칠 긍정적, 부정적 영향에 대해 생각해보고 유전자가위를 어떻게 활용해야 인류에게 도움을 줄 수 있는 방향으로 사용될 수 있을지 깊이 고민해봐야 한다고 생각합니다.

너는 누군데 나랑 똑같이 생긴 거야?

생명체 복제기술

**저것은 제품이죠.
사람이 아닙니다.**
– 영화 〈아일랜드〉의 메릭 박사 –

　사람들은 얼굴 외모, 피부 색, 머리 색, 눈동자 색, 성격, 성향 등이 서로 다릅니다. 개인별로 유전자에 차이가 있기 때문이죠. 하지만 모든 사람의 유전자가 서로 다른 것은 아닙니다. 일란성 쌍둥이는 본래 하나였던 수정란이 두 개로 갈라져서 태어난 쌍둥이이기 때문에 서로 100% 같은 유전자를 가지고 있거든요. 외모와 성별이 똑같은 것은 당연하고, 심지어는 성격까지도 서로 유사한 경우가 많죠. 태어나자마자 떨어져 살게 된 일란성 쌍둥이가 나중에 서로 비슷한 직업과 취미를 가지고 살고 있다는 사례도 쉽게 찾아볼 수 있습니다.

　이처럼 사람은 일란성 쌍둥이인 경우를 제외하고는 자신과 유전자가 완벽하게 일치하는 인격체가 탄생하게 될 확률이 존재하지 않습니다. 그런데 만약 자신과 유전자의 차이가 전혀 없고, 겉모습이 완전히 똑같은 인격체를 인위적으로 생산해낼 수 있다고 생각해봅시다. 여러분은 어떤

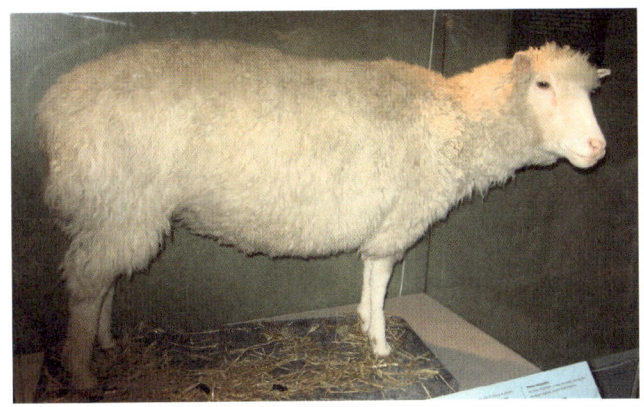

복제 양 돌리

생각이 드실 것 같나요?

생명공학 기술은 이런 영화 같은 일을 실현할 수 있게 만들었습니다. 몇십 년 전에 체세포를 이용해서 양, 소, 생쥐, 개구리, 고양이, 개 등의 생물들을 복제하는 데에 성공했거든요. 마치 서유기에 등장하는 손오공이 자신의 머리털을 뽑아 날리면 머리털이 여러 명의 손오공으로 복제되었던 것처럼 말이에요.

똑같이 생긴 양이 한 마리 더? 복제 양 돌리

동물 복제 연구는 1950년대부터 꾸준히 이루어졌습니다. 최초의 복제 동물은 1952년 미국의 존 브리그 박사팀이 개구리의 수정란 일부를 떼어내 다른 난자에 이식해 탄생했어요. 1981년 스위스에서는 생쥐의 수정란을 여러 개로 나누고 여러 마리의 대리모 생쥐의 자궁에 각각 착상시켜 겉모습이 똑같은 복제 생쥐를 탄생시키기도 했습니다.

1997년 2월에는 유명 학술지인 네이처(Nature)에 양 복제에 성공했다는 기사가 실렸는데요. 이 양이 바로 복제 양 돌리랍니다. 지금까지의 복제동물은 일란성 쌍둥이와 같은 원리로 수정란을 나누어 만들어졌다면, 복제 양 돌리는 수정란을 나누지 않고 이미 성장한 포유류의 신체 조직에서 떼어낸 체세포로부터 탄생했습니다. 세계 최초였죠.

이렇게 복제 양 돌리가 탄생했다는 소식이 알려지면서 전 세계 과학자들은 깜짝 놀랐습니다. 과학자들은 이제 양뿐만 아니라 돼지, 소 등 좋은 유전형질을 가진 가축들을 대량으로 복제하고 생산할 수 있을 거라며 복제동물의 전망을 긍정적으로 바라보기도 했죠. 언론에서도 복제동물이 우리의 미래를 많이 바꾸어놓을 거라고 언급했고요.

그렇다면 복제 양 돌리는 어떻게 해서 복제된 동물일까요? 원리는 생각보다 간단합니다. 수정시키지 않은 양의 난자의 핵을 제거한 후, 다른 양의 신체 조직으로부터 체세포를 추출하여 그 난자와 융합시켜 탄생한 것입니다. 체세포에 있는 핵이 무핵 난자의 핵을 대체해서 하나의 수정란이 만들어졌고, 이렇게 만들어진 수정란이 자궁에 착상하여 하나의 생명체로 탄생할 수 있게 된 거죠.

어떻게 이게 가능한지 이해가 되지 않는다고요? 정자와 난자 같은 생식세포들은 유전정보의 절반만을 가지고 있다는 것은 알고 계실 것입니다. 이런 이유로, 정자와 난자는 반드시 서로 만나야만 완전한 유전정보를 가지게 되고, 이때부터를 수정란이라고 부르죠. 하지만 체세포 핵에는 이미 정자와 난자가 만나야만 완성되는 모든 유전정보가 들어 있습니다. 그러므로 난자의 핵이 체세포의 핵으로 대체된다는 것은 난자가 정자와 만나 수정란이 된 것과 같습니다. 이렇게 만들어진 수정란을 대리모의 자

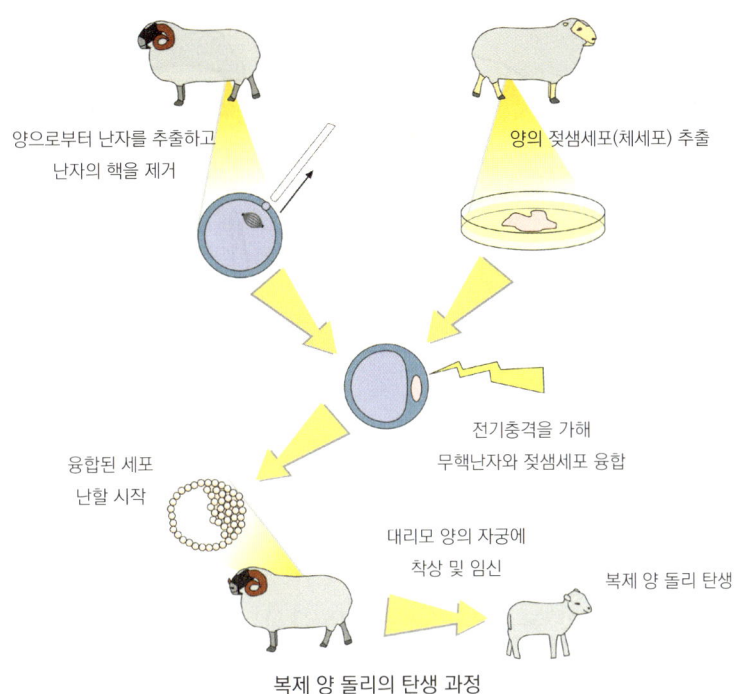

복제 양 돌리의 탄생 과정

궁에 착상하면 자궁 안에서 자라다 세상 밖으로 나오게 되지요.

그렇다면 왜 '복제 양' 돌리라는 이름이 붙은 걸까요? 돌리와 체세포를 제공해준 양이 서로 겉모습이 같기 때문입니다. 서로 유전자가 100% 같으니 당연한 현상이죠. 그렇다면 돌리를 낳은 대리모는 어떨까요? 자신의 유전자를 물려준 어머니도 아니고, 체세포를 제공해주지도 않았기 때문에 돌리와 겉모습이 완전히 다릅니다. 실제로 돌리의 피부는 하얗지만 돌리를 출산한 대리모는 까만 피부를 가지고 있죠. 체세포를 제공해준 양이 하얀 피부를 가지고 있었거든요.

이처럼 생명체의 복제는 체세포와 난자를 조금만 조작하면 되기에 꽤 쉽고 간단해 보이는데요. 알고 보면 세포의 성장주기를 맞추거나 전기충

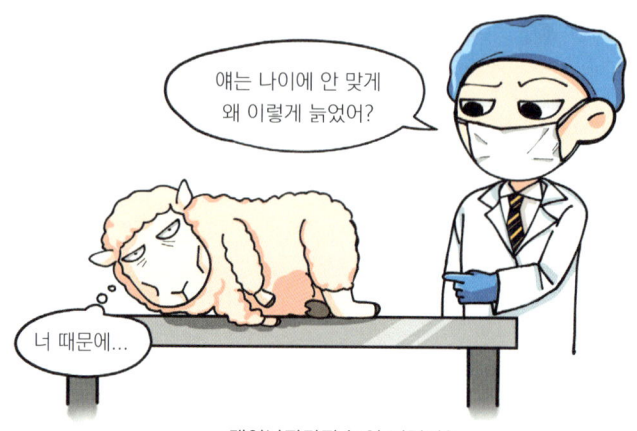

태어나자마자 늙어 버렸다?

격을 가하고 섬세하고 정확한 작업이 요구되는 등 워낙 복잡해서 성공률이 매우 낮은 것으로 알려져 있답니다.

실제로 복제 양 돌리를 탄생시킨 영국의 과학자 이언 월머트(Ian Wilmut)는 무려 276개나 되는 복제 수정란의 착상을 시도했다가 모두 실패했다고 알려져 있는데요. 277번째 수정란의 착상에 간신히 성공했던 덕분에 돌리가 탄생할 수 있었다고 합니다. 복제 수정란을 만드는 과정에서의 실패도 적지 않았을 테니 월머트가 얼마나 많은 실패를 거치며 부단한 노력을 했는지 알 수 있죠.

돌리는 자궁 밖으로 나오자마자 전 세계인들의 주목을 받았고, 카메라 셔터를 전 세계에서 가장 많이 받은 동물이 되었습니다. 그러나 태어난 지 3년도 되지 않아 각종 질병에 시달렸고 나이 든 양에게 나타나는 퇴행성 질환이 생겨나기도 했습니다. 노화하는 속도가 매우 빠르다는 사실도 관찰되었죠. 다른 양들보다 훨씬 좋은 사육환경에서 자랐다는 점에서 특이한 현상이었습니다.

그렇게 얼마 지나지 않아, 돌리는 태어난 지 6년째 되는 2003년에 안락사됐습니다. 건강이 심각할 정도로 나빠졌기 때문이죠. 그렇다면 돌리에게 이런 현상이 생겨났던 이유는 무엇일까요? 여러 가지 추측이 있지만, 6년생 양의 체세포 핵을 사용했기 때문이었을 것으로 추정되고 있습니다. 사실상 6살의 나이를 먹은 상태로 태어났던 거죠.

똑같은 녀석이 더 있으면 뭐가 좋지? 생명체 복제기술의 활용

복제 양 돌리가 탄생하면서, 많은 나라에서는 앞다투어 동물을 복제하기 시작했습니다. 1998년에는 일본에서 소 복제에 성공했고, 2000년에는 영국에서 돼지 복제에 성공했습니다. 우리나라에서는 서울대학교 수의학과의 이병천 교수팀이 2005년에 개 복제에 성공하는 쾌거를 이루기도 했답니다.

그렇다면 이렇게 많은 과학자가 동물을 복제하려는 이유는 무엇일까요? 동물복제가 단순히 흥미롭기 때문은 아닐 텐데 말이죠. 그 이유에는 여러 가지가 있습니다.

동물을 복제하려는 첫 번째 이유는 좋은 형질을 가진 가축을 대량으로 생산할 수 있기 때문입니다. 원래 좋은 형질을 가진 가축을 대량으로 생산하는 방법은 좋은 형질을 가진 가축끼리 교배시키는 방법이 가장 일반적인데요. 좋은 형질의 가축으로부터 무조건 좋은 형질의 가축이 나올 거라는 보장을 할 수 없습니다. 하지만 좋은 형질을 가진 가축으로부터 체세포를 추출하여 복제하면 복제된 가축은 모두 좋은 형질의 가축이 됩니다. 그러므로 짧은 시간에 좋은 형질을 가진 가축을 대량으로 생산하는 것이 가능하죠.

　두 번째 이유는 가축으로부터 영양물질이나 치료물질을 대량으로 생산하는 것이 가능하기 때문입니다. 대표적인 예가 바로 사람의 모유를 생산하는 소입니다. 이 소는 유전자 조작 기술로 만들어지는데요. 만들어지기까지 상당히 많은 시간과 노력이 필요합니다. 하지만 일단 만든 후 복제기술을 이용하면 같은 형질을 가진 소를 여러 마리 생산해서 그 소가 생산하는 영양물질을 대량생산할 수 있지요.

　마지막 이유는 바로 장기 이식 때문입니다. 현대 의학은 신체의 장기에 이상이 생기면 다른 사람의 장기로 교체해줄 수 있는 수준까지 이르렀는데요. 문제는 장기 기증자의 수가 너무 적다는 데에 있습니다. 그래서 실제로 장기 이식을 받는 사람은 그리 많지 않죠. 하지만 복제기술을 활용하면 장기 부족 문제를 해결할 수 있습니다. 사람의 장기 대신에 대량생산이 가능한 복제동물의 장기를 이식하면 되거든요.

　물론 사람이 아니고 동물의 장기를 이식하는 것은 필연적으로 문제가 발생합니다. 실제로 장기 이식이 필요했던 환자들에게 침팬지의 장기를 이식하는 수술이 행해졌던 적이 있는데요. 모든 환자가 이식을 받은 지 얼마 안 되어서 목숨을 잃었다고 합니다. 이러한 일이 일어나는 이유는 사람의 몸에 이식된 다른 동물의 장기를 적으로 인식하고 거부 반응을 일으키기 때문입니다.

　동물의 장기를 사람에게 이식하면 거부 반응이 일어나는 이유는 장기의 조직을 구성하는 세포 항원이 동물마다 다르기 때문입니다. 우리 사람의 몸은 외부로부터 침입한 항원에 굉장히 민감합니다. 외부의 항원을 인식하면 바로 면역세포들이 달려들어 공격하죠. 다른 동물의 장기도 마찬가지입니다. 이렇게 면역세포의 공격을 받은 장기는 당연히 제 기능을 할 수 없을 것입니다. 장기 이식을 받은 사람도 목숨을 잃겠죠.

동물의 장기를 사람에게 성공적으로 이식할 방법은 유전자 조작 기술로 장기의 조직을 구성하는 세포에 항원이 생겨나지 않는 동물을 만드는 것입니다. 이런 장기를 이식하면 면역 시스템은 장기를 적으로 인식하지 않을 것입니다. 장기는 무사히 생착할 수 있겠죠.

그렇다면 어떤 동물의 유전자를 조작하면 될까요? 여러 동물 중에서 가장 주목받는 동물은 바로 돼지입니다. 돼지는 사람과 장기의 구조나 크기가 비슷해서 사람의 장기를 대체할 가장 좋은 동물입니다. 유전자 조작으로 탄생한 장기이식용 돼지들을 대량으로 복제하면 사람의 장기를 대체할 장기들을 손쉽게 얻을 수 있겠지요.

한 가지 재미있는 이야기를 해 볼까요? 복제기술은 죽은 자녀의 부활을 가능하게 만들지도 모릅니다. 자녀가 어린 나이에 목숨을 잃는다면 부모의 슬픔은 이만저만 아닐 텐데요. 만약 죽은 자녀로부터 체세포를 추출해서 자녀를 복제한다면 죽은 자녀와 겉모습이 똑같은 자녀를 다시 얻을 수 있으니까요. 하지만 앞으로의 미래에 죽은 자녀의 복제가 허용될 확률은 그리 높지 않습니다.

복제 인간이 목적을 이루기 위한 도구로? 생명체 복제기술의 문제점

복제기술의 가장 큰 문제점은 복제기술의 발전이 복제 인간의 탄생으로 이어질 수 있다는 것입니다. 실제로 복제 양 돌리의 기사가 보도된 이

복제인간이 심부름꾼으로?

후 대중들 사이에서는 복제기술이 인류에게 유익함을 가져다줄 것이라는 기대의 목소리와 함께 우리 사람들을 복제할 수도 있다는 우려 섞인 목소리가 나왔습니다. 인간복제로 인해 생겨날 문제들이 엄청나게 많기 때문이죠.

인간복제 문제가 사회적으로 대두되던 2005년에는 마이클 베이 감독의 영화 『아일랜드』가 전 세계적으로 상영되기도 했습니다. 영화의 내용이 상당히 충격적인데요. 인간복제가 허용된 시대에서 복제 인간들이 장기를 제공하는 도구나 대리모로 사용할 도구 목적으로 길러지고 있다는 내용입니다.

인간복제의 가장 큰 문제점은 영화 『아일랜드』처럼 복제 인간이 인간의 소모품으로 전락한다는 데에 있습니다. 특별한 재능이 있거나 아름다운 외모를 갖춘 사람을 대량으로 복제해 상업적으로 사용하고, 새로운 의학기술을 개발하거나 약품을 만들기 위해 복제 인간을 생체실험 용도로 사용할 수도 있겠죠.

만약 인간복제가 허용된다면 복제 인간은 사람들의 욕구를 충족시킬 특정한 목적으로 태어나 목적을 위한 수단으로 전락할 겁니다. 사람들이 아무런 이유나 목적 없이 복제 인간을 만들지는 않을 테니까요. 그 결과, 복제 인간은 복제되어 태어났다는 것 외에 다른 사람들과 별다를 것 없는 인격체임에도 자신을 복제한 사람들의 욕구를 충족시키기 위해 사람들에게 이용되는 삶을 살게 될 것입니다.

영화『아일랜드』만큼만 아니라면 상관없는 것 아니냐고요? 그래도 복제 인간은 사람이라면 누릴 수 있는 기본적인 인권이나 자유권을 침해당하고 정체성 혼란과 정신적인 고통을 겪게 될 확률이 높습니다. 태어날 때부터 연예인이나 모델로의 진로가 결정되어 있거나, 부모들의 욕심에 의해 죽은 자녀의 체세포로 다시 태어난 자녀들이 대표적이죠. 이렇게 태어난 복제 인간들이 어떠한 고통을 겪을지 예상되시나요?

인류가 이런 엄청난 문제들을 모두 떠안고 인간복제를 감행해야 하는지는 깊이 생각해볼 필요가 있다고 생각합니다. 복제기술도 우리 사람들의 존엄성을 지키며 잘 이용해야 진정 인류의 삶을 윤택하게 만들어 줄 수 있을 것입니다.

모든 종류의 세포로 분화하는 마법 같은 세포!

줄기세포 치료

**인체의 거의 모든 조직을 만들 수 있는 세포의 발견은
유례 없는 과학적 돌파구라고 할 수 있다.
- 헤럴드 바머스 (미국의 유전학자) -**

아마 생명과학에 관심이 있는 분이라면 줄기세포(Stem cell)에 대해서 몇 번 들어보셨을 것 같습니다. 줄기세포란 마치 나무줄기가 여러 가지를 뻗듯이, 여러 가지 종류의 세포로 분화될 수 있는 세포를 말합니다. 쉽게 말하면, 만들고자 하는 세포를 얼마든지 만들 수 있는 만능 세포라는 뜻입니다.

만약 줄기세포를 원하는 세포로 쉽게 분화할 수 있게 된다면 지금까지는 상상할 수 없었던 일이 일어날 것입니다. 치료가 어려울 정도로 손상된 조직이나 장기를 줄기세포로 재생할 수 있거든요. 외상이 너무 심하더라도 외상을 입은 부분을 줄기세포를 이용해 복원할 수 있고, 현재 마땅한 의학적 수단이 없는 퇴행성 질환도 치료할 수 있답니다.

예를 들어볼까요? 신경세포는 한 번 손상되면 재생되지 않는다는 사실을 아시나요? 이런 이유로, 만약 교통사고에 의해 척수신경이 손상되면

어떤 세포가 필요하세요?

여생을 척수신경이 손상된 상태로 살아가야 한답니다. 평생을 휠체어에 의지한 채 반신불수로 살 수밖에 없다는 겁니다.

하지만 줄기세포를 원하는 세포로 쉽게 분화할 수 있게 되면 상황이 달라집니다. 줄기세포를 신경세포로 분화하고, 손상된 척수신경 부분에 이식하면 반신불수를 치료할 수 있거든요. 이처럼 우리 몸의 손상된 조직이나 장기를 줄기세포를 이용해서 치료하는 의학을 재생의학(Regenerative medicine)이라고 합니다.

이처럼 줄기세포를 이용한 재생의학은 기존 의학기술의 패러다임을 바꿔놓을 수 있는 엄청난 기술입니다. 대중들이 줄기세포 기술에 유독 열광하는 이유가 바로 여기에 있죠.

하지만 과학자들은 줄기세포가 아직 갈 길이 멀다고 말합니다. 검증되지 않은 시술이나 논문조작, 허위광고 등으로 논란거리에 오르는 일도 심심치 않게 일어나죠. 여러분은 줄기세포에 대해 얼마나 잘 알고 있나요? 이번엔 줄기세포에 대해 알아보도록 해요.

생명체가 될 배아를 치료 목적으로? 배아줄기세포

모든 사람은 정자와 난자가 만나 만들어진 세포 즉 수정란에서부터 시작합니다. 이 수정란 세포 하나로부터 몇조 개에 이르는 세포로 이루어진 개체가 되는 것이죠. 이러한 일이 가능한 이유는 수정란이 사람의 몸을 구성하는 모든 조직의 세포로 분화할 수 있기 때문입니다. 그리고 수정란이 이렇게 사람의 몸을 구성하는 세포로 분화하는 과정에서 빼놓을 수 없는 게 바로 ICM(Ineer cell mass)입니다.

ICM이란 수정란이 난할을 거치면서 생겨나는 내부의 세포 덩어리를 말합니다. 이 ICM이 바로 배아를 형성하고 후에 개체가 되는 부분이죠. ICM이 피부, 심장, 간, 뼈 등 한 개체에 있어야 하는 모든 조직의 세포로 분화되거든요. 그러므로 난할 중인 수정란의 ICM을 추출하여 분화가 중단되도록 적절한 환경에 배양하면 줄기세포를 얻을 수 있답니다. 이렇게 얻은 줄기세포를 배아로부터 추출했다고 해서 배아줄기세포(Embryonic stem cell)라 부르죠.

그런데 배아줄기세포를 쉽게 얻을 수 있는 것은 아닙니다. 배아줄기세포를 만들려면 수정란을 파괴해야 하거든요. 하지만 수정란은 가만히 내버려 두면 자궁에 착상해 하나의 생명체로 자라날 수 있는 존재입니다. 우리도 한때 수정란이었죠. 이런 수정란을 파괴하는 것이 과연 올바른 선택일까요? 사람의 수정란을 파괴하고 실험 대상으로 이용한다는 것은 곧 사람으로 생체실험을 한다는 것과 같다고 봐야 하지 않을까요?

이 논란은 배아줄기세포 연구가 가능해진 시점부터 지금까지 계속되고 있는 논란이기도 합니다. 수정란을 생명체로 간주해야 하는지를 시작으로, 배아와 죽어가는 환자 중에서 어느 쪽을 먼저 살려야 하는지에 대한 많은 의견이 윤리학자, 과학자, 법조인들 사이에서 오갔죠. 하지만 어떠한 합의점도 찾지 못했고, 과학자들은 수정란 외의 방법으로 줄기세포를 만들 방법을 찾기 위해 노력하게 됩니다.

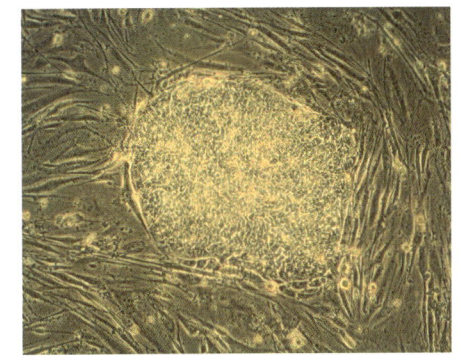

배아줄기세포

그러다 2004년에 등장한 것이 바로 체세포 복제 배아줄기세포입니다. 놀랍게도 이 연구를 진행했던 곳이 바로 우리나라였답니다. 황우석 박사 연구팀이 관련 논문을 국제적인 학술지 Science에 발표하면서 큰 화제가 되었죠.

그렇다면 황우석 박사 연구팀은 어떻게 줄기세포를 만들었을까요? 복제 양 돌리의 수정란을 만드는 방법과 비슷했습니다. 난자의 핵을 제거하고, 환자의 체세포로부터 추출한 핵을 넣어 수정란을 만들었거든요. 그리고 이렇게 만든 수정란을 분열시켜 ICM으로부터 배아줄기세포를 추출했습니다.

이 방법은 정자와 난자가 만나 만들어진 수정란이 아니라, 사람의 체세포 핵과 핵이 없는 난자를 융합해 만든 수정란이어서 논란의 여지가 적었습니다. 덕분에 황우석 박사는 논문 발표 이후 세계적으로 주목을 받았죠. 한국에서 줄기세포 열풍이 본격적으로 불고, 한국인들이 줄기세포의 존재에 대해서 알게 된 것도 이때부터입니다.

하지만 줄기세포 열풍은 그리 오래 가지 않았습니다. 황우석 박사가 쓴 논문이 2005년에 조작으로 밝혀졌거든요. 양의 복제에 성공했기에 황우석의 체세포 복제 배아줄기세포도 불가능한 연구는 아니었지만, 실제 실험이 성공한 적은 없었습니다. 게다가 윤리적으로 문제가 아예 없었던 것도 아니었습니다. 만약 이렇게 만들어진 수정란을 자궁에 착상하면 사람을 복제할 수 있으니까요.

가장 큰 문제는 따로 있었었습니다. 그건 바로 실험을 위해서는 많은 수의 난자가 필요했다는 겁니다. 황우석 박사의 논문에는 실험 과정에서 2221개의 난자를 사용했다고 쓰여 있는데요. 이렇게 많은 난자를 도대체 어떻게 구했을까요? 논문이 조작이라는 사실이 밝혀지고 검찰 조사로 사건의 전말이 세상 밖으로 공개되었는데요. 병원이 환자의 동의 없이 난소를 빼내 황우석 박사 연구팀에게 제공했던 사실이 밝혀졌습니다.

배아줄기세포의 한계점 해결! 성체줄기세포와 유도만능줄기세포

황우석을 마지막으로, 배아줄기세포 연구는 더 이상 이루어지지 않게 되었습니다. 그래서 과학자들은 배아줄기세포에서 성체줄기세포(Adult stem cell)로 눈을 돌렸지요.

성체줄기세포란 우리 몸의 다양한 조직이나 장기 곳곳에 분포하면서 신체 재생작용을 돕는 세포를 말합니다. 외부환경에 의해 신체 일부가 손상되거나, 세포가 노화하여 죽었을 때 성체줄기세포가 분화하여 빈자리를 대체하죠. 모든 사람에게는 신체를 건강한 상태로 유지하는 데 필요한 최소한의 성체줄기세포가 존재하고 있답니다.

성체줄기세포도 배아줄기세포와 마찬가지로 우리 몸을 구성하는 특정한 세포로 분화가 가능한 세포입니다. 골수나 탯줄에 존재하는 조혈모세포, 중간엽기질세포가 대표적이죠. 하지만 성체줄기세포는 배아줄기세포만큼 완벽하지는 않습니다. 대체로 분화의 방향성이 정해져 있거든요. 특정 조직에 분포하는 성체줄기세포는 그 조직을 구성하는 세포로만 분화되는 식으로 말이죠.

그럼에도 불구하고 성체줄기세포가 주목받는 이유는 윤리적인 문제가 전혀 없어서입니다. 또, 치료에 사용한다면 환자 본인의 성체줄기세포를 추출해 사용하므로 면역거부반응이 일어나지도 않고 세포가 과다하게 분열하다가 암세포가 될 가능성이 적다는 장점도 있죠. 실제로 조혈모세포는 이미 백혈병 환자들을 치료하는 데에 사용되고 있답니다. 그 외의 성체줄기세포들은 치료 방법이나 가능성, 안전성 연구가 활발하게 진행되고 있죠.

최근에는 성체줄기세포가 다른 조직에 있는 세포로도 분화할 수 있다는 연구결과가 꾸준히 보고되고 있어서 가능성이 높아지고 있습니다. 실제로 특정 장기에 손상이 발생했을 때 그 장기에 있는 성체줄기세포뿐 아니라 근처 다른 장기에 있는 성체줄기세포도 모두 손상된 장기로 이동하여 손상된 부분을 재생하거든요. 예를 들어 근육에 손상이 발생했을 때 피부에 분포하는 성체줄기세포도 근육으로 이동하여 근육을 재생하는 식입니다.

성체줄기세포의 가장 큰 단점은 우리 몸에 극히 소량만 존재한다는 것입니다. 그러다 보니 신체 조직으로부터 성체줄기세포를 분리해 내는 것

야마나카 신야

이 굉장히 어렵다고 합니다. 분리에 성공하더라도 배양이 상당히 어려운 데다, 배아줄기세포만큼 완벽하게 많은 종류의 세포로 분화할 수도 없죠.

이처럼 배아줄기세포, 성체줄기세포는 모두 너무 큰 단점을 가지고 있어 연구하기가 쉽지가 않은데요. 다행히도 줄기세포를 발전시킬 수 있는 길이 열렸습니다. 2006년에 일본의 야마나카 신야 교수가 배아줄기세포와 성체줄기세포가 가지는 한계점들을 모두 극복할 수 있는 기술을 개발했기 때문이죠.

야마나카 신야 교수가 개발한 기술은 바로 체세포를 조작해서 아직 분화되지 않은 상태의 줄기세포로 역분화시키는 기술이었습니다. 이렇게 만들어진 줄기세포를 iPSC(Induced pluripotent stem cell), 즉 유도만능줄기세포라고 부르지요. 현재 가장 활발하게 연구가 이루어지는 줄기세포 종류랍니다.

iPSC는 배아줄기세포만큼 완벽하게 많은 종류의 세포로 분화할 수 있었습니다. 게다가 사람의 수정란이나 난자를 사용할 필요가 없어서 논란이 생길 여지도 없고, 성체줄기세포처럼 분리가 어렵지도 않았죠. 환자 본인의 체세포를 사용하니까 면역거부반응도 일어나지 않고요.

그렇다면 야마나카 신야 교수는 어떻게 iPSC를 만들 수 있었을까요? 야마나카 신야 교수는 배아줄기세포가 어떻게 다른 세포로 분화할 수 있는를 연구한 과학자였는데요. 배아줄기세포에 있는 유전자들이 세포의 분화에 관여한다는 것을 깨닫고, 세포의 분화에 관여하는 유전자를 찾는 데 많은 시간을 투자했습니다.

그렇게 어느 정도 시간이 지나고, 야마나카 신야 교수는 Oct3/4, Sox2, c-Myc, Klf4 4가지 유전자가 줄기세포의 분화에 관여한다는 사실을 깨닫게 되었습니다. 그는 쥐로부터 창자 세포를 분리한 후, 이 4가지 유전자를 쥐의 창자 세포에 도입했죠. 그 결과 창자 세포가 줄기세포로 역분화되었습니다. 세계 최초의 iPSC가 탄생한 순간이었죠.

iPSC의 발견 이후, 전 세계 줄기세포 연구에 큰 변화가 일어났습니다. 전 세계의 수많은 생명과학 실험실들이 iPSC를 연구하기 시작했죠. 야마나카 신야는 2006년에 쥐의 창자 세포로 줄기세포를 만든 데 이어, 이듬해 2007년에는 사람의 피부에 있는 섬유아세포로 사람의 유도만능줄기세포를 만들기도 했습니다.

현재 가장 활발하게 이루어지고 있는 iPSC 연구 중 하나는 야마나카 신야 교수의 방법 말고 다른 방법으로 체세포를 iPSC로 역분화할 방법을 찾는 것입니다. 특히 c-Myc는 종양 유전자라서 c-Myc로 만든 iPSC는 암세포가 되기 쉽고, 만들어지기까지 너무 많은 시간이 소모되어서 이를 보완할 새로운 방법이 필요하거든요.

그리고 이 연구는 얼마 지나지 않아 빛을 보게 되는데요. 미국의 제임스 톰슨 교수팀은 c-Myc를 제외한 Oct4, Sox2, Nanog, Lin28 4개의 유전자로 iPSC를 만들었습니다. 이렇게 유전자를 사용하는 방법 외에도 펩타이드, 전자기파 등을 이용해서 iPSC를 만들어내는 기술들이 꾸준히 개발되고 있답니다.

iPSC의 발견은 DNA 이중나선 구조의 발견 이후로 의학계와 생명과학계를 뒤흔들어 놓은 가장 위대한 발견 중의 하나로 손꼽힙니다. 기존 줄기세포들이 가진 단점들을 모두 극복한 데다, 항상 윤리 문제에 부딪혀 왔던 줄기세포 치료에 새로운 가능성을 열어주었기 때문이죠. 야마나카 신야 교수는 이러한 공로를 인정받아 2012년에 노벨생리의학상을 받았답니다.

말도 많고 탈도 많고… 줄기세포가 가져다 줄 미래

만약 줄기세포가 상용화되어 치료에 쓰이게 된다면 줄기세포로 혜택을 누리게 될 환자들 수는 전 세계적으로 최소 몇십억 명이 될 것으로 보입니다. 암부터 시작해서 심혈관계 질환, 뇌질환, 당뇨병, 외상까지 무궁무진하죠.

그렇다면 지금까지도 여전히 줄기세포가 상용화되지 않은 이유는 무엇일까요? 줄기세포를 다루는 기술이 많이 부족하기 때문입니다. 무엇보다도 현재 생명과학 기술로는 줄기세포를 원하는 세포로 분화시키는 게 굉장히 어렵습니다.

왜냐고요? 치료 과정에서 간세포로 분화하여야 하는 줄기세포가 피부세포로 분화될 수도 있고, 올바른 세포로 분화되었다고 하더라도 분열이 너무 과다하게 일어나다가 암세포가 될 가능성이 있거든요. 조직과 장기를 구성하게 된 줄기세포가 제 기능을 제대로 할지도 의문이고요. 만약 이러한 문제들이 해결되어 줄기세포 치료가 상용화되더라도 그리 낙관적이지는 않습니다. 상용화 초기에는 비용이 엄청날 테니까요.

전혀 예상하지 못한 줄기세포 치료 부작용

그래도 한 가지 분명히 말씀드릴 수 있는 것은 있습니다. 줄기세포는 아직 연구개발 단계에 머물러 있다는 겁니다. 현재 줄기세포를 이용한 대부분의 치료나 성형, 미용은 안전성 검사도, 제도적 승인절차도 거치지 않은 시술이 대부분입니다. 치료 후 어떤 부작용이 발생할지 알 수 없다는 거죠.

실제로 줄기세포는 지금까지 환자들에게 희망보다는 허위광고나 검증되지 않는 시술로 잘못된 환상만 남겼습니다. 환자들의 절박한 심정을 이용해서 고액의 치료비용을 요구하고 정작 치료 효과는 보지 못하는 사건도 자주 벌어졌죠. 치료비용은 치료비용대로 쓰고, 치료가 제대로 되지도 않는다면 환자들은 얼마나 억울할지 가늠조차 되지 않습니다.

줄기세포가 상용화되기까지 많은 연구와 검증의 과정도 필요하겠지만, 그 과정에서 줄기세포에 대한 잘못된 정보로 인해 피해를 보는 사람이 더는 발생하지 않았으면 좋겠습니다.

신약이 판매되기까지의 험난한 여정!

신약개발과 바이오시밀러

> 위대한 과학자의 생애는
> 사람들의 상상만큼 손쉬운 것이 아니다.
> – 마리 퀴리 (프랑스의 화학자) –

 질병이나 상처를 치료하거나 예방하기 위해 먹는 물질을 약이라고 합니다. 인류는 오랫동안 여러 세대를 거쳐 지구상에 살아가면서 허기를 채울 수 있는 음식, 병이나 상처를 낫게 하는 물질, 몸에 해로운 물질이 무엇인지에 대해 하나 둘씩 습득해 나갔습니다. 자연물 중에서 약효가 있다고 판단되는 물질은 말리거나 달여서 약으로 먹거나 상처에 바르기도 했지요.

 화학적으로 물질을 합성하거나 자연물에서 필요한 물질만 추출하여 만드는 현대 약품과는 달리, 과거의 약들은 자연물에서 가져와 그대로 사용해야 했습니다. 그러다 보니 구하기가 너무 어렵고, 약효도 현대 약품과 비교해서 좋지 않았습니다.

 실제로 우리나라에서 사용했던 약재인 인삼, 녹용, 사향, 웅담 등은 모두 당시에 굉장히 값이 비쌌고, 구하기가 어려웠을 것으로 추정되고 있지요. 현대에 이르러 약학이 발달하기 전까지 우리 조상들이 상처와 질병을 예방 및 치료할 방법은 이런 방법밖에는 없었습니다.

일부 약재는 전 세계 많은 문화권에서 사용되기도 했는데요. 양귀비꽃이 대표적입니다. 양귀비는 꽃이 지고 나면 그 자리에 둥근 타원 모양의 씨방이 남는데요. 이 씨방에 상처를 내서 하얀 즙을 추출하고 추출한 즙을 말려 약으로 사용했습니다. 이렇게 만들어진 약이 바로 마약으로 잘 알려진 아편입니다.

양귀비 꽃

양귀비 씨방

우리 인류는 자그마치 약 4000년 전부터 양귀비로 아편을 만들어 진통제로 사용했을 것으로 추정되고 있습니다. 양귀비가 함유하는 물질의 일종인 모르핀이 상처나 질병 등에 의한 육체적인 고통뿐 아니라 우울감이나 슬픔 같은 심리적인 고통까지도 없애주거든요. 우리가 질병에 걸렸을 때, 상처가 났을 때 사용하는 약이 본격적으로 개발되기 시작한 것도 18세기경 양귀비꽃에서 모르핀을 추출하면서부터입니다.

그렇다면 양귀비꽃처럼 효능이 있는 물질을 발견하는 것부터, 약의 안전성 검증까지 약은 도대체 어떤 과정을 거쳐 만들어지는 걸까요? 이번에는 신약개발이 이루어지는 과정과 바이오시밀러에 대해서 살펴보도록 합시다.

너무 힘들고 오래 걸리는 거 아냐? 신약개발이 이루어지는 과정

여러분은 약품이 어떤 과정을 거쳐서 개발되고 있는지 아시나요? 한 가지 종류의 약품이 만들어져 판매되기까지는 엄청난 노력과 시간이 필요합니다. 그와 더불어 수조 원대에 달하는 천문학적인 비용이 들어가기도 하죠.

약이 만들어지는 과정을 이해하기 위해서는 일단 타겟(Target)에 대해서 가장 먼저 이해하셔야 합니다. 환자의 몸에는 질병을 일으키는 데에 관여하는 분자나 단백질이 존재할 것입니다. 약학에서는 이것을 타겟(Target)이라고 불러요. 신약개발을 위해서는 일단 타겟이 어떠한 과정을 거쳐 질병을 일으키는지에 대한 연구가 선행되어야 합니다.

타겟을 정했다면, 이제 세상에 존재하는 수많은 화합물 중 어떤 물질이 타겟의 작용을 억제하는지 찾아내야 합니다. 이 과정에서는 고속대량스크리닝(High Throughput Screening) 기법을 사용합니다. 고속대량스크리닝이란 수십만 개에서 수백만 개의 화합물들을 짧은 시간 안에 분석하는 기술을 말해요. 이 기술을 이용하면 수많은 화합물 중에서 어떤 화합물이 타겟을 억제하는지 알아낼 수 있답니다.

고속대량스크리닝을 거치고 나면 약 수백 개 정도의 화합물이 선정되는데요. 이제는 선정된 화합물들의 화학적 구조를 분석하여 어떠한 공통적인 특징이 있는지를 파악할 차례입니다. 수백 개로 선별된 화합물들이

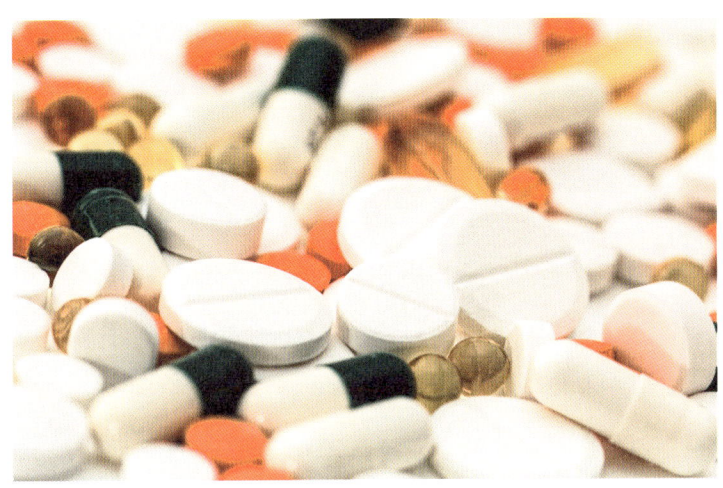
다양한 종류의 약

타겟을 억제할 수 있는 물질로 선정된 이유는 어떤 특징이 있었을 거라는 의미이기도 하니까요. 대체로 화학적 구조에 포함된 특정한 활성 부위 때문인 경우가 많습니다.

이렇게 활성 부위를 발견하면 활성 부위가 포함된 화합물을 새로 합성하거나 선정되었던 화합물의 화학적 구조를 계속 변형하는 과정을 거칩니다. 기존의 화합물보다 더욱 최적화된 화합물을 만들기 위해서죠. 그리고 어떻게 화합물이 필요한 조직이나 장기로 이동할 수 있게 할 것인지, 어떻게 효과를 극대화하고 부작용을 최소화시킬지도 논의가 이루어집니다.

이 과정에서 수백 가지 종류의 화합물을 새로 합성하고 약이 될 수 있는지에 대한 까다로운 검증과정을 거치지요. 신약을 만드는 단계 중에서 가장 시간이 오래 걸리고 비용도 많이 드는 단계입니다. 어떠한 약을 제조하느냐에 따라 차이가 있지만, 대체로 2년 정도 걸리는 것으로 알려져 있죠. 약 2~3개 내외의 신약 후보 물질들이 이러한 과정을 거쳐 선정됩니다.

이제는 선정된 신약 후보 물질들의 약효와 안전성 문제를 검증하는 단계로 돌입합니다. 일단 사람을 대상으로 임상시험을 진행하기 전에 쥐나 원숭이 등 여러 종류의 동물에게 가장 먼저 투여해서 약효가 있는지, 독성은 없는지, 부작용은 심하지 않은지를 파악하는데요. 이 과정을 전임상시험이라 부릅니다.

전임상 시험을 마치고 나면 본격적으로 임상시험에 돌입합니다. 임상시험은 총 4단계로 구성되어 있는데요. 한두 단계도 아니고 여러 단계인데에서도 짐작이 되듯이 신약 후보 물질을 선정하는 것보다 훨씬 오랜 시간이 걸립니다. 약효와 안전성을 철저하게 검증하기 위해서죠.

첫 번째 임상시험, 즉 임상 1상에서는 전임상 시험에서 얻은 신약 후보 물질의 작용, 흡수, 배설에 대한 자료를 토대로 약 20~80명의 건강한 사람에게 신약 후보 물질을 투여합니다. 혹시 있을 독성을 위해 전임상 동물실험에서 결정된 최대 투여량의 1/100을 투여하는 것으로 시작해서 천천히 투여량을 늘리죠.

임상 1상에서는 신약후보물질이 얼마나 약효가 있는지보다는, 사람에게 독성이 있는지 없는지를 확인하는 것이 주가 됩니다. 그 과정에서 사람에게 심각한 부작용이 있지는 않은지 확인하고, 얼마나 투여해야 안전한지, 약으로서의 가능성은 있는지를 검토하죠.

이렇게 임상 1상이 끝나면 임상 2상 단계가 됩니다. 임상 2상은 약 100~200명에서 수백 명의 환자에게 신약후보물질을 투여하여 약효를

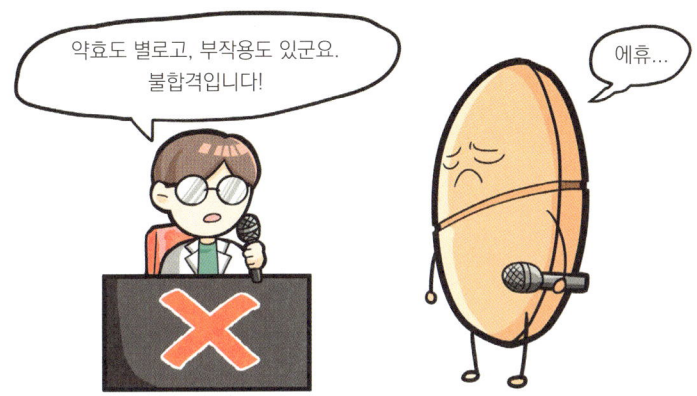

신약이 되기 위한 험난한 오디션

명확하게 확인하는 단계입니다. 이 과정에서 투여에 적당한 양과 투여 방법을 결정되지요.

만약 임상 2상에서 약효가 검증되면 임상 3상 단계가 됩니다. 임상 3상에서는 약효가 정말 통계적으로 의미 있는 결과인지 확인하기 위해 약 1000명 내외의 환자에게 신약후보물질을 투여합니다. 전체 임상 단계에서 이 임상 3상이 가장 어려운 단계인데요. 약을 투여받은 수많은 환자를 담당하는 의사와 간호사 수도 엄청나고 약효와 부작용을 오랫동안 점검하기 때문에 막대한 비용이 들기 때문입니다.

임상3상을 끝내고 허가를 받고 나면 의약품으로써 시판이 가능해집니다. 이렇게 임상 연구를 포함하여 하나의 약이 시판되기까지 15~20여 년의 시간이 걸리며, 하나의 화합물이 약으로 시판될 가능성은 1/100000밖에 안 됩니다.

또한, 이 모든 과정을 거쳐 시판에 성공했다 하더라도 소비자들에게 선택받는 성공적인 약품이 될지는 알 수 없는 일이죠. 성공적인 약품이 되기 위해서는 꾸준한 마케팅이 필요하겠죠. 현재 시중에 판매되는 의약품들이 제조원가가 매우 낮음에도 불구하고 비싸게 판매되는 이유가 바로 시판 전의 신약 개발과정이 매우 어렵기 때문입니다.

제가 아까 임상시험이 4단계로 이루어져 있다고 말씀드렸죠? 시판 허가 후에도 임상시험이 계속됩니다. 임상 4상 단계로 진입하는 거죠. 혹여나 1/10000의 확률로 나타날 수 있는 부작용은 없는지, 장기간 투여했을 때도 부작용이 발생하지는 않는지, 임상3상에서 검토하지 못했던 특수환자군들에게는 부작용이 없는지 등을 확인합니다. 만약 시판 후 뒤늦게 부작용이 발견되면 심할 경우 시판이 취소되는 일이 발생하기도 한답니다.

신약개발과정을 살펴보니 어떤가요? 정말 어렵고 힘든 과정이라는 게 느껴지지요? 이처럼 신약개발은 워낙 많은 돈이 들고 시간도 많이 소모되다 보니 한국에서는 신약개발이 그리 활발하게 일어나는 편은 아닙니다.

물론 아예 성과가 없는 것은 아닙니다. 우리나라도 1999년에 SK케미칼이 개발한 항암제 '선플라주'를 시작으로 신약을 개발하기 시작했고 LG생명과학의 신약 '팩티브'는 미국 FDA의 승인을 받기도 했거든요. 하지만 선플라주는 판매 실적 저조와 더 좋은 약의 등장으로 시장에서 금방 사라져 버렸답니다. 최근 들어서야 제약회사들이 꽤 등장하기는 했지만, 아직 뚜렷한 성과는 내지 못하고 있죠.

이처럼 한국의 신약개발은 개발과정도 쉽지 않고, 개발 이후에도 해외에서 개발된 약들에 밀려 쉽지가 않은 상황입니다. 물론 이런 상황에서 돌파구가 아예 없는 것은 아닙니다. 기존 신약개발을 꾸준히 하면서도, 바이오시밀러를 비중 있게 연구해오고 있거든요.

개발하기 쉽고 가격도 싼 약, 바이오시밀러

바이오시밀러를 이해하기 위해서는 일단 합성의약품과 바이오의약품을 먼저 이해하셔야 합니다. 시중에서 볼 수 있는 의약품은 크게 합성의약품과 바이오의약품으로 나뉘어요. 합성의약품은 화학물질로 만들어진 의약품을 말하고, 바이오의약품은 생명체 내에서 추출한 물질로 만들어 낸 약을 말합니다. 일반적으로 합성의약품보다는 바이오의약품이 좀 더 효능이 좋고 부작용이 적은 것으로 알려져 있죠.

그럼 이제 바이오시밀러가 무엇인지 말씀드려도 될 것 같습니다. 바이오시밀러(Biosimilar)란 특허가 만료된 바이오의약품을 복제하여 만든 신약을 말합니다. 바이오시밀러 분야에 뛰어든 대표적인 국내 기업이 바로 셀트리온과 삼성바이오로직스입니다.

바이오의약품을 복제한 거니까 그냥 복제약, 카피약 아니냐고요? 꼭 그렇지는 않습니다. 생물학적으로 같은 효과를 내는 바이오의약품을 생명체로부터 추출해도, 기존의 바이오의약품과 완전히 같은 약이라고 보기는 어렵거든요.

왜냐고요? 생명체로부터 약 성분을 추출하는 방법, 세포를 배양하는 방법 등이 기존의 바이오의약품을 제조했던 방법과 전혀 다를 수 있거든요. 만드는 방법이 다르면 당연히 약을 구성하는 성분에도 약간 차이가 있을 것이기에 시밀러(similar)라는 이름이 붙여진 거랍니다.

이제는 비쌌던 약을 살 수 있다고!

그런데 만드는 방법이 다르기만 하다면 별로 의미가 없을 것입니다. 이왕이면 기존의 바이오의약품과 효능이 크게 다르지 않으면서도 기존의 방법보다 훨씬 편리하고 비용이 덜 드는 방법으로 만드는 것이 제일 이상적이겠지요. 바이오시밀러는 바로 이렇게 만들어진 바이오의약품을 의미해요.

덕분에 바이오시밀러는 최초로 개발된 같은 약효의 바이오의약품보다 연구개발비가 훨씬 덜 들고, 만들어지기까지 드는 시간도 적습니다. 임상시험에서도 임상 2상이 생략되고, 임상 3상도 간소하게 진행되지요. 바이오시밀러가 기존의 바이오의약품보다 50% 이상 싼 이유가 바로 여기에 있습니다.

이처럼 바이오시밀러는 워낙 값이 싸기 때문에 비싼 약값으로 약을 먹을 수 없는 저소득층이나 빈곤국에 사는 사람들의 질병 예방을 돕고 질병을 치료해줄 방안이기도 합니다. 충분히 많은 약을 구매할 수 있는 선진국도 충분히 이득입니다. 의료비 지원에 의한 사회적 비용을 줄일 수 있으니까요.

　지금 이 순간에도 약의 특허가 하나둘 만료되어가고 있습니다. 특허 만료와 더불어, 기존의 약보다 더욱 만드는 방법이 간단하고 값싼 바이오시밀러는 계속 생겨날 전망입니다. 이렇게 앞으로 새롭게 탄생할 바이오시밀러가 우리의 생활과 지구촌에 어떤 변화의 바람을 불러올지 두고 볼 일입니다.

해양 미세조류로 기름을 생산할 수 있다고?

바이오에너지

> 녹색 에너지, 지속 가능성,
> 재생 가능한 에너지가 곧 미래입니다.
> – 아놀드 슈왈제네거 (미국의 정치인) –

우리 인류는 지구상에 등장한 이후부터 꾸준히 자연 곳곳에 분포해 있는 자원을 활용하며 빠르게 생활환경을 발전시켜 왔습니다. 특히 땅속 깊숙이 묻힌 석유 같은 화석연료는 인류가 현대 들어 화려한 문명을 이룩하는 데 결정적인 역할을 했지요.

지금은 전 세계 모든 산업이 석유를 기반으로 하고 있고, 석유가 없으면 일상을 보내는 것이 불가능할 정도입니다. 자동차와 같은 운송수단의 연료는 기본이고 플라스틱의 제조, 도로에 사용되는 아스팔트의 제조 등 거의 모든 종류의 화학 물질 원료로 사용되고 있으니까요.

그러나 석유가 마냥 좋기만 한 자원은 아닙니다. 언제 고갈될지 모르는 자원인 데다, 무엇보다도 심각한 환경오염을 유발한다는 문제점이 있기 때문이죠. 특히 지구온난화가 발생하는 가장 큰 원인이 석유의 과도한 사용에 의한 온실가스의 발생 때문이라는 것은 많은 사람이 잘 아는 사실이죠. 최근에 조력, 풍력, 태양, 바이오에너지와 같은 신재생에너지를 개발하고 석유사용량을 줄이려는 것은 이러한 이유 때문입니다.

특히 신재생에너지의 일종인 바이오에너지는 식물이나 미생물 등과 같이 자연에서 쉽게 찾을 수 있는 생물을 자원으로 사용하는데요. 덕분에 고갈될 염려가 전혀 없고 환경오염도 거의 일으키지 않아 화석연료의 사용을 대체할 수 있을 에너지원으로 주목받고 있답니다.

그렇다면 바이오에너지가 마냥 좋기만 할까요? 꼭 그렇지는 않은 것 같습니다. 정말 좋다면 진작에 석유가 바이오에너지로 대체가 되었겠죠. 바이오에너지의 단점이 무엇인지, 그리고 바이오에너지의 단점을 해결하기 위해 과학자들이 어떤 노력을 하고 있는지 살펴봅시다.

친환경적인 기술! 바이오에너지란 무엇일까?

나무, 꽃, 풀, 잎, 열매, 미생물, 동물, 곡물 등의 생물 자원들을 모두 바이오매스(Biomass)라고 하는데요. 이 바이오매스를 원료로 하는 에너지를 바이오에너지라고 합니다.

그렇다면 바이오매스를 어떻게 에너지로 전환할까요? 다양한 방법이 있는데요. 가장 간편한 방법은 바로 목재를 불에 태워 열에너지를 발생시키는 것입니다. 우리 인류가 추위와 어둠을 극복하고 음식을 구워 먹기 위해 아주 오래전부터 사용해 온 방법이기도 하지요. 아프리카 대부분 지역이나 중국의 농촌 지역처럼 아직 개발이 덜 된 지역에서는 아직도 이렇게 에너지를 얻는 것으로 알려져 있습니다. 목재를 구하기 힘든 사막 지역에서는 유목민들이 동물의 똥을 말려 땔감으로 사용하는 모습도 쉽게 볼 수 있지요.

하지만 이런 방법들은 너무 평범하죠? 바이오에너지 기술은 바이오매스를 단순히 태우는 것에 그치지 않고 현대적인 기술을 이용해 가공해서 연료를 얻는 기술을 말합니다.

이렇게 만들어진 대표적인 바이오에너지가 바로 메탄(CH_3)입니다. 메탄은 가정의 조리, 난방 연료로 사용되고 천연가스(LNG)의 주성분인 물질인데요. 주로 메탄 생성 미생물에 의해 동식물이 부패하면서 생겨납니다. 풀을 주로 먹으며 사는 소나 양의 장 속에도 메탄 생성 미생물이 분포해 있어서 방귀나 트림으로 배출되기도 하지요.

바이오에너지 기술에서는 바로 이 메탄 생성 미생물로 유기물을 다량 함유한 폐기물이나 폐수를 분해해서 대량의 메탄을 얻습니다. 불필요한 폐기물도 처리하고, 연료인 메탄도 얻을 수 있으니까 정말 좋은 기술이라고 할 수 있지요.

이처럼 폐기물이나 폐수로부터 추출한 메탄을 바이오 메탄이라고 부르는데요. 일반 천연가스보다 발열량이 큰 덕분에 자동차 연료로 사용 시 출력이 더욱 높다고 해요. 이미 독일, 스웨덴, 스위스 등의 유럽 국가에서는 바이오가스충전소를 운영하여 천연가스 자동차 연료의 50% 이상을 바이오 메탄이 차지하고 있답니다.

바이오 메탄은 화석연료와 비교했을 때에도 정말 친환경적입니다. 지구온난화도 발생시키지 않고요. 화석연료가 이산화탄소와 같은 온실가스의 양을 증가시키는 이유는 원래 화석연료의 형태로 매장되어 있던 이산화탄소가 공기 중에 배출되어 공기 중의 이산화탄소 비율을 증가시키기 때문인데요. 바이오 메탄은 아무리 사용해도 공기 중의 이산화탄소 비율을 증가시키지 않습니다.

어떻게 이런 게 가능하냐고요? 바이오 메탄이 연료로 쓰이면서 공기 중에 배출된 이산화탄소는 식물이 광합성을 하는 데에 사용되고, 그렇게 자라난 식물로부터 다시 유기물이 만들어져 바이오 메탄을 사용하는 순환구조가 형성되기 때문입니다. 공기 중에 이산화탄소가 생겨난 만큼 흡수되고, 흡수된 만큼 다시 생겨나기 때문에 공기 중의 이산화탄소 비율이 일정하게 유지되는 거죠.

바이오에너지가 좋지만은 않다? 바이오에너지의 치명적인 단점

바이오에너지 기술은 바이오 메탄뿐이 아닙니다. 미국과 브라질에서는 자국의 풍부한 사탕수수와 옥수수를 이용하여 에탄올(C_2H_5OH)을 만드는 기술을 개발했습니다. 곡물에 존재하는 포도당, 과당, 설탕 등의 당류가 효모 등과 같은 미생물에 의해 발효되면 에탄올이 만들어지는 원리를 이용한 기술이지요.

에탄올을 생산할 수 있는 곡물은 다양한 종류가 있는데요. 특히 사탕수수로부터 바로 추출한 액체 성분은 당류로 구성된 덕분에 효모만으로 바로 에탄올을 생산할 수 있어서 공정과정이 간단합니다. 옥수수나 감자, 고구마, 대두 같은 곡물도 녹

사탕수수

말을 당류로 전환하면 효모로 에탄올을 생산할 수 있답니다.

바이오에탄올은 바로 이렇게 효모를 이용해서 추출한 에탄올을 말하는데요. 현재 많은 국가에서 휘발유와 소량 섞는 자동차 연료로 사용하고 있답니다. 사탕수수 최대 생산국이자 바이오에탄올을 전 세계에서 가장 많이 사용하는 브라질에서는 세계 최초로 휘발유 대신 에탄올만으로도 운용될 수 있는 자동차 엔진을 개발하기도 했습니다. 이 엔진을 플렉스 엔진이라고 부르는데요. 에탄올과 휘발유를 비율 상관없이 자유롭게 섞어 연료로 사용할 수 있답니다.

그러나 바이오에탄올이 꼭 좋은 점만 있는 것은 아닙니다. 바이오에탄올이 가지는 가장 큰 문제점은 무엇보다 사람이 먹는 식량이 재료라는 겁니다.

이게 왜 문제가 되냐고요? 한 가지 사례를 들어 드리겠습니다. 2006년부터 2014년까지는 전 세계 유가가 매우 높았던 시기인데요. 당시 전 세계 국가에서 너무 비싼 석유를 다른 연료로 대체하기 위해 엄청난 양의 바이오에탄올을 생산했습니다. 특히 옥수수 생산량 전 세계 1위 국가였던 미국은 옥수수 생산량의 40% 이상을 바이오에탄올 생산에 사용할 정도였죠.

이렇게 너무 많은 곡물이 바이오에탄올을 만드는 데에 사용되면서 곡물 가격이 갑작스럽게 올랐습니다. 그 결과, 식량이 부족한 아프리카나 아시아 국가에서 폭동이나 시위, 정치적 혼란이 발생하고 말았죠. 지금도 유가가 상승하면 곡물 가격이 상승하고, 곡물 가격이 상승하면 곡물 대신 먹을 수 있는 채소와 고기의 가격도 덩달아 상승하는 경향이 있지요? 흔

식량이냐 에너지냐 그것이 문제로다

히 식탁 물가가 올라갔다고 표현하는데요. 이게 다 곡물이 바이오에탄올로 쓰이기 때문입니다.

바이오에탄올의 가장 치명적인 단점이 무엇인지 이해가 되셨나요? 식량으로 쓰일 곡물의 양을 충족하면서 바이오에탄올의 재료로 쓰일 곡물도 함께 생산하려면 전 세계의 곡물 생산량을 늘려야 합니다. 그러나 곡물 생산량을 늘리기 위해서는 삼림을 없애고 땅을 개간하고 석유로 만들어지는 화학비료를 사용해야 하는데요. 아무도 이게 친환경적이라고 말하지 않을 겁니다. 과학자들은 이미 바이오에탄올이 친환경적이지 않다고 결론을 내렸죠.

그럼 곡물이 아닌 바이오매스를 바이오에너지로 사용하면 되지 않냐고요? 맞는 말입니다. 실제로 과학자들이 목재를 재료로 바이오에탄올을 만드는 기술을 개발하고 있습니다. 목재의 주성분인 셀룰로오스(cellulose)에 특정한 효소를 처리하면 당류를 얻을 수 있는데요. 이렇게 얻은 당류를 효모로 발효시키면 바이오에탄올을 생산할 수 있거든요. 그러나 셀룰로오스를 당류로 분해하는 과정이 꽤 복잡하다 보니 비용 문제가 발목을 잡고 있습니다. 이렇게 만들어진 바이오에탄올이 너무 비싸다면 아무도 사용하지 않을 테니까요.

한국을 기름이 나는 산유국으로! 바이오에너지의 미래

지금으로부터 몇 년 전, 미국 국립과학원 회보에 해양 미세조류로부터 추출한 바이오에너지가 전 세계 인류가 소비하는 에너지를 모두 충족할 수 있을 것이라는 연구결과가 실린 적이 있습니다. 해양 미세조류가 생산하는 기름을 추출해서 바이오에너지로 이용하는 거죠. 휘발유에 혼합해 사용하는 바이오에탄올과는 다르게 경유에 혼합해 사용하는데요. 흔히 바이오디젤(Biodiesel fuel)이라고 부릅니다.

다른 생물도 기름을 생산하는데, 하필 많은 생물 중에서 해양 미세조류가 주목받는 이유가 무엇일까요? 이산화탄소와 물, 태양만 있으면 잘 자라서 경작지가 필요 없고, 매우 빠른 속도로 자라며, 식용이 아니라서 식량 공급에 전혀 문제를 일으키지 않기 때문입니다. 무엇보다도 중성지방의 함량이 높아서 상당히 많은 기름을 추출할 수 있다고 합니다. 육상에서 서식하는 식물에 비해 단위 면적당 기름 생산량이 몇 배에 달할 정도지요.

해양 미세조류의 장점은 이뿐만이 아닙니다. 해양 미세조류로부터 기름을 추출하고 남은 부산물은 가축의 사료나 비료 등으로 사용할 수 있고, 발효과정을 거치면 바이오에탄올을 생산할 수 있거든요. 이러한 여러 장점 덕분에 석유자원이 없고 국토가 좁은 대신 국토의 3면이 모두 바다

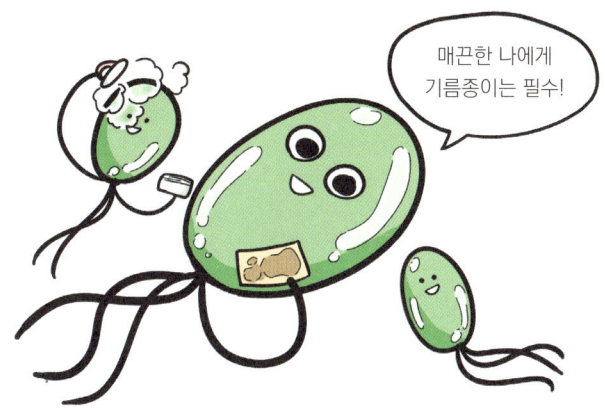

기름기가 줄줄 흐르는 미세조류

로 둘러싸인 우리나라에서는 해양 미세조류가 가장 이상적인 바이오매스로 인식되고 있죠.

단, 해양 미세조류로부터 추출한 바이오디젤이 상용화되기 위해서는 앞으로 정말 많은 연구가 필요할 겁니다. 바이오디젤도 역시 비용 문제가 발목을 잡고 있는데요. 비용 문제를 해결하기 위해서는 기름 생산력이 매우 좋아야 하고, 번식 속도가 굉장히 빨라야 하고, 외부로부터 병원체가 침입해도 쉽게 감염되거나 죽어서는 안 됩니다. 이러한 미세조류를 만드는 가장 좋은 방법은 유전자 재조합 기술이나 유전자 가위 기술 같은 생명공학 기술을 활용하는 것이겠지요.

또한, 바다에서 서식하는 수많은 미세조류 중에서 중성지방의 함량이 높은 종을 찾는 생태학 연구도 필요합니다. 여기에 더해 해양 미세조류가 잘 자랄 수 있는 최적의 배양 환경을 제공하는 기술과 해양 미세조류부터 기름을 효율적으로 추출할 수 있는 기술을 개발한다면 더욱 값싸게 바이오디젤을 생산할 수 있을 것입니다.

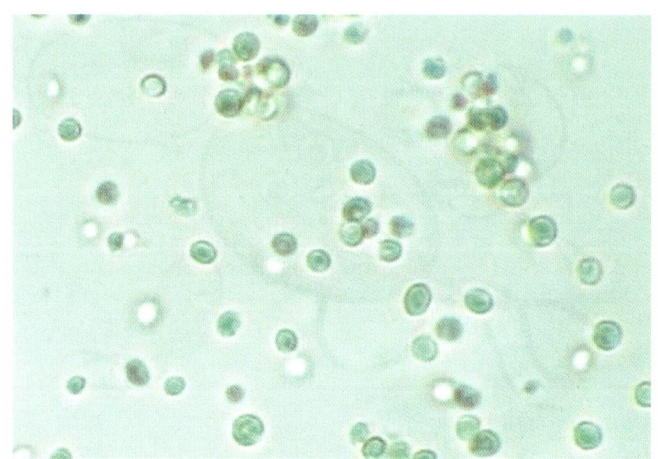
해양 미세조류의 일종

한국은 기름 한 방울 나지 않는 국가이지만, 한국의 바다에는 수많은 해양 미세조류들이 살고 있습니다. 그리고 한국은 현재 세계적으로 해양 미세조류 바이오디젤 분야를 선도하고 있죠. 어쩌면 이 기술이 우리나라를 기름이 나는 산유국으로 발돋움할 수 있도록 해 줄지도 모를 일입니다.

자연의 생물들은 아이디어 창고!

생체모방 로봇 기술

**자연이 만들어낸 것은
모자라지도 과하지도 않다.
- 레오나르도 다빈치 (이탈리아의 미술가) -**

상어는 물속에서 시속 30km로 빠르게 수영합니다. 홍합이 분비하는 단백질은 시중에 판매하는 접착제보다 결합력이 좋습니다. 바퀴벌레는 위험에 처했을 때 시속 150km로 달립니다. 이처럼 지구상에 서식하는 생명체들은 한 종, 한 종이 뛰어난 재능을 갖춘 능력자들이죠.

높은 지능을 가진 사람들에게 이런 생물들은 새로운 아이디어를 떠올리게 하는 데에 큰 도움을 주는 아이디어 창고이기도 합니다. 비록 우리 사람은 이들만큼의 능력을 발휘할 수는 없지만 높은 지능을 이용하여 이들을 모방해 새로운 기술이나 제품을 만들 수 있거든요.

생체모방기술(Biomimetics)이란 살아 있는 생물의 행동이나 구조, 만들어내는 물질을 모방하여 생활에 적용 가능한 것으로 만들어내는 기술을 말합니다. 생체모방기술로 만들어 상업적으로 성공한 대표적인 상품이 바로 찍찍이로 잘 알려진 벨크로 테이프입니다.

생체모방을 하긴 했는데...

    벨크로 테이프를 개발한 사람은 바로 스위스의 공학자 메스트랄(George de Mestral)입니다. 메스트랄은 1948년 어느 날, 자신의 바지에 달라붙어 떨어지지 않는 엉겅퀴 씨앗을 보고 떨어지지 않는 이유를 알아보기 위해 엉겅퀴 씨앗을 자세히 관찰했다고 하는데요. 씨앗 가시 끝에 아주 작은 갈고리가 가득 있었다고 합니다. 메스트랄은 이 갈고리 모양을 모방하면 새로운 방식의 테이프를 만들 수 있다고 생각했다고 하는데요. 그렇게 탄생한 것이 바로 벨크로 테이프랍니다.

    벨크로 테이프를 보면 한쪽은 작은 갈고리들이 분포해 있고 다른 한쪽은 뒤엉킨 실이 분포해 있는데요. 작은 갈고리들이 모여 있는 부분이 바로 메스트랄이 엉겅퀴 씨앗을 모방하여 제작한 것이랍니다. 이 두 개를 서로 붙이면 갈고리 부분이 뒤엉킨 실에 걸리면서 강한 접착력을 가지게 되지요.

    최근에는 로봇 기술이 발달함에 따라 생체모방 기술이 사람이 개발한 로봇에 활력을 불어넣는 기술로도 주목받고 있답니다. 지구상의 동물들은 수 억 년 동안 환경에 적응하면서 다듬어진 훌륭한 신체구조를 갖추고 있으니, 이들의 신체구조를 모방하여 좀 더 효율적인 로봇을 제작하려는 것이지요.

너는 강아지니 로봇이니? 육상 위를 움직이는 로봇

바퀴로 움직이는 자전거나 자동차는 산과 같은 험로에서는 이동성이 현저하게 떨어질 수밖에 없습니다. 인류가 땅에 평평한 도로를 건설하는 이유는 바퀴가 달린 자동차가 쉽게 이동할 수 있게 하려는 목적이 크죠. 육상 위를 움직이는 생체모방 로봇은 자동차의 이러한 한계점을 보완하기 위해 주로 만들어집니다.

대표적인 로봇으로는 현대자동차그룹의 보스턴 다이내믹스(Boston dynamics)가 만들었던 빅독(Bigdog)이 있습니다. 빅독은 울퉁불퉁한 산길이나 진흙길, 눈길 등을 군인과 함께 이동하면서 보급품을 운반하기 위해 만들어진 군용 로봇입니다. 네 발로 걷는 동물의 다리 관절을 그대로 모방해서 제작되었지요.

빅독은 다리 하나에 4개의 관절이 있는데요. 이 관절이 걷거나 뛸 때마다 지형에 따라 균형을 맞추며 적절하게 움직이는 것이 특징입니다. 게다가 신체 각 부분에 몸의 균형을 잡기 위한 기울기 센서가 붙어 있어서 중간에 쓰러지지도 않고 잘 달리죠.

심지어는 옆에서 힘껏 밀거나 빙판에 미끄러져도 기울기 센서가 바로 인식해서 균형을 잡고 이동할 정도로 성능이 우수하답니다. 실제로 빅독이 걷거나 뛰는 모습을 보면 마치 동물이 걷거나 뛰는 것처럼 움직임이

빅독의 후속작 LS3

자연스럽고 안정적이라고 합니다. 겉모습을 개처럼 꾸며놨으면 실제로 개가 걷는 것처럼 느껴졌을 정도라고 하네요.

미국 국방연구소에서는 빅독을 실제 전쟁 상황에서 사용할 수 있도록 한 단계 업그레이드하여 LS3라는 로봇을 만들기도 했습니다. 기존의 빅독보다 크기를 늘리고, 4개의 다리를 앞뒤 끝부분에 배치하고, 배 부분을 볼록하게 디자인해서 들 수 있는 보급품의 최대 무게를 180kg까지 늘렸죠. 2014년 미군 훈련 때 산악지형에서 사용되면서 군용으로써의 성능을 인정받았답니다.

게코도마뱀의 발바닥 구조를 모방해서 만든 로봇도 있습니다. 바로 한국의 김상배 교수님이 개발한 스티키봇(Stickybot)입니다. 게코도마뱀은 매끄러운 표면에서도 미끄러지지 않는데요. 이게 가능한 이유는 발바닥에 매우 작은 미세한 돌기가 나 있고 돌기의 끝부분이 모두 한 방향으로 기울어 있기 때문입니다. 이 덕분에 돌기의 끝부분이 표면과 닿은 상태에서 아래로 힘을 주면 표면과의 정전기력이 커져서 유리 같은 매끈한 표면에서도 접착력을 갖게 됩니다. 반대 방향으로 힘을 주면 접착력이 사라지고요.

게코도마뱀은 이런 원리로 매끈한 표면을 기어오를 때 쉽게 발을 접착하고 떼어내는데요. 스티키봇은 게코도마뱀의 발바닥에

게코도마뱀

있는 미세한 돌기를 모방하여 매끄러운 표면에서도 떨어지지 않고 쉽게 기어오를 수 있도록 만들어졌답니다.

한국 카이스트에서는 공벌레를 모방한 필봇(Pillbot)을 만들기도 했습니다. 로봇을 발사하거나 투척하면 로봇에게 가해지는 충격이 상당해서 망가질 수 있는데요. 필봇은 몸을 공벌레처럼 둥글게 말아 구형을 유지한 상태로 떨어지기 때문에 충격에 강합니다. 말았던 몸을 펼치면 관절을 가진 다리로 험로에서 쉽게 움직일 수 있죠. 로봇을 둥글게 말아 원하는 위치에 투척하고, 투척 후에는 펼쳐서 주변을 정찰하는 등의 용도로 사용할 수 있다는 장점이 있답니다.

생체모방기술 하면 뱀을 빼놓을 수 없습니다. 뱀은 다리를 가진 동물처럼 정교하게 움직이지는 못해도 좁은 통로나 나뭇가지를 쉽게 오르거든요. 미국 카네기멜론 대학 연구팀은 뱀의 이러한 장점을 살려 뱀의 모양과 움직임을 모방한 로봇인 모듈러 스네이크 로봇(Modular snake robot)을 만들기도 했습니다.

모듈러 스네이크 로봇은 뱀처럼 S자 모양을 그리며 이동하고 몸이 얇

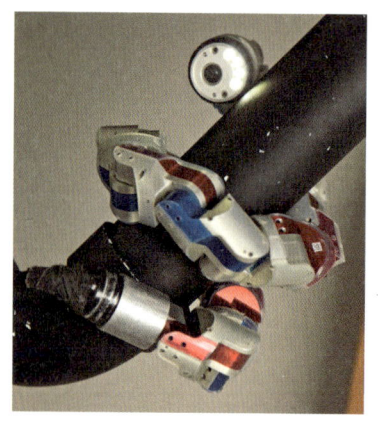

모듈러 스네이크 로봇

아서 좁은 통로를 쉽게 이동한다는 특징이 있습니다. 나뭇가지를 오를 수 있는 것은 물론이고, 물속에서도 쉽게 이동해서 사람이 이동하기 위험한 곳이나 배관의 조사에 주로 사용되지요.

한국 카이스트에서는 뱀의 얇고 유연한 몸을 모방하여 내시경 수술 로봇을 만들었습니다. 이 내시경 수술 로봇은 입이나 항문 등과 같은 통로를 타고 체내로 들어가서 유연하게 휘어지며 삽입되기 때문에 절개되는 부위가 적다는 큰 장점이 있답니다. 덕분에 수술 후 통증이 적고 회복시간도 짧죠. 원래의 수술 방법으로는 접근하기가 어려웠던 장기 내부에도 쉽게 진입할 수 있다는 것도 큰 장점이랍니다. 아마 이런 로봇들의 등장과 더불어, 수술 기술도 점점 발전할 것으로 보입니다.

더러운 물에 죽지 않는 물고기가 있다? 수영하거나 하늘을 나는 로봇

비행기나 헬리콥터가 발명되기 이전에 이탈리아를 대표하는 천재 발명가였던 레오나르도 다빈치(Leonardo da Vinci)가 새의 날개를 모방해서 하늘을 나는 장치를 만들었던 적이 있습니다. 사람을 공중에 띄울 수 있을 만큼의 거대한 날개를 사람 여러 명이 다 같이 펄럭여주는 방식이었죠.

그러나 다빈치의 장치는 한계가 명확했습니다. 높은 곳에서 뛰어내리는 경우에만 기류를 타고 날 수 있는 수준이었고, 땅에서 하늘 위로 날아오르지는 못했거든요. 새의 날개는 사람이 모방하기에는 다소 어려웠던 거죠. 실제로 비행기와 헬리콥터가 하늘을 나는 방식은 새들이 하늘을 나는 방식과는 거리가 멉니다. 비행기는 움직이지 않는 고정된 날개를 달고 강력한 엔진으로 추진력을 얻어서 하늘을 날고, 헬리콥터는 회전 날개를 이용해서 하늘을 나니까요. 이처럼 인류는 하늘을 나는 장치만큼은 동물을 모방하지 않고 새로운 원리를 채택해 개발했습니다.

그런데 과학자들은 새와 곤충의 신체구조나 움직임을 모방하여 하늘을 나는 로봇을 만들려 하고 있습니다. 왜냐고요? 비행기와 헬리콥터는 빠르게 이동할 수는 있지만, 복잡한 숲이나 도시의 장애물을 피하면서 정교하게 이동하는 것은 불가능하거든요. 특히 전쟁이 났을 때 전장의 장애물을 정교하게 피하며 날아다닐 수 있는 정찰용 비행 로봇의 제작을 위해서는 새나 곤충의 모방만큼 좋은 방법이 없답니다.

스마트버드

이러한 목적으로 만들어진 대표적인 로봇이 바로 갈매기의 구조를 모방하여 만든 스마트버드

로보피쉬

로보피쉬는 오염된 곳에서도 아무렇지 않다!

(Smart bird)입니다. 실제 새의 날개 운동 원리를 적용하여 만들어졌죠. 새들처럼 무게가 매우 가볍고, 스스로 땅에서 하늘로 날아오를 수 있으며, 착지도 가능합니다. 날개가 정교하고 유연하게 상하로 움직여서 날개 각이나 날갯짓의 횟수를 조정하여 날아가는 속도나 방향을 조절할 수 있도록 제작되었기 때문이죠.

하늘을 나는 로봇이 있다면, 물속을 유영하는 로봇도 있겠죠? 이런 로봇은 사람이 스쿠버 다이빙이나 잠수함으로 진입할 수 없는 심해를 관찰하거나 강과 바다 수질의 조사에 사용할 수 있습니다. 사람에게 물속은 위험한 장소이니 사람이 직접 가는 것보다는 로봇을 보내는 게 더욱 좋은 방법이니까요.

대표적으로 영국에서 개발된 로보피쉬(Robofish)는 물고기를 모방하여 만든 생체모방 로봇인데요. 주로 강에서 오염원을 추적하기 위해 만들어졌답니다. 물속에서 저항을 최소화하는 물고기의 유선형 구조뿐 아니라 꼬리지느러미, 가슴지느러미, 등지느러미까지 그대로 모방했죠. 영국의 수도 런던을 가로지르는 템스강에서 오염원을 추적하는 데에 쓰인답니다.

심해 탐사를 목적으로 만들어진 생체모방 로봇은 미국 버지니아 공과대학에서 만들어진 아쿠아젤리(Aquajelly)가 대표적입니다. 해파리의 모양과 움직임을 모방해서 만들어졌죠. 8개의 촉수를 해파리처럼 위아래로 휘젓는 방식으로 물속을 유영합니다. 여기에 더해 적외선 센서가 부착되어 있어서 수중에 있는 물체를 감지할 수 있죠.

지금까지 생체모방 로봇이 뭐가 있는지 알려드렸습니다. 생각보다 종류가 다양하죠? 전혀 예상하지 못했던 동물들을 의외의 방향으로 모방하기도 하고요. 사실 이들 외에도 동물을 모방하여 만들어진 로봇은 셀 수 없이 많습니다. 로봇의 구조와 제어 연구에 있어 생체모방만큼 좋은 방법이 없거든요.

생물들은 우리에게 영감을 주는 아이디어 창고이자 좋은 모범답안이랍니다. 아마 앞으로도 우리 인류의 삶을 유익하게 할 다양한 종류의 로봇들이 개발될 것이고, 이러한 개발 과정에서 과학자들과 로봇공학자들은 많은 종류의 생물을 모방하게 될 것입니다.

생명과학을 쉽게 쓰려고 노력했습니다
생명체의 탄생부터 놀라운 생명공학까지!

초판 1쇄 발행 2019년 2월 11일
개정판 1쇄 발행 2022년 10월 20일

지은이 박종현
그림 마그

발행처 도서출판 북적임
출판등록 제2020-000007호
전화 070-8095-9403
팩스 0303-3444-0166
이메일 pso1124829@gmail.com

Copyright ⓒ 2022 박종현

ISBN 979-11-969609-4-0 03470

- 책값은 뒤표지에 있습니다.
- 잘못된 책은 구입하신 곳에서 바꾸어 드립니다.
- 이 책은 저작권법에 따라 보호를 받는 저작물이므로 무단 전재와 무단 복제를 금지합니다.

> 도서출판 북적임에서는 작가 분들의 원고 투고를 기다리고 있습니다.
> 책 출간을 원하시는 작가 분은 이메일 pso1124829@gmail.com으로 책에 대한 간단한 개요와 집필 의도, 내용 요약본, 원고 등을 작성해서 보내주세요.